叠层结构木材陶瓷自支撑电极

孙德林
余先纯 著

化学工业出版社
·北京·

内容简介

本书聚焦炭基材料在电化学储能中的应用，以农林加工剩余物等生物质材料为基材，充分利用其多层级孔隙结构特征，通过人工耦合与调控制备固体块状炭材料作为电极基体材料。具体包括叠层结构木材陶瓷自支撑电极的基本性能与结构、叠层结构木材陶瓷自支撑电极的三维网络芯层构建、叠层结构木材陶瓷自支撑电极的实木遗态芯层结构调控、金属/非金属复合掺杂对不同结构基体材料电化学性能的影响、薄木/纸基叠层结构木材陶瓷 Co、Mn 掺杂自支撑电极与电化学性能、竹基叠层结构木材陶瓷组装 CNT 的结构调控与电化学储能、生物质炭基自支撑电极的催化、活化与储能机制探析。

本书可供从事木材陶瓷、生物质材料以及电化学储能材料等研究和应用的各类技术人员参考。

图书在版编目（CIP）数据

叠层结构木材陶瓷自支撑电极 / 孙德林，余先纯著. 北京：化学工业出版社，2025. 1. -- ISBN 978-7-122-46701-0

Ⅰ. O646.2

中国国家版本馆 CIP 数据核字第 20249LV988 号

责任编辑：赵卫娟
文字编辑：范伟鑫
责任校对：边　涛
装帧设计：刘丽华

出版发行：化学工业出版社
（北京市东城区青年湖南街 13 号　邮政编码 100011）
印　　装：北京天宇星印刷厂
710mm×1000mm　1/16　印张 15½　字数 315 千字
2025 年 2 月北京第 1 版第 1 次印刷

购书咨询：010-64518888
售后服务：010-64518899
网　　址：http://www.cip.com.cn
凡购买本书，如有缺损质量问题，本社销售中心负责调换。

定　　价：98.00 元

前言

生物质炭基木材陶瓷是一种以木材或植物基材为模板、添加热固性树脂、采用人工耦合制备而成的新型生物质炭基复合材料。由片层材料相互叠加所制备的叠层结构木材陶瓷具有结构稳定、质量轻、比强度高、孔隙层级丰富等优势，在充分保持生物质材料天然精细结构的基础上可赋予其特殊的功能，在储能与电磁屏蔽、润滑与摩擦、防腐与保护、保温与隔热、高温过滤与吸附等领域具有广泛的应用前景。

自支撑叠层结构木材陶瓷电极虽然源于生物质，但是在充分利用生物质多层级孔隙结构的基础上，借助现代材料复合与仿生技术制备而成。因此，其实质上与生物质炭有着较大的差别。可加工成具有较高强度的固体块（片）状炭基材料而直接用作电极，也可以经过设计与调控后代替金属集流体负载活性储能材料。基于炭基材料良好的导电性、多孔性和耐酸碱腐蚀性，叠层结构木材陶瓷自支撑电极在电化学储能方面更具优势。

本书包括 8 章，主要涉及结构设计、外覆层和芯层材料的选用、制备工艺等，同时对不同木材陶瓷自支撑电极的电化学性能进行分析，并对储能机制进行探究。第 1 章绪论部分主要概述了木材陶瓷与自支撑电极的结构以及国内外最新的研究动态，分析了叠层结构的优劣势，在此基础上提出了将叠层结构木材陶瓷用于自支撑电极的构思。第 2 章从材料设计的角度分析了叠层结构木材陶瓷自支撑电极的基本性能要求、结构设计要素，以及基于电化学性能的结构调控方法，为后续内容奠定理论基础。第 3 章从三维网络结构的角度出发，对生物质粉末和泡沫结构材料用于芯层材料的制备工艺过程、性能表征，以及负载与组装 Mn 离子和碳纳米管（CNT）对电化学性能的影响进行了分析。第 4 章则以叠层结构木材陶瓷自支撑电极的实木遗态芯层材料为对象，分析催化石墨化、组装与掺杂金属离子、石墨烯量子点等对电化学储能的贡献。第 5 章分析了金属与非金属元素负载对不同结构基体电化学性能的影响与改善，拟发挥基体材料、金属离子和非金属离子的协效储能效应。第 6 章探讨以薄木和纸为基材，构建叠层结构木材陶瓷自支撑电极，并分析了叠层结构形貌、Co 和 Mn 掺杂的催化作用，以及三者协同对能量与功率密度的贡献。第 7 章探讨以竹薄木与竹纤维为基材，设计与制备竹基叠层结构木材陶瓷自支撑电极，通过 Ni 催化原位生长和气相沉积 CNT

对孔隙结构进行调控，从而提升电化学性能。第 8 章在前几章研究的基础之上，对 CNT 的生长、过渡金属催化石墨化、基体材料的造孔与活化以及电化学储能等的机制进行分析与总结，拟为木材陶瓷自支撑电极的制备与应用提供技术与理论支撑。其中，第 3 章的部分内容由张传艳和陈浩伟提供资料；第 5 章和第 6 章的部分内容由李銮玉提供资料；其余章节由孙德林、余先纯完成。

本书是在国家自然科学基金面上项目——竹基叠层结构木陶瓷多维孔隙的碳纳米管协同构筑与高密度储能机制（项目批准号：32071851）的资助下完成的，主要数据与结论源自课题组的试验与总结。同时，本书还得到了湖南省自然科学基金面上项目——低维材料修饰三明治结构竹基木陶瓷导电网络调控机制与增效储能机理（项目批准号：2023JJ30998）的资助。

在写作过程中，尽量取材于这些课题的研究成果，并力求与国内外的最新研究内容及重要成果相结合。鉴于所涉及的内容和领域较广，且作者学识有限，书中难免有疏漏之处，敬请读者批评指正。

作者

2024 年 6 月于长沙

目录

第1章 绪论 // 001

1.1 生物质炭基材料与木材陶瓷 …… 002
1.1.1 生物质炭基材料 …… 002
1.1.2 炭基木材陶瓷 …… 005
1.1.3 木材陶瓷复合材料 …… 006
1.2 三维网络结构木材陶瓷 …… 009
1.2.1 实木（竹）基材 …… 010
1.2.2 木（竹）粉末基材 …… 011
1.2.3 中密度纤维板基材 …… 011
1.2.4 农作物秸秆基材 …… 011
1.3 叠层结构木材陶瓷 …… 016
1.3.1 层状结构 …… 016
1.3.2 夹层结构 …… 019
1.4 炭基自支撑电极与木材陶瓷自支撑电极 …… 021
1.4.1 生物质炭基自支撑电极 …… 021
1.4.2 不同结构木材陶瓷自支撑电极 …… 024
参考文献 …… 027

第2章 叠层结构木材陶瓷自支撑电极的基本性能与结构 // 030

2.1 木材陶瓷电极的基本性能 …… 030
2.1.1 物理性能 …… 030
2.1.2 化学性能 …… 032
2.1.3 电学性能 …… 034
2.2 叠层结构木材陶瓷结构的影响因素 …… 036
2.2.1 夹层结构的芯层基体和层状结构基体 …… 036

2.2.2 烧结工艺 …… 037
2.2.3 掺杂与负载 …… 043
2.3 基于材料的芯层基体结构设计要素 …… 045
2.3.1 生物质粉末与纤维 …… 045
2.3.2 木（竹）薄片材料 …… 047
2.3.3 木（竹）块状材料 …… 047
2.3.4 纸基材料 …… 048
2.4 基于电化学性能的基体结构调控 …… 048
2.4.1 基材预处理 …… 049
2.4.2 物理活化调控 …… 050
2.4.3 碱液水热活化调控 …… 050
2.4.4 碱烧结活化调控 …… 050
2.4.5 造孔剂烧结活化调控 …… 052
2.4.6 磷酸活化调控 …… 053
2.4.7 石墨化调控 …… 055
2.4.8 电沉积负载调控 …… 056
2.5 本章小结 …… 060
参考文献 …… 060

第3章 叠层结构木材陶瓷自支撑电极的三维网络芯层构建 // 062

3.1 三维网络芯层基体构建 …… 062
3.1.1 生物质粉末自支撑基体 …… 062
3.1.2 人工泡沫结构自支撑基体 …… 063
3.2 生物质自支撑电极芯层基体的工艺过程 …… 064
3.2.1 制备工艺流程 …… 064
3.2.2 基本工艺因素 …… 064
3.3 最佳工艺参数分析 …… 064
3.3.1 物料比对电化学性能的影响 …… 065
3.3.2 活化温度对电化学性能的影响 …… 065
3.3.3 活化时间对电化学性能的影响 …… 067
3.4 基本性能表征 …… 069
3.4.1 孔隙结构 …… 069

3.4.2 物相构成 …… 070
3.4.3 电化学性能 …… 070
3.5 木质素基碳纳米片组装木材陶瓷芯层材料 …… 073
3.5.1 制备工艺与方法 …… 073
3.5.2 序列组装与调控 …… 073
3.5.3 基本性能表征 …… 074
3.5.4 电化学性能 …… 077
3.6 泡沫状木材陶瓷组装碳纳米管芯层材料 …… 080
3.6.1 工艺过程 …… 080
3.6.2 结构与物相构成表征 …… 081
3.6.3 电化学性能 …… 084
3.7 石墨烯孔洞化与 $Co(OH)_2$ 组装调控 …… 087
3.7.1 石墨烯孔洞化 …… 087
3.7.2 组装与调控 …… 087
3.7.3 形貌与结构表征 …… 088
3.8 本章小结 …… 089
参考文献 …… 090

第4章 叠层结构木材陶瓷自支撑电极的实木遗态芯层结构调控 // 092

4.1 遗态结构木材陶瓷芯层材料结构构建 …… 092
4.1.1 实木基材预处理 …… 093
4.1.2 三维网络结构形成 …… 093
4.2 石墨烯序列组装与可控制备 …… 093
4.2.1 层层自组装 …… 094
4.2.2 电化学沉积组装 …… 094
4.2.3 可控制备机制 …… 097
4.3 石墨烯转化、金属离子掺杂与负载 …… 099
4.3.1 催化石墨化与金属离子掺杂 …… 100
4.3.2 SEM 观测 …… 100
4.3.3 XRD、RS 与 XPS 分析 …… 101
4.3.4 XRD、EDS、元素映射与 TEM 分析 …… 104

4.4 电化学性能 …… 106
4.4.1 H_3PO_4 活化 Ni^{2+} 掺杂松木遗态结构芯层材料 …… 106
4.4.2 Ni^{2+} 掺杂石墨烯组装实木芯层材料 …… 108
4.5 针状 MnO_2 组装对电化学性能的提升 …… 111
4.5.1 制备工艺过程 …… 111
4.5.2 微观形貌与结构 …… 112
4.5.3 电化学性能 …… 113
4.6 本章小结 …… 117
参考文献 …… 117

第5章 金属/非金属元素复合掺杂对不同基体电化学性能的影响 // 119

5.1 Mn/MnO_x 负载对芯层基体电化学性能的改善 …… 119
5.1.1 MnO_x 负载工艺过程 …… 120
5.1.2 微观形貌 …… 120
5.1.3 孔结构与比表面积 …… 122
5.1.4 化学构成 …… 123
5.1.5 电化学性能 …… 125
5.2 Co/CoO 复合木基遗态结构锌空气电池电极 …… 131
5.2.1 Co、N 共掺杂电极构建 …… 131
5.2.2 基本性能 …… 132
5.2.3 电化学性能分析 …… 134
5.3 $Co(OH)_2$ 修饰木基遗态结构超级电容器自支撑电极 …… 136
5.3.1 负载 $Co(OH)_2$ 电极制备 …… 136
5.3.2 性能与表征 …… 136
5.3.3 电化学性能评价 …… 138
5.4 N、P 共掺杂 Ni^{2+} 催化夹层结构自支撑电极 …… 142
5.4.1 水热共掺杂实验设计与优化 …… 143
5.4.2 形貌与孔隙构造特征 …… 144
5.4.3 表面化学构成 …… 146
5.4.4 基本物相构成 …… 148

5.4.5 电化学性能综合分析 …… 149
5.5 本章小结 …… 151
参考文献 …… 152

第6章 Co、Mn 掺杂薄木/纸基叠层结构自支撑电极电化学性能 // 156

6.1 Co^{2+} 掺杂薄木/松针夹层结构自支撑基体构建与性能 …… 156
6.1.1 基体材料构建 …… 157
6.1.2 形貌与孔隙结构 …… 157
6.1.3 物相构成与元素分布 …… 160
6.1.4 Co^{2+} 掺杂与夹层结构对电化学性能的影响 …… 163
6.2 MnO_2 负载对电化学性能的影响 …… 167
6.2.1 循环伏安 …… 168
6.2.2 恒电流充放电 …… 168
6.2.3 交流阻抗 …… 169
6.2.4 循环性能、能量与功率密度 …… 169
6.3 Mn^{4+} 电沉积负载 Co^{2+} 掺杂夹层结构木材陶瓷 …… 171
6.3.1 电沉积负载工艺 …… 171
6.3.2 试验设计与优化 …… 172
6.3.3 最佳工艺验证与电沉积机理 …… 175
6.3.4 孔隙结构与表面化学构成 …… 175
6.4 Mn^{4+} 烧结掺杂纸基层状结构木材陶瓷 …… 177
6.4.1 基本工艺流程 …… 178
6.4.2 显微结构 …… 178
6.4.3 化学构成 …… 179
6.4.4 电化学性能 …… 181
6.5 本章小结 …… 183
参考文献 …… 183

第7章 CNT组装竹基叠层结构自支撑电极的结构优化与电化学储能 // 186

7.1 竹基炭与木材陶瓷 …… 187
7.1.1 竹材及竹炭储能电极材料 …… 187
7.1.2 CNT与储能 …… 187
7.1.3 孔隙调控与低维材料组装 …… 188
7.2 夹层结构设计 …… 188
7.3 Ni催化原位生长CNT/竹基夹层结构木材陶瓷自支撑电极 …… 190
7.3.1 夹层结构基体构建 …… 190
7.3.2 CNT原位生长与影响因素 …… 190
7.3.3 孔隙结构 …… 193
7.3.4 物相构成 …… 194
7.3.5 电化学储能 …… 194
7.4 Co^{2+}催化气相沉积CNT修饰夹层结构自支撑木材陶瓷电极 …… 198
7.4.1 工艺过程 …… 198
7.4.2 实验优化设计与表征 …… 200
7.4.3 比表面积与孔结构 …… 200
7.4.4 微观形貌与物相构成 …… 202
7.4.5 电化学性能 …… 208
7.5 本章小结 …… 212
参考文献 …… 213

第8章 生物质炭基自支撑电极的催化、活化及储能机制探析 // 216

8.1 过渡金属元素催化 …… 216
8.1.1 CNT催化生长机制 …… 217
8.1.2 催化石墨化与结构演变机制 …… 219
8.2 木材陶瓷自支撑基体造孔与活化机制 …… 221
8.2.1 酸碱预处理造孔与活化 …… 221
8.2.2 碱烧结活化 …… 224

8.2.3 水热活化 …………………………………………………… 225
8.3 电化学储能机制探析 ……………………………………… 227
8.3.1 基于实木遗态结构的电化学储能 ……………………… 227
8.3.2 基于夹层结构的电化学储能 …………………………… 229
8.4 本章小结 …………………………………………………… 232
参考文献 …………………………………………………… 233

致谢 // 235

CHAPTER 1

第1章 绪论

动物、植物等生物质资源在地球上存在了数亿年，从古至今伴随着人类生活的每时每刻。大量史前生物质被埋入地下形成了煤、石油、天然气等化石能源，随着工业化进程的加快和人口的增长，其消耗量日趋增大。与此同时，人们的环保意识不断增强，并在努力寻求绿色资源高质化利用的方法。

超级电容器作为新型的储能器件，具有使用寿命长、能量密度高、输出功率大、温度范围宽、环保和经济性好的特点，在能源、航空航天、汽车、电子信息、移动装备等方面应用广泛，被认为是未来绿色能源的最佳选择之一。电极材料是超级电容器的重要组成部分，要求具有能够使电荷有效积聚和促进离子运动的层级孔隙结构、合适的孔径和较高的比表面积。

碳材料的研究与应用有着悠久的历史，是最早用于制造超级电容器电极的材料之一。1985 年，富勒烯的成功合成，引起了世界范围内的广泛关注；2004 年，Novoselov 等人从石墨中剥离出石墨烯，再一次引发科学界对碳材料的研究热潮。碳材料的电容性能与其微观结构有着复杂的联系，受其有效比表面积、孔径分布、孔的形状结构、导电性和表面功能性等多种因素的影响。近年来，诸多科学家将目光聚焦在化石能源以外的绿色资源利用方面[1-2]。木材及其他生物质材料经过亿万年的演化，不仅具有轻质高强的物理、力学特性，且其独特的多层级孔隙结构是人造材料难以比拟的。此外，人类使用木炭等生物质炭基材料有着悠久的历史，现在生物质炭作为生物质材料热解后的产物在日常生活中也随处可见，其在能源、电子、化工等方面均扮演着十分重要的角色[3-4]。木材陶瓷作为以生物质材料为主要基材而开发的新型炭基材料，因其性能在纯生物质炭的基础上得到了大幅度提升而受到关注，其应用研究也在不断推进。

本书聚焦生物质炭基材料在电化学储能中的应用，以农林加工剩余物等生物质材料为基材，充分利用其多层级孔隙结构特征，通过人工耦合与调控制备固体块状炭材料作为电极的基体材料。在此称为生物质多孔炭基自支撑基体材料，简称为炭基自支撑基体。同时，引入生物质材料与热固性树脂混合后高温烧结所得到的无定形炭和玻璃炭的复合材料——木材陶瓷。根据陶瓷材料的广义概念（用陶瓷生产方法制造的无机非金属固体材料和制品的通称），将生物质炭与金属元素复合形成的炭基材料也称为木材陶瓷。因此，木材陶瓷包括了以上 2 个方面的内容。

1.1 生物质炭基材料与木材陶瓷

1.1.1 生物质炭基材料

生物质炭基材料是指将生物质材料高温炭化所得到的炭材料，由于其几乎可完整地保留生物质基材原始独特的天然微结构，具有质量轻、结构易于调控、来源广泛、价格低廉等优点，广泛用在新能源、化工、医药、半导体等领域，为万亿级国家战略性新兴产业的发展提供有力的支持。充分利用生物质炭资源，是实现碳达峰和碳中和的重要途径，也是我国推动经济高质量发展和生态环境高水平保护的内在要求。

在众多的生物质资源中，农林产物与加工剩余物中的树皮、枝叶、果壳、秸秆等都是制备性能优异多孔炭基材料的重要原材料，其独特的内在结构和丰富的杂原子（如 O、N、S 等）可使炭基材料拥有与其相关的分级孔隙结构和丰富的杂原子官能团，并提供更多的有效比表面积。当炭基材料作为储能电极材料时，可促进电解液离子快速扩散以及电荷累积，从而实现电容器高倍率性能和高功率密度，这些特性均是普通活性炭材料无法相比的。

近年来，有学者以木屑、果壳、柚子皮等农林废弃物为基材，采用高温炭化与活化的方法制备多孔炭材料并应用于超级电容器中，取得了较好的储能效果[5-7]。如将十六烷基三甲基溴化铵（CTAB）作为软模板，使用水热法处理柚子皮，再进行高温烧结与活化，最终得到比表面积高达 1813 m^2/g 的分级多孔炭，用其组装成电极，在电流密度为 0.5 A/g、KOH 浓度为 1 mol/L 的测试体系中，其比电容❶可达到 285 F/g，经过 12000 次循环充放电后比电容依旧保留 99%，显示出较好的充放电性能。而采用高温炭化和硝酸氧化改性制备的杏核壳活性炭电极，在电流密度为 0.5 A/g、KOH 浓度为 2 mol/L 时，比电容达到了

---

❶ 因业内惯用，故本书中将质量比电容（单位：F/g）和面积比电容（单位：F/cm^2）均称为比电容。功率密度和能量密度同理。

196 F/g。

由此可见，将生物质炭基材料作为高性能电极储能材料的基体具有较大的应用潜力。

1.1.1.1 制备与活化方法

将生物质基材转化为多孔炭材料实际上是一个热分解过程，一般可采用高温炭化法。为了获得理想的孔隙结构，还需要进行活化处理。炭材料的活化方式有多种，如化学活化法、水热炭化法等。不同的活化方式所得到炭材料的微观形貌、结构和表面性质各有特色。

（1）高温炭化法

高温炭化是通过加热的方式破坏有机物中的化学键，使其在低氧或无氧的高温环境中进行化学分解。生物质材料的热解通常分为以下几个阶段：当温度低于100 ℃时，主要是原料中自由水分的脱除，其他物质未发生反应；随着温度升高，结合水开始脱除，且部分有机物开始分解；当温度＞450 ℃时，开始形成炭质骨架；随着温度的继续升高，炭质骨架收缩、致密化，并逐渐增强。

采用高温炭化可以保留生物质基材的天然孔隙结构，但所得炭材料比表面积不高。同时，在加热的过程中要控制好升温速度，较快升温易导致较大的变形与开裂。为了获得较高的比表面积，可使用酸碱对基材进行蒸煮处理。当然，也可以将炭化与活化相结合，这样获得的炭基材料的比表面积较高，电化学性能也会更好。

（2）活化法

活化法主要分为物理和化学两种活化方式，这是提高生物质炭基材料性能的有效方法。

① 物理活化　利用温度较高的 H_2O、CO_2 等气体对炭质基体进行刻蚀，使部分石墨微晶层间连接的炭被氧化而形成新的孔道结构或者使原来的孔径增大，从而形成具有多级孔道结构和更大比表面积的炭基材料。以废茶叶为原料，采用高温蒸汽进行物理活化制备活性炭[8]，在温度为 800 ℃、蒸汽流速为 0.075 g/min、处理时间为 0.5 h 的条件下，所得到活性炭最大比表面积可接近 1000 m^2/g。

② 化学活化　可分为两种。一种是先将原材料预处理，如将生物质材料浸泡在酸或碱性溶液中处理一段时间，然后再炭化。酸或碱可以脱除生物质材料中的部分木质素，使其结构变得松散。同时，酸碱还能刻蚀纤维素和半纤维素。炭化后这些孔隙得以保留，故可改善比表面积。另一种则是将活化剂和生物质材料充分混合，在升温过程中，炭化和活化同时进行。由于活化剂在高温条件下具有

膨胀与刻蚀作用，故以此方法制备的炭基材料具有较高比表面积和丰富孔隙结构。常用的活化剂有 KOH、NaOH、H_3PO_4 和 $ZnCl_2$ 等。以 KOH 为活化剂，通过改变活化剂与生物质基料的质量比，可制备出具有丰富孔道结构的复合正极材料，首次充放电比容量达到 1178.50 mAh/g。而采用 H_3PO_4 和 NaOH 分别处理废弃的橡胶木制备木基多孔炭电极，其中由 10 g/100mL H_3PO_4 处理的橡胶木多孔炭电极，质量比电容约为 129 F/g，体积比电容约为 104 F/cm^3，与未处理的相比，其电化学性能均有所改善[9]。

(3) 水热炭化法

以水为介质，在密闭的高压反应釜中对生物质基材进行加热处理，在高温（<375 ℃，通常 150～280 ℃）、高压的作用下，生物质基材可转化为炭基材料，这是一种环保节能、操作简单的炭化方式。

由于亚临界水介质的参与，水热炭化产物具有尺寸均一、形貌规则、理化性能稳定、表面富含含氧官能团等诸多优势，可在环境修复、催化剂载体等方面广泛应用。当用于超级电容器时，其孔隙结构可以大范围调控。

1.1.1.2 储能领域应用

生物质炭基材料应用领域广泛，在能源领域主要用于化学电池与电催化、超级电容器等方面。

(1) 化学电池与电催化

在化学电池中，会用到导电炭黑，这是一种可用于提高活性材料涂层与集流体之间电子传输速度、降低电极界面接触电阻，并起到去极化作用的多孔炭基材料。其特点是粒径小（20～40 nm）且均匀、比表面积大、电阻小，在化学电池中能起到吸液保液的作用。

通常，导电炭黑原料主要由煤焦油、乙烯焦油、重油或蒽油制成，常说的乙炔炭黑也是导电炭黑的一种，这些均来源于化石原料。随着炭化技术的发展，生物质炭基材料经过活化处理后，其孔隙结构可得到大幅度改善。同时，通过催化石墨化和调控烧结温度（800 ℃以上）可有效降低生物质炭基材料电阻率[10-11]，这些均为其在化学电池中的广泛应用奠定了基础。

在电催化方面，以木材和造纸黑液残渣为基材、使用 NaOH 化学活化制备炭基材料，再使用双氰胺掺杂制备氮掺杂多孔炭作为燃料电池的催化剂，其具有良好的电催化活性，性能与商业 20% Pt/C 催化剂相当。同样地，利用水葫芦中的碳源和杂原子，以 KOH 为活化剂，在 730 ℃使用 N_2 保护炭化得到多孔炭基材料，其高比表面积和氮含量提供了良好的电化学活性，可用于碱性燃料电池。

（2）超级电容器

随着移动装备的高速发展，作为高效储能器件的超级电容器备受关注。这种介于传统电容器和电池之间的独特储能器件，被认为是最有发展前景的储能装备之一，其具有循环寿命长、高循环效率等优点，而且绿色环保，因此开发性能优良的电极材料对超级电容器的实际应用具有重要意义。现阶段，用于制备超级电容器电极的碳材料主要有活性炭、石墨烯、碳纳米管以及生物质炭材料等。

作为超级电容器电极材料，要求兼具高电导率、高比表面积、中孔含量适中以及优良的电解液浸润性能等。其中，高比表面积有利于实现高比容量；低的内阻、特殊的孔结构有利于电解液浸润。但在实际应用中，生物质炭基材料并不能充分发挥作用，其实际比容量只能达到理论容量的10%～20%[12]。因此，许多研究者专注于研究在不牺牲其功率密度的情况下，通过对碳材料进行改性处理来提高性能。研究者一方面从提高炭基材料的比表面积、优化炭基材料的孔径结构着手；另一方面使用表面沉积或化学修饰等方法对炭基材料进行改性处理，从提高其石墨化程度、减少内阻、提高导电性等方面着手来改善其电化学性能。

研究表明，在活性炭中掺杂非金属元素N，比表面积可提高到2859 m^2/g，且微孔和中孔比例适中、分布较均匀，在0.4 A/g的电流密度下比电容达185 F/g。以竹炭为碳源制备的三维多孔石墨/生物质炭电极，在0.5 A/g的电流密度下比电容可达220 F/g；在1 A/g的电流密度下，经过5000次循环后比电容的保持率仍然达到了84%[13]。

除了选择合适的碳源外，后期处理也是炭基电极提升电化学性能的重要方法，如利用激光在活性炭电极上刻蚀出微孔，可改善电极在电解液中浸润程度，并缩短离子的扩散距离[14]，面积比电容较未刻蚀的有着大幅度提升，可高达364.4 mF/cm^2。

1.1.2 炭基木材陶瓷

木材陶瓷，也称为木陶瓷、木质陶瓷。通过烧结浸渍了热固性树脂的木材（或其他生物质材料）制备而成的木材陶瓷，在很大程度上可保存木材（或其他生物质材料）的基本结构特征，具有密度低、比强度高、膨胀系数小，以及良好的力学、热学、电学特性等优点。其基本性能介于传统的炭和碳纤维或石墨之间，是一种兼具生物质多孔炭和陶瓷性能的复合材料。在多个行业均有良好的表现，也是一种具有广泛应用前景的新型生物质炭基材料。

同时，将木材（或其他生物质材料）与金属纳米颗粒或金属盐在高温下烧结，可得到金属碳化物木材陶瓷，其在保留原生物质材料层级孔隙结构的基础上具有更高的强度、更好的耐化学腐蚀性和热稳定性，而且比表面积与孔隙结构可进行调节，是作为储能电极基材的较好选择。

1.1.3 木材陶瓷复合材料

生物模板技术可以复制木材的形貌与结构特征，并使其在陶瓷产品中得以保持。最初的木材陶瓷主要是由生物质基材炭化后的无定形炭和热固性树脂所形成的玻璃炭构成的二元复合炭基材料。随着材料技术的发展，木材陶瓷还可以与金属元素复合而形成金属-炭基复合材料，如 Ni_3C、TiC；也可以与非金属元素（如 Si、B 等）形成 SiC、B_4C 等。

1.1.3.1 金属碳化物木材陶瓷

木材陶瓷模板继承了生物质材料的天然孔隙和管道结构，烧结后可获得孔隙发达的炭模板，可在三维方向上形成相互连通的网络结构。

通过向木质材料或其炭基模板中浸渍金属醇盐或其溶胶、金属无机盐等物质，在高温烧结过程中浸渍物与基体材料发生反应，可制备出氧化物（如 Al_2O_3、TiO_2、ZrO_2 等）、碳化物（SiC、TiC）和氮化物（如 Si_3N_4、TiN）木材陶瓷。

对于炭基木材陶瓷（金属碳化物），金属离子和金属化合物的添加不仅可以起到掺杂和改善结构的作用，同时还能够赋予其特殊的性能。例如，以造纸黑液木质素为基料、$NiCl_2 \cdot 6H_2O$ 为掺杂剂，高温烧结得到呈泡沫状三维网络结构的 Ni^{2+} 掺杂木材陶瓷。在此过程中，Ni^{2+} 既参与构筑木材陶瓷骨架，又可对无定形炭进行催化石墨化。因此，Ni^{2+} 掺杂木材陶瓷中不仅有石墨烯片层结构出现，且部分晶格间距接近理想石墨的点阵参数，所生成的 Ni^{2+} 掺杂木材陶瓷复合材料的微观结构如图 1-1 所示。

将木纤维浸渍酚醛树脂，与 Fe 粉混合、热压后高温烧结，得到强化木材陶瓷。当 Fe 粉添加量为木纤维质量的 18%时，所得到的 Fe/木材陶瓷复合材料的硬度达到了 13.60MPa，比未添加 Fe 粉的提高了 60.9%。且耐磨性能与电磁屏蔽性能均有明显提高，但抗拉与抗压强度改善不明显，甚至有些下降趋势[15]。SEM 分析发现，Fe 粉分布并不均匀，大部分以较大的颗粒状存在，如图 1-2 所示。

同样地，以呋喃树脂作为胶黏剂，在毛竹粉中加入不同质量分数的纳米 γ-Fe_2O_3，经热压、高温烧结后得到 α-Fe/木材陶瓷复合材料。分析发现材料中含有石墨化炭、α-Fe 与 Fe_3C 的晶体相，如图 1-3 所示。在形貌上，球形的纳米 α-

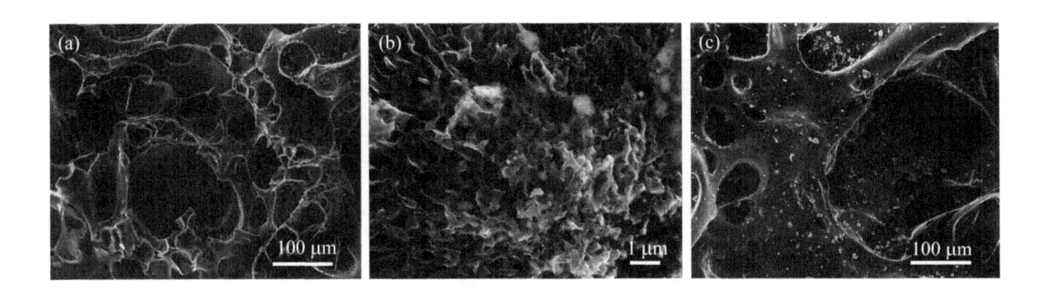

图 1-1 Ni^{2+} 掺杂木材陶瓷的三维网络孔隙结构

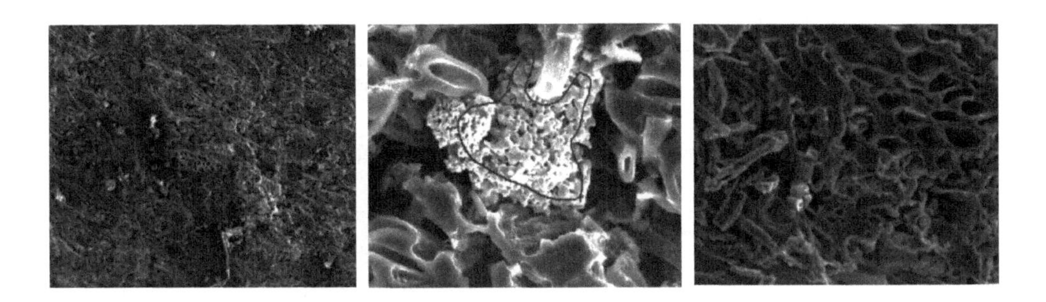

图 1-2 Fe/木材陶瓷复合材料端面的 SEM 照片及其放大图[15]

Fe 颗粒分散于木材陶瓷基体中，当 γ-Fe_2O_3 添加量大于 15%时，α-Fe 粒子会发生较明显的团聚现象。同时，木材陶瓷复合材料的导电性随烧结温度的提高和纳米 γ-Fe_2O_3 添加量增加而增强；抗弯强度随烧结温度的提高而增大，但随纳米 γ-Fe_2O_3 添加量的增大先增加后减小。不同烧结温度试件的 XRD（X 射线衍射）谱图如图 1-3(a) 所示。

此外，还有研究者将低熔点的金属合金注入多孔木材陶瓷基体中，从不同角度对网络互穿结构陶瓷/金属复合材料力学性能提高的原因进行了分析，发现在强界面结合时，组成相之间的相互作用力更大，不易发生界面脱粘，增加了单向屈服强度和金属韧性相对陶瓷相的闭合力。且复合材料的网络互穿结构在高温时能形成互锁，有助于增强材料的耐高温蠕变性能。

1.1.3.2 SiC 木材陶瓷

将 Si 元素引入生物质材料中可制备 SiC 木材陶瓷。这是一种能够保持生物质材料孔隙结构的高强度多孔材料，具有可定制的微观结构和特性，能够为适合快速原型制作的先进陶瓷材料提供低成本途径。

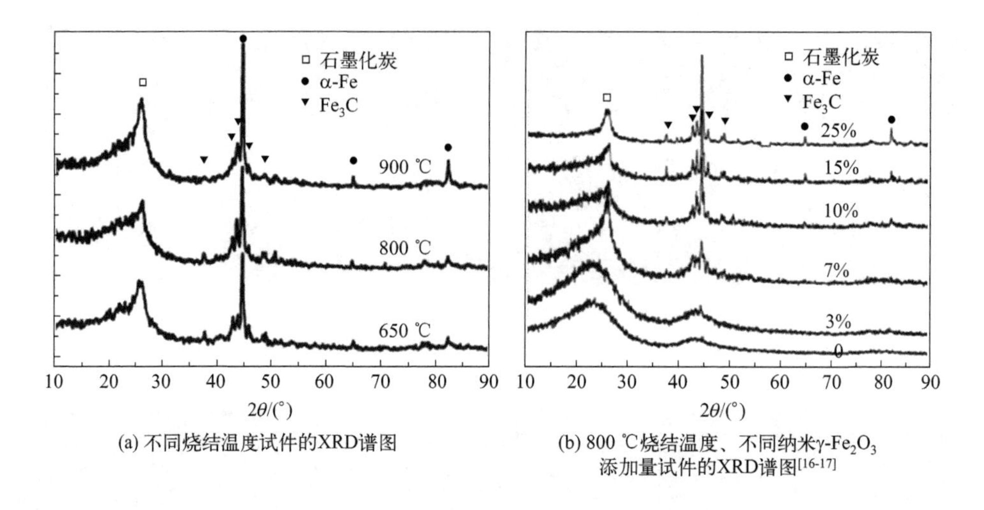

(a) 不同烧结温度试件的XRD谱图

(b) 800 ℃烧结温度、不同纳米γ-Fe_2O_3添加量试件的XRD谱图[16-17]

图 1-3 α-Fe/木材陶瓷复合材料的 XRD 谱图

(1) 无机硅酸盐

将凹凸棒石、酚醛（PF）树脂和油菜秸秆混合制备凹凸棒石/油菜秸秆木材陶瓷，当烧结温度在 600～800 ℃时，所获得木材陶瓷的抗弯强度大幅度提升，且 800 ℃烧结试件的电阻率明显降低。同样地，以硅藻土和玉米秸秆为基料制备的硅藻土/玉米秸秆木材陶瓷中含有少量石英晶相和结晶石墨，其孔径主要分布在 1000～3800 nm[18]。使用溶胶-凝胶和碳热还原法同样可以制备具有生物质结构的多孔碳化硅陶瓷。如采用真空浸渗的方法将硅溶胶渗入木材的多孔炭模板中，在惰性气体保护下，通过碳热还原反应可获得具有木材结构的多孔碳化硅陶瓷。

(2) 有机硅前驱体

使用有机硅及其化合物也能制备 SiC 木材陶瓷。主要方法是将有机硅浸渍到生物质基材中，然后高温烧结而成。以炭化后的松木和其他生物质材料为模板浸渍聚碳硅烷（PCS）溶液，在 1000 ℃的温度下就可烧结制备 SiC 木材陶瓷[19]。同样地，以毛竹、竹纤维、脱脂棉等植物纤维为模板，以 PCS 有机溶剂浆料为前驱体，1000 ℃下烧结可获得保持纤维形态的 SiC 木材陶瓷。除了 PCS 之外，其他的含硅有机物也可用于制备 SiC 木材陶瓷。如氢硅油与二乙烯基苯反应得到的交联剂与木粉混合，经过 1400 ℃高温烧结后，木材陶瓷的孔隙中生长出了大量的 SiC 纳米线。

以椴木、PCS 和粒径为 800 nm 的 SiC 粉为原料制备的 SiC 木材陶瓷，通过氯气刻蚀技术可获得 SiC 衍生炭电极材料。其在完整保留天然木材多层次孔隙结构的同时，还成功引入了介孔和微孔。其中，刻蚀温度为 900 ℃所得到的衍生炭电极的比表面积和微孔体积分别达到了 937.91 m^2/g 和 0.4 cm^3/g。在由浓度为 6 mol/L 的 KOH 电解液所构成的三电极体中，在扫描速率为 10 mA/cm^2 电流密度下面积比电容达到了 1.716 mF/cm^2，并且具有良好的伏安特性和阻抗特性[20]。

（3）高温熔融渗硅

熔融的单质 Si 可与生物质炭模板原位反应生成 SiC 木材陶瓷。将木材在惰性气体保护下、800 ℃热解得到块状炭坯，然后分别在 1650 ℃和 1900 ℃高温下进行熔融渗硅。其中，以黄杨木为模板、1650 ℃熔融渗硅所得到的 SiC 木材陶瓷的微观结构均匀，保留了木材的天然孔隙结构（如图 1-4 所示），且其密度与抗弯强度较 1900 ℃的更优，分别达到了 2.27 g/cm^3 和 192.45 MPa[21]。

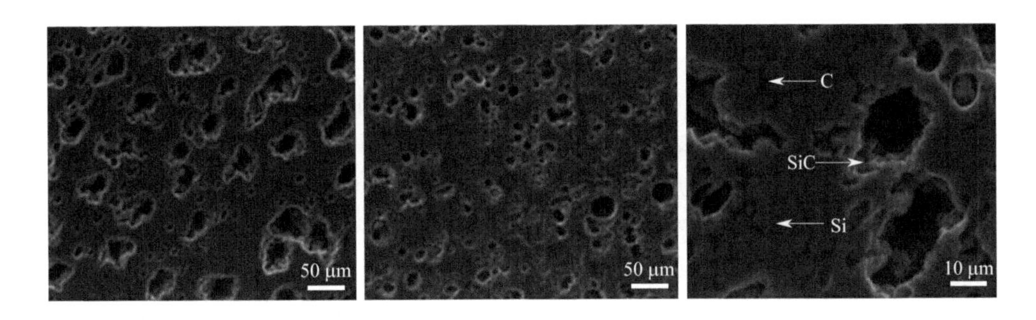

图 1-4　SiC 木材陶瓷的 SEM 照片[21]

1.1.3.3　氧化铝木材陶瓷

溶胶-凝胶法是制备生物质结构形态 Al_2O_3 陶瓷的有效方法，通过将低黏度的氧化铝溶胶渗透到生物质基体的孔隙中，在惰性气体保护（或真空）下、1550℃温度烧结，可获得生物质结构 Al_2O_3/炭基木材陶瓷。

以木粉、硅溶胶和纳米氧化铝为基料可以制备氧化铝木材陶瓷。当烧结温度较低时，硅溶胶和氧化铝形成的第二相以微球状的硅铝尖晶石为主。随着烧结温度的升高，微球状的硅铝尖晶石逐步向晶须状的莫来石相转变。当木粉、硅溶胶和氧化铝的质量比为 1∶2∶0.8 时，1000 ℃烧结后出现了晶须状莫来石。图 1-5 为木材陶瓷中的微球状硅铝尖晶石和晶须状莫来石的结构[22]。

1.2　三维网络结构木材陶瓷

由于使用原辅材料的不同，木材陶瓷的结构也各有差异。但从宏观上可分为

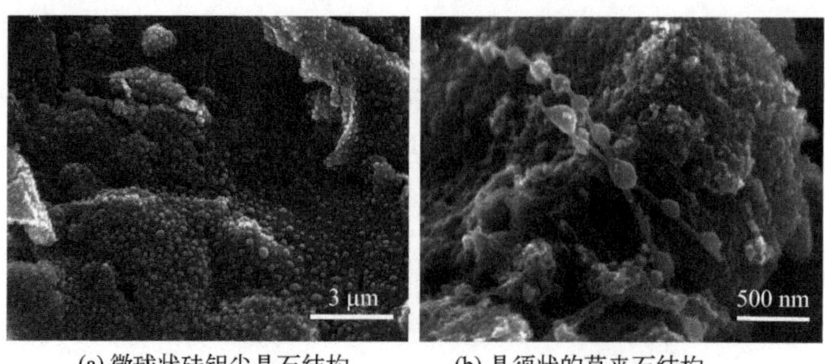

(a) 微球状硅铝尖晶石结构　　(b) 晶须状的莫来石结构

图 1-5　木材陶瓷中微球状硅铝尖晶石和晶须状的莫来石

三维网络结构、叠层结构等。

1.2.1　实木（竹）基材

实木（竹）基三维网络结构木材陶瓷是以块状实木（竹材）为基材，浸渍热固性树脂，然后在真空或惰性气体保护下烧结而得到的。

实木在纵向上分布着大量的导管（或管胞），在横向上存在相互贯通的纹孔等，加上烧蚀与气化的作用，故所得到的木材陶瓷在结构上呈现纵横交错的网络体系，其最大的特点在于能够较好地保存木材的天然结构。竹材的结构与木材有较大的差异，纵向孔隙居多，横向相对较少。图 1-6(a) 和图 1-6(b) 中所示为以杨木为基材所制备木材陶瓷的横截面和纵切面，其较完整地保留了杨木的基本构造。图 1-6(c) 为竹基木材陶瓷的横截面照片，竹子的天然结构清晰可见。

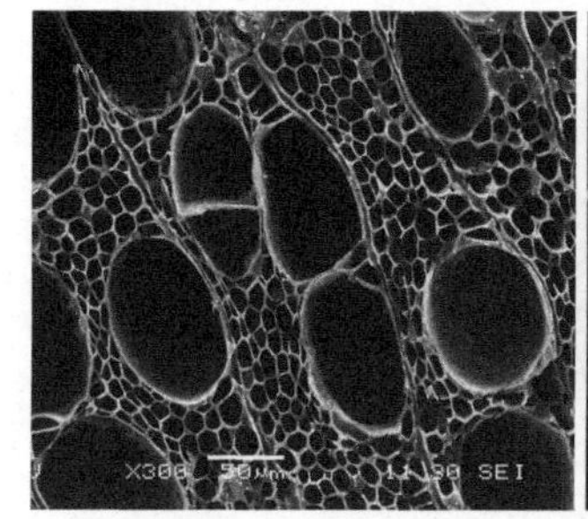

(a) 杨木基木材陶瓷的横截面

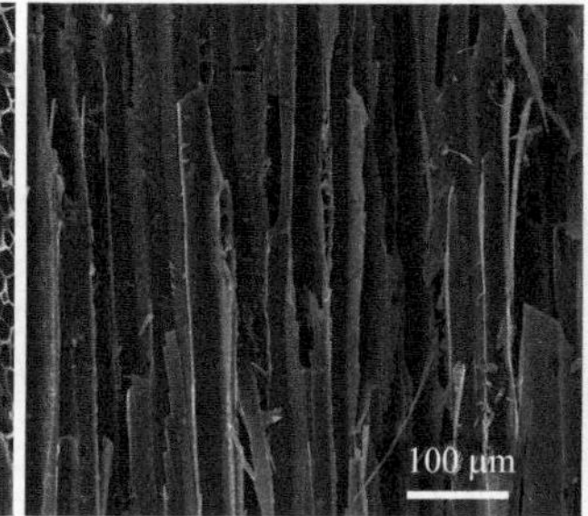

(b) 杨木基木材陶瓷的纵切面

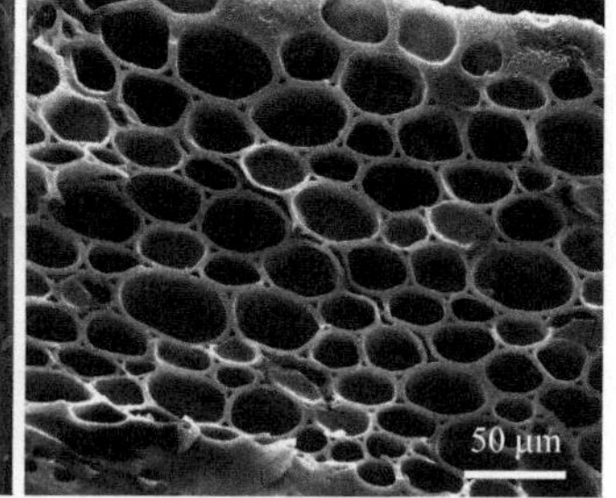

(c) 竹基木材陶瓷的横截面

图 1-6　实木（竹）基木材陶瓷

以构树（*Broussonetia Kazinokib Sieb*）木材和不同质量比的热固性酚醛树

脂为基材制备木材陶瓷，其物理力学性能随着 PF 树脂用量的增加而增加[23]。当 PF 树脂用量为 70%时，其密度、抗弯强度、硬度和抗压强度的最高平均值分别为 0.66 g/cm^3、53 kgf/cm^2、187 kgf/cm^2 和 126 kgf/cm^2（$1kgf/cm^2$ = 98.0665 kPa）。

1.2.2 木（竹）粉末基材

以木（竹）粉末为基材制备的木材陶瓷，由于热固性树脂更容易渗透到基材的孔隙中，并将粉末颗粒黏结在一起，因此烧结无定形炭与玻璃炭更容易交织在一起形成三维网络结构。同时，部分颗粒较大的木（竹）粉依然能够部分保存其原有的结构。如用 PF 树脂和椴木木粉制备的木材陶瓷，具有拓扑均匀的三维网络结构，且含有 C—C、C—O—C 和 C—H 等基团[24]。

用竹粉和环氧树脂制成的木材陶瓷，竹粉以天然植物模板的形式存在。随着烧结温度的升高，石墨化程度增加，抗压强度、弹性模量随着树脂含量的增加而增大；密度随着烧结温度的升高而增加，但超过 1300 ℃后有所降低[25]。

在真空状态下烧结浸渍了 PF 树脂的木粉制造木材陶瓷，随着 PF 树脂质量的增加，木材轴向气孔和射线细胞充满了更多的玻璃状炭。同时，电磁屏蔽效率随着烧结温度的增加而得到改善。在 1000 ℃下获得的木材陶瓷（质量比 1∶1）呈现 30 MHz 至 1.5 GHz 的中等屏蔽水平[26]。

1.2.3 中密度纤维板基材

中密度纤维板主要成分为植物纤维，在超声波的辅助下用乙醇稀释的液化木材浸渍，并在真空条件下烧结制备木材陶瓷。当烧结温度在 500 ℃以下时，水平方向的收缩量取决于纤维直径的大小；而在 500 ℃以上，水平方向的收缩量取决于板内纤维之间的间隙。在 650 ℃以上，随着温度的升高，木材陶瓷的尺寸收缩率、失重率和碳氧比增大，晶间间距 $d_{(002)}$ 值减小，R 值增大。图 1-7 为中密度纤维板浸渍液化木材在不同温度下所制备木材陶瓷的 SEM 照片和 XRD 谱图[27]。

1.2.4 农作物秸秆基材

农作物秸秆（麻秆、棉秆、玉米秆、烟梗等）等资源非常丰富，以其为基材，通过浸渍热固性树脂，在真空或惰性气体保护下烧结可制备秸秆基木材陶瓷。

1.2.4.1 棉秆

将棉秆废弃物粉碎，混合热固性 PF 树脂，热压成型后进行烧结可得到棉秸

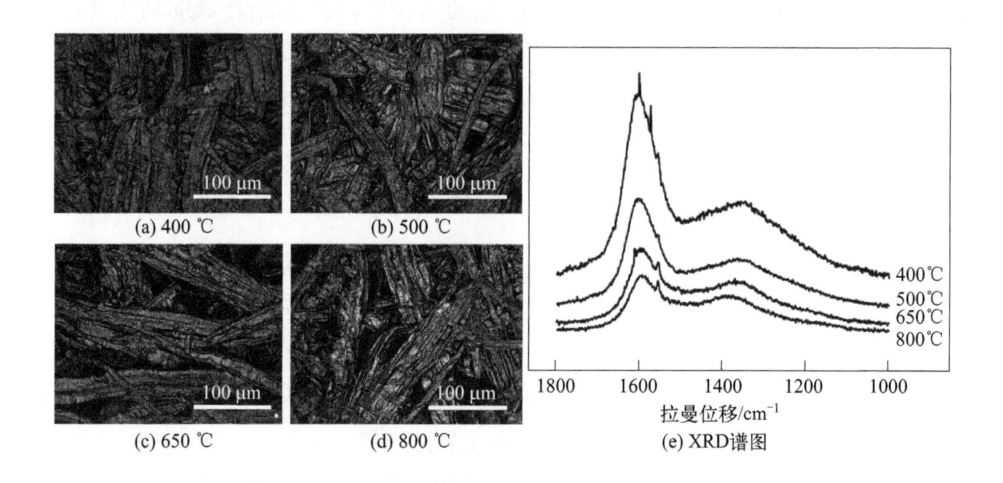

图 1-7　不同烧结温度中密度纤维板/液化木材陶瓷的 SEM 照片与 XRD 谱图

秆基木材陶瓷。在棉秆与酚醛树脂的质量比为 1∶1 的条件下，不同烧结温度下所得棉秆基木材陶瓷的静曲强度、弹性模量和 $d_{(002)}$ 值见表 1-1。从表 1-1 中可见，随着烧结温度的增加，静曲强度和弹性模量均呈现出大幅度增加的趋势，而表征微晶间距的 $d_{(002)}$ 值则逐步减小。表明较高烧结温度可提高木材陶瓷的石墨化程度。

表 1-1　不同烧结温度棉秆基木材陶瓷的静曲强度、弹性模量与 XRD 参数

序号	烧结温度/℃	静曲强度/MPa	弹性模量/MPa	$d_{(002)}$/nm	备注
1	700	5.4	890	0.4395	棉秆与酚醛树脂的质量比为 1∶1
2	1000	11.5	1920	0.4074	
3	1400	13.7	2560	0.3914	

在烧结温度为 1000 ℃的条件下，不同棉秆与酚醛树脂质量比试件的静曲强度、弹性模量等见表 1-2。从表 1-2 中可见，静曲强度和弹性模量均随着 PF 树脂的减少而降低，这主要是由于玻璃炭减少所引起的。$d_{(002)}$ 值变化不大，说明树脂含量对微晶结构的影响较小。

表 1-2　不同棉秆与酚醛树脂质量比木材陶瓷静曲强度、弹性模量与 XRD 参数

序号	棉秆∶PF 树脂	静曲强度/MPa	弹性模量/MPa	$d_{(002)}$/nm	备注
1	1∶1.5	13.2	2525	0.4168	烧结温度为 1000 ℃
2	1∶1	10.1	1852	0.4074	
3	2∶1	6.4	1020	0.3948	

1.2.4.2 烟梗

以烟梗和 PF 树脂为基材，采用微波加热方式制备烟梗基木材陶瓷，探索微波处理时间、功率和 PF 树脂的质量分数等对失重率、体积收缩率、表观密度、开孔率的影响。研究发现，随着微波处理时间的延长，木材陶瓷的质量损失率、体积收缩率和表观密度增加（图 1-8）。同时，随着微波处理功率的增加，质量损失率、体积收缩率和开孔率增加，而表观密度降低，如图 1-9 所示。采用拉曼光谱（RS）对烟梗基木材陶瓷进行分析，发现半峰全宽（FWHM）和 R 值随着炭化温度和 PF 树脂含量的增加而降低。且微晶尺寸 L_a 值在 1.85 nm 和 5.40 nm 之间变化，显示出低微晶尺寸[28-29]。

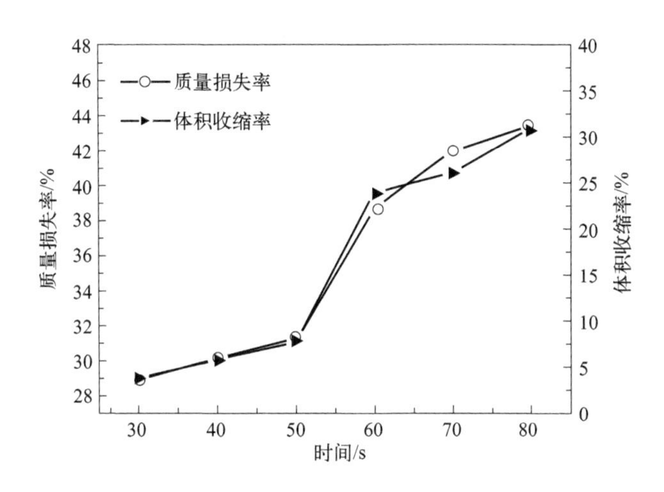

图 1-8 微波辐射时间与质量损失率/体积收缩率

1.2.4.3 玉米秸秆和麦秸秆

以玉米秸秆和 PF 树脂为主要原料，添加硅藻土制备硅藻土/玉米秸秆木材陶瓷。经硅藻土改性的木材陶瓷以非晶质为主，同时含有少量石英晶相和结晶石墨。孔隙结构以宏孔为主，孔径范围分布在 1000～3800 nm，孔隙率约为 48.6%，但比表面积较小，仅有 7.83 m^2/g，可用于对四环素的吸附[30]。

同样地，以麦秸和坡缕石黏土为原料，PF 树脂为胶黏剂制备坡缕石黏土改性木材陶瓷，可用于对苯酚废水的吸附，其吸附能力符合 Feundlich 吸附模型，饱和吸附量可达到 45.66 mg/L，可见其对苯酚具有较强的吸附作用[31]。

1.2.4.4 甘蔗渣

将甘蔗渣与环氧树脂混合后真空烧结制备炭基木材陶瓷。随着烧结温度的升

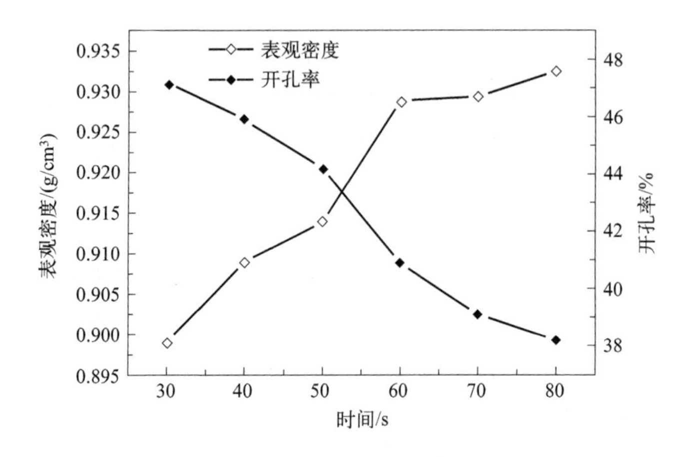

图 1-9 微波辐射时间与表观密度/开孔率

高，木材陶瓷的石墨化程度得到改善，但还是属于典型的非石墨化炭结构，在微米（0.6～21 μm）到纳米（3.1～9.3 nm）尺度上呈现出分层多孔结构[32-33]。图 1-10 为不同烧结温度下甘蔗渣木材陶瓷的 N_2 吸附-脱附等温线图和相应的孔径分布图。

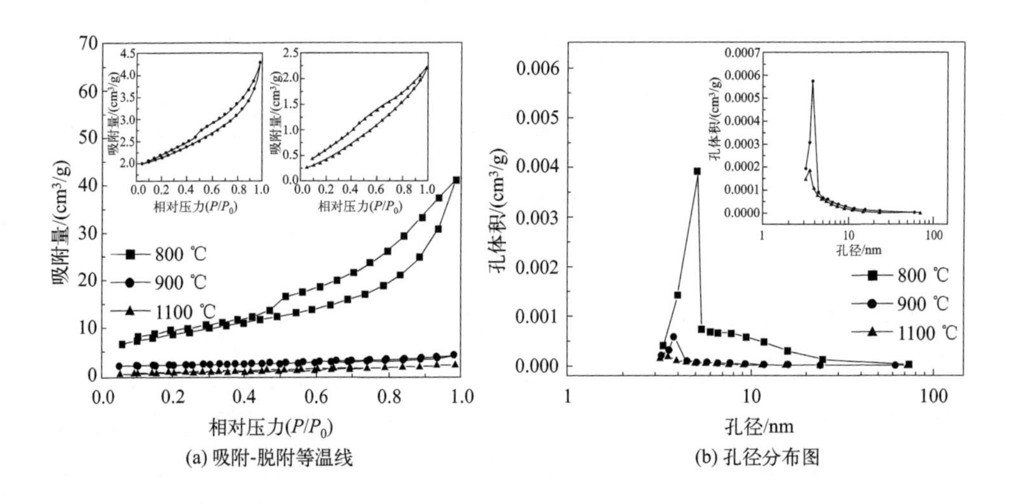

图 1-10 不同烧结温度下甘蔗渣木材陶瓷的 N_2 吸附结果

烧结温度的升高导致 BET（Brunauer-Emmett-Teller）比表面积、平均孔径和孔体积的减小，见表 1-3。同时，木材陶瓷的得率与烧结温度密切相关，烧结温度每升高 100 ℃，炭得率则下降 1%～2%，体积收缩率升高 0.5%～1%，体积电阻率降低。

表 1-3　BET 比表面积、孔体积和平均孔径

序号	烧结温度/℃	BET 比表面积/(m^2/g)	孔体积/(cm^3/g)	平均孔径/nm	备注
1	800	30.7	0.0635	5.06	甘蔗渣与环氧树脂的质量比为 1∶1
2	900	3.6	0.0056	3.79	
3	1100	1.9	0.0034	3.53	

1.2.4.5　其他生物质基材

除了上述常用的农林剩余物之外，还有学者使用竹粉、芦苇秆、苹果渣、液化木材等制备木材陶瓷。

（1）芦苇秆

将芦苇秆粉末与 PF 树脂混合后模压成型、真空烧结可制备木材陶瓷。随着 PF 树脂用量的增加，木材陶瓷的得率、密度率和静曲强度增加，体积收缩下降。当芦苇秆粉∶PF 树脂＝1∶1 时（质量比），得率和静曲强度分别达到了 49.60% 和 13.83 MPa。在微观结构上，PF 树脂可渗透到芦苇秆的孔隙内，较高的烧结温度可使芦苇秆生成的无定形炭与 PF 树脂生产玻璃炭之间的界面相互融合，构成较坚固的结构。图 1-11 为不同烧结温度芦苇基木材陶瓷 SEM 照片，从图 1-11 中可见，1200 ℃烧结的木材陶瓷具有更均匀的结构[34]。

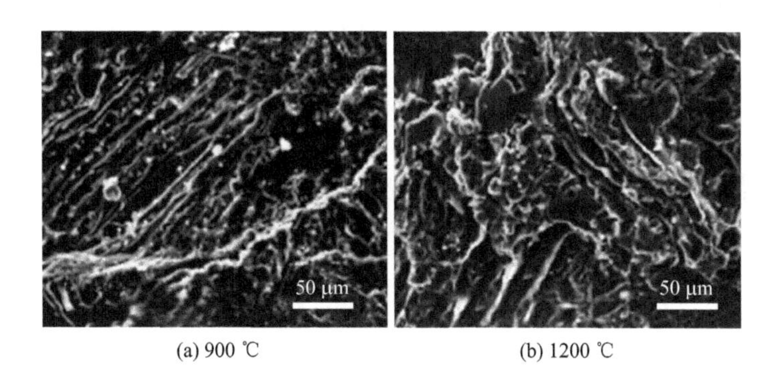

(a) 900 ℃　　(b) 1200 ℃

图 1-11　不同烧结温度芦苇基木材陶瓷 SEM 照片

（2）苹果渣

在 800 ℃和 1000 ℃的温度下烧结苹果渣和 PF 树脂的混合物制备玻璃炭增强的木材陶瓷，在此过程中，通过 logistic 函数拟合热重数据可得到热解初始温度。高温烧结所得到木材陶瓷的抗氧化性优于低温烧结的木材陶瓷[35]。

（3）液化木材

以炭化竹纤维和液化木材为原料，制备液化木材基木材陶瓷，考察了炭化温度对木材陶瓷尺寸收缩、失重、密度、抗压强度和体积电阻率的影响。结果表

明：随着烧结温度的升高，液化木材分解后与炭化竹纤维结合，试样尺寸基本保持不变，但抗压强度提高，电阻率降低。图 1-12 为液化木材及用液化木材制备的木材陶瓷[36]。

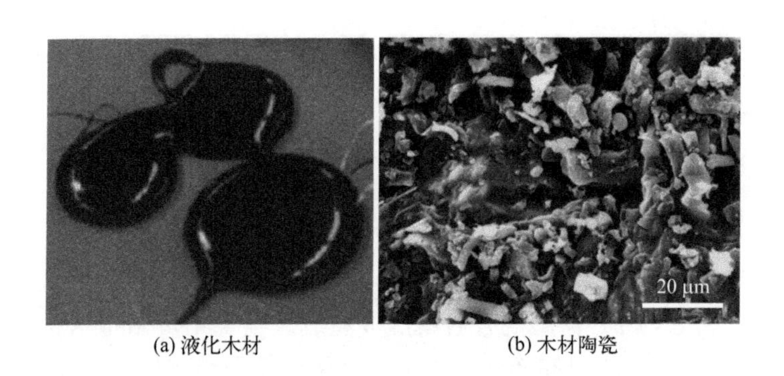

(a) 液化木材　　(b) 木材陶瓷

图 1-12　液化木材及用液化木材制备的木材陶瓷

1.3　叠层结构木材陶瓷

叠层结构（laminated structure），由片层材料相互叠加而成的一种结构。其中的片层材料可以是同质的，也可以是异质的。在本书中，将由同质材料组成的称为层状结构；由异质材料相互交替组成的称为夹层结构（或称三明治结构）。对于夹层结构来说，结构单元为 3 层，其中外面的 2 层称为外覆层，中间的称为芯层。

1.3.1　层状结构

1.3.1.1　薄木层状结构

现代木材加工技术可将木材与竹材旋切或刨切成厚度小于 0.3 mm 的薄木（竹），可用于制备层状结构木材陶瓷。与传统的木材陶瓷相比，这是一种具有典型层状结构的新型结构木材陶瓷。以山毛榉薄木为基材、浸渍 PF 树脂后热压胶合成薄木复合材料，在 N_2 保护下等静压烧结得到层状结构木材陶瓷。其不仅在宏观上具有明显的层状结构，而且在微观上也较好地保存了山毛榉木材的天然孔隙结构。更重要的是具有层状材料较高断裂韧性的特征：提高裂纹的扩展容限，可减少破坏过程中的灾难性断裂。图 1-13 中所示为层状结构木材陶瓷的基本结构，以及载荷-位移曲线。从图 1-13 中可见：层状结构清晰，载荷-位移曲线具有多个峰值，表明在破坏过程中，裂纹出现了横向扩展，避免了一次性断裂[37]。

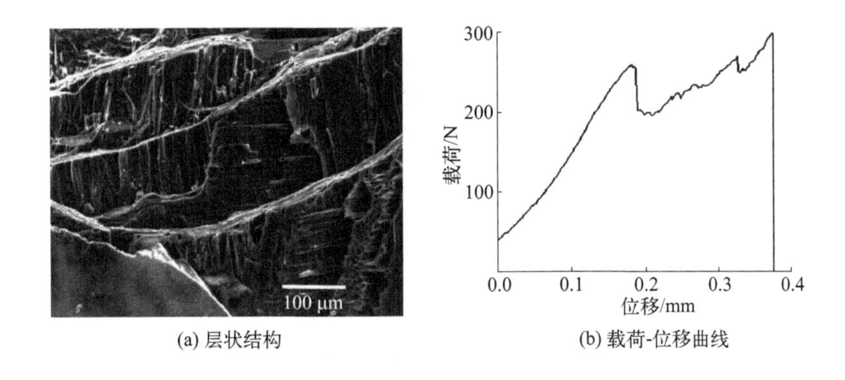

(a) 层状结构　　(b) 载荷-位移曲线

图 1-13　层状木材陶瓷的基本结构与载荷-位移曲线

1.3.1.2　纸基层状结构

以废纸为基材，浸渍热固性树脂后可制备纸基层状结构木材陶瓷。在此过程中，可单独或混合浸渍含石墨烯和碳纳米管（CNT）的过渡金属盐溶液、含有活化剂与造孔剂的热固性树脂，经热压固化后烧结而得到具有层状结构的木材陶瓷。在宏观上，为由多个纸基片层结构单元所组成的、具有层状结构的固体块状形态，可直接作为自支撑电极（或基材）使用而不需要金属集流体，提高了电极的耐腐蚀性，可延长使用寿命。在微观上，每一张纸形成一个片层单元，由石墨化炭、无定形炭、玻璃炭和金属纳米粒子、金属氧化物以及所加载的石墨烯、碳纳米管等所构成，且每一个片层单元内部呈现出三维网络结构。其中的金属纳米颗粒、金属氧化物与石墨烯和碳纳米管等之间可形成协同效应，能为离子的嵌入和脱出提供传输通道和储存位点，表现出良好的电化学性能，可作为离子电池的负极材料和超级电容器的电极材料。研究表明：以 6 mol/L 的 KOH 溶液为电解质，纸基自支撑层状电极、饱和甘汞电极和铂片电极分别作为工作电极、参比电极和对电极，在 0.5 A/g 电流密度下，其比电容可达 327～366 F/g，经 5000 次循环后比电容保持率为 94.6%～91.3%，显示出优异的电化学性能。图 1-14(a) 为纸基层状结构木材陶瓷电极的照片，以及循环伏安（CV）曲线和恒电流充放电（GCD）曲线。从图 1-14(a) 中可见：层状结构清晰，循环伏安曲线呈现类矩形 [图 1-14(b)]，表明具有较好的比电容；恒电流充放电曲线为类等腰三角形 [图 1-14(c)]，表明该电极具有良好的充放电性能。

1.3.1.3　纤维增强层状结构

虽然层状结构可以改善木材陶瓷的断裂韧性，但炭基基材本身的强度不高，因此，层状结构木材陶瓷的强度有限。为了更进一步改善木材陶瓷的强韧性，可使用液化木材、炭粉和碳纤维（carbon fiber，CF）等制备增强型层状结构木材

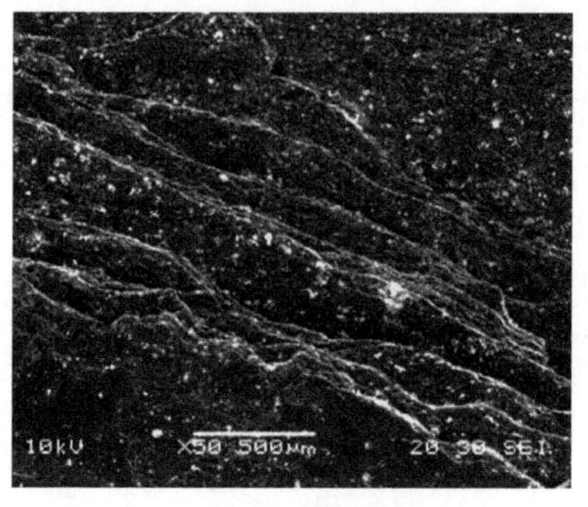

(a) SEM照片

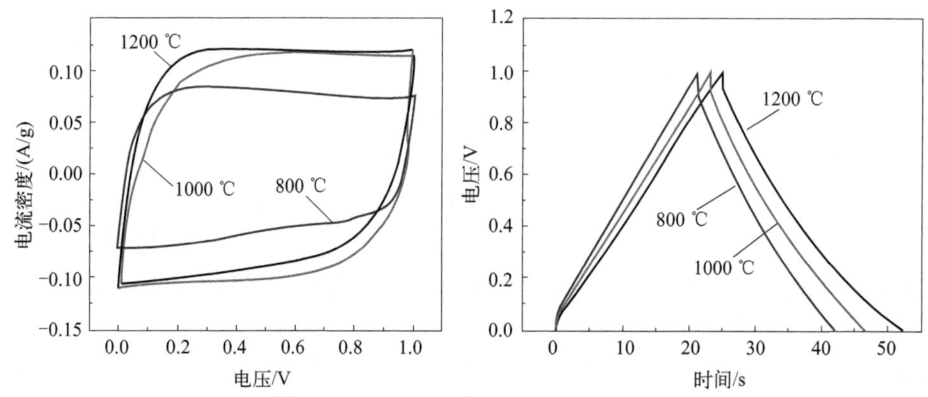

(b) 800 ℃、1000 ℃和1200 ℃三种烧结温度下保温烧结2 h所得电极在200 mV/s扫描速率时的循环伏安曲线

(c) 800 ℃、1000 ℃和1200 ℃三种烧结温度下保温烧结2 h所得电极在0.2 A/g电流密度时的恒电流充放电曲线

图 1-14　纸基层状结构自支撑电极的 SEM、CV 与 GCD 曲线

陶瓷，并通过对烧结温度、树脂用量等因素的优化来提高强度与韧性。研究发现：增强 CF 和层状结构的运用能够获得较高强度与较好韧性。当烧结温度为 1100 ℃、炭粉与液化木材质量比为 1∶0.75、胶合压力为 3 MPa 时，所制备木材陶瓷的抗弯强度、弹性模量、断裂韧性分别达到了 53.90 MPa、2.58 GPa 和 1.69 MPa·$m^{1/2}$，远高于普通木材陶瓷[38-39]。

采用 SEM（扫描电子显微镜）和 HRTEM（高分辨透射电子显微镜）对其基本结构与界面进行观测，并通过显微拉曼光谱检测拉伸试件 G′峰的位移以判断界面的结合情况，构建如图 1-15 所示的细观模型。并采用 Abaqus 对界面层在应力传递中的作用与方式进行数值分析，结果显示：在受力过程中，界面层对 CF 与基体材料之间的应力传递起着重要作用。同时，随着界面层强度与厚度的增加，其所能承受的载荷增大，传递给基体材料的等效应力也随之增加。

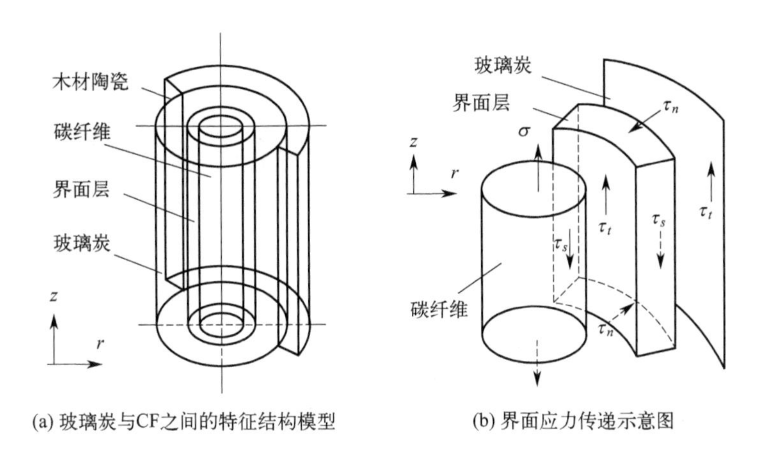

图 1-15　CF 增强层状结构木材陶瓷的细观模型

1.3.2　夹层结构

1.3.2.1　木基夹层结构

当面层材料与芯层材料不同时，可将这种结构称为夹层结构。以刨切薄木为外覆层，松针炭粉等作为芯层，PF 树脂为胶黏剂，浸渍催化剂和掺杂剂 $Co(NO_3)_2 \cdot 6H_2O$ 后叠加组坯、热压成型，N_2 保护烧结后得到木基夹层结构木材陶瓷。片状的刨切薄木层作为自支撑体，不仅可以起到保护与分隔的作用，减少掺杂剂的脱落与芯层材料的剥离，还可以为活性材料负载提供丰富的通道。而具有丰富管状纳米孔隙结构的松针可提供丰富的活性位点，夹层材料与芯层材料在结构上的差异化为电解液提供了更多的循环通道。作为自支撑电极材料，夹层结构木材陶瓷也具有较好的比电容和超高循环性能，可作为超级电容器的电极材料[40-41]。图 1-16 中所示为刨切薄木和松针炭粉制备的夹层结构木材陶瓷。从图 1-16(a) 中可见，外覆层（薄木层）较完整地保存了天然木材的结构，且夹层结构清晰。图 1-16(b) 中显示，芯层中的松针炭具有丰富的纵向孔道结构。

1.3.2.2　竹基夹层结构

以竹粉和竹纤维为基料，以热固性树脂为胶黏剂，加入增强短碳纤维(CF)、60 ℃干燥 2 h 后冷压成型得到芯层材料；以浸渍了 PF 树脂的竹质薄木为外覆层材料，与芯层材料依次交替叠加构成夹层结构，经 135 ℃热压、N_2 保护等静压烧结，得到 CF 增强复合竹基夹层结构木材陶瓷基体材料；再通过真空加压浸渍沉积组装碳纳米管（CNT）和石墨烯（Gr)，并使用导电聚合物聚吡咯(PPy）将碳纳米管和石墨烯锚定防止脱落，从而得到块状的 CNT/Gr 组装 CF 复合夹层结构木材陶瓷电极，其 SEM 照片如图 1-17 所示。

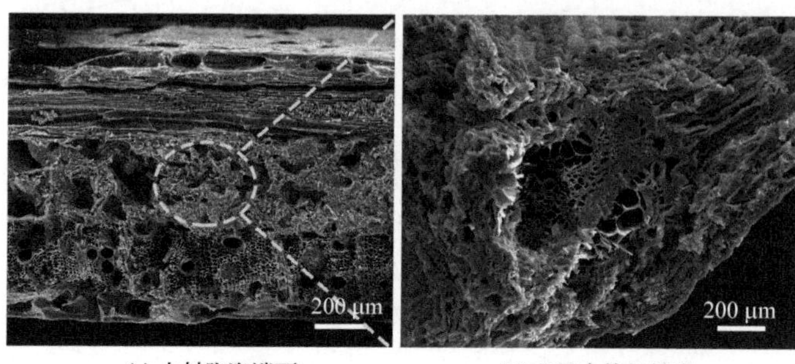

(a) 木材陶瓷端面　　(b) 芯层中的松针炭

图 1-16　夹层结构木材陶瓷

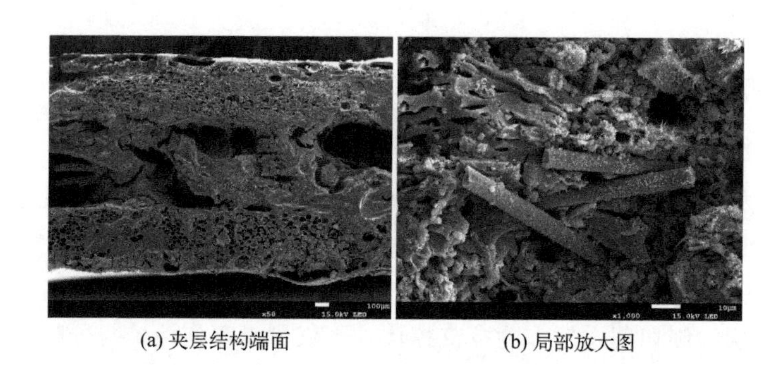

(a) 夹层结构端面　　(b) 局部放大图

图 1-17　CNT/Gr 组装 CF 复合夹层结构自支撑木材陶瓷电极 SEM 图

该电极以夹层结构木材陶瓷支架为充放电平台、以 Gr 和 CNT 为储能活性物质，共同构筑 CF 复合夹层结构木材陶瓷电极，可充分发挥夹层结构、生物质多孔炭、Gr、CNT 和 PPy 等的多重协效储能功能，有效提升比电容。一方面，夹层结构的基体材料是以竹薄木作为基本结构单元，可作为储能电极材料活性物质的载体，在很大程度上保存了竹材的多层级孔隙结构的同时也具有质量轻、耐化学腐蚀性好等特性。而且夹层结构在制备储能电极方面独具优势，其结构可视为多个电极片的叠加，可提高比电容。更重要的是，CF 的加入不仅能对基体材料起到增强作用，还可以进一步提升其导电性；另一方面，Gr 和 CNT 作为新型炭基材料，质量轻、导电性能好、力学性能优，其复合与组装不仅可以改善基体材料的孔隙结构，还能够提升比表面积，从而最终提高电极的能量与功率密度。以此方法制得的 CNT/Gr 组装 CF 复合夹层结构木材陶瓷电极为工作电极、Pt 为对电极、6 mol/L 的 KOH 溶液为电解质，在扫描速率为 5 mV/s 时，比电容可达 295 F/g 左右。

此外，CNT/Gr 组装 CF 复合夹层结构木材陶瓷电极，可直接作为自支撑电极使用而不需要金属集流体。具有绿色环保、化学性能稳定、循环使用寿命长、比电容大、安全高效等优点，符合国家产业发展方向。

1.4 炭基自支撑电极与木材陶瓷自支撑电极

自支撑电极材料本身可以作为电极材料使用，不需要额外的黏结剂、导电剂和集流体等，并且具有良好的机械特性、更强的耐化学腐蚀性、更大的比容量、更高的能量与功率密度。目前，以薄膜和多孔泡沫形式的自支撑电极居多。

在电化学储能方面，自支撑电极对基体结构有较高的要求，在结构设计时需要充分利用基体材料的结构特征来促进电子与离子的高速传输与存储。生物质材料是制备炭基自支撑电极的主要来源，不仅储量丰富、价格低廉，更重要的是自然界赋予生物质多种微观结构，其内部独特的多层次孔隙结构是人造材料难以达到的，炭化后这些分级孔隙大部分得以保留，并可在制备过程中进行功能化调控。因此，炭基自支撑电极在储能领域拥有较大的优势。木材陶瓷作为新型的块状炭基材料、强度高、形状和结构均可以按照需求设计与制备，具有作为自支撑储能电极材料的基本特性。

1.4.1 生物质炭基自支撑电极

生物质炭电极的固有特性可以通过以下方式得到改善：

① 具有三维互联网络的分层孔隙度作为电解质储层，并增强扩散途径[42-43]。

② 具有低离子电阻的三维互联和纳米结构形态[44-45]。

③ 有利的含氧官能团（OFG），以提高电极/电解质的润湿性和亲水性[46-47]。

④ 通过增强电极的表面吸附和导电性，优化石墨化和比表面积[48-49]。

生物质材料种类繁多，目前报道较多的有以下几种。

1.4.1.1 纤维纸基电极

纤维纸基电极在可穿戴和便携式电子设备中引起了越来越多的关注，但昂贵电活性物质的负载和机械柔韧性的丧失限制了其商业应用。

将湿法造纸、水热炭化和双重活化相结合，把原纤化纸浆纤维原位转化为与碳纤维融合的纤维素衍生活性炭，制备纤维素基活性碳纤维纸（ACFP）。ACFP 具有 808～1106 m^2/g 的高比表面积、1640～1786 S/m 的高电导率、4.6～6.4 MPa 的优异抗拉强度和灵活的加工性能。用 ACFP 制备的纤维素纸基自支撑电极无需任何胶黏剂，最大比电容可达到 165 F/g，且循环稳定性优异[50]。同时，可以通过负载电活性材料来进一步提高比电容。此外，进一步的研究发现，纤维素衍生的活性炭主要负责电容储能，而 CF 由于其低热膨胀系数和高电导率而提供高功能网络。

1.4.1.2 活性炭基电极

以橄榄树枝为基材，对比物理活化和化学活化法制备的活性炭电极，发现采用化学活化法制备的具有更高的比表面积、更发达的孔结构以及较好的电化学性能。其最大比表面积超过 2000 m^2/g，比电容可达 410 F/g。以 PVA（聚乙烯醇)-KOH 水凝胶为电解液，组装的对称固态超级电容器性能优异：在电流密度 5 mA/g 时比电容为 1.15 F/g，等效串联电阻为 1.42 Ω。其制备流程与电化学性能如图 1-18 所示[51]，这些研究为利用农林剩余物制备电极材料、开发具有竞争力的储能装置提供了一种有效的方法。

1.4.1.3 实木三维纳米多孔电极

（1）松木基高效电池去离子自支撑电极

以片状松木为基材，在一定的温度（450 ℃）下进行炭化，然后用乙酸和次氯酸钠在 90 ℃氧化处理 12 h，清洗后得到高效电池去离子（BDI）自支撑炭基电极材料，可用于海水淡化。在此过程中，利用松木本身的三维（3D）纳米多孔结构和丰富官能团，通过对氧化还原活性位点的精细调控可获得更加优异的性能。

将 3D 多孔自支撑电极和聚苯胺（PANI）改性的木基电极作为正极和负极，成功组装全木质电极的去离子电池，其对海水的离子去除能力高达 164 mg/g。这为利用廉价生物质制备 BDI 电极、实现高效海水淡化提供了一个新的途径。其工作原理如图 1-19 所示[52]。

（2） N 掺杂多孔阴极材料

将木材进行热处理和酸活化，可制备三维 N 掺杂炭基自支撑电极，该电极保留了木材原有的层级孔隙结构，且在炭基骨架上构建了大量的缺陷和 N 掺杂位点。作为可充电锌空气电池中的阴极，其功率密度和比容量分别达到了 134.02 mW/cm^2 和 835.92 mAh/g，远超过了商业用 Pt/C 电极的能量密度。经过超长周期（500 h）循环后，性能衰减仅为 1.47%[53]。这种环保且节省成本的方法，将生物质合理地转化，为可充电锌空气电池（ZAB）提供来源广泛的自支撑阴极材料。

同样地，通过将石墨化炭层包封的 Co 纳米颗粒嵌入 N 掺杂木材炭基模板

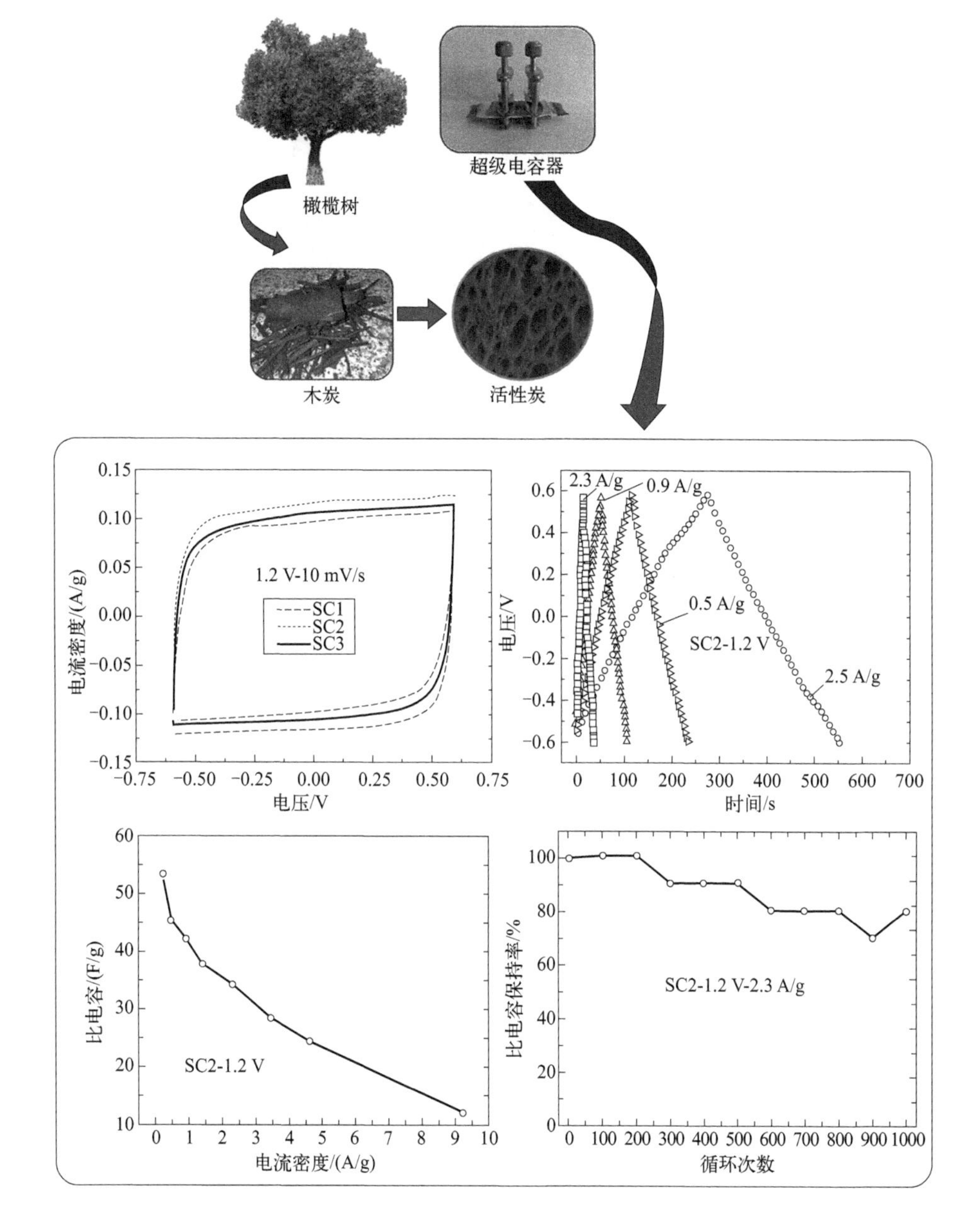

图 1-18　橄榄树木材活性炭电极制备流程与电化学性能[51]

(NWC) 中，所制备的自支撑复合电催化剂，作为可充电锌空气电池阴极 (Co@NWC)。NWC 中木材的天然孔隙形成了开放排列微通道，有利于 O_2 和电解质的渗透和传输。同时，NWC 上均匀分布的石墨化炭层包裹的 Co 纳米颗粒具

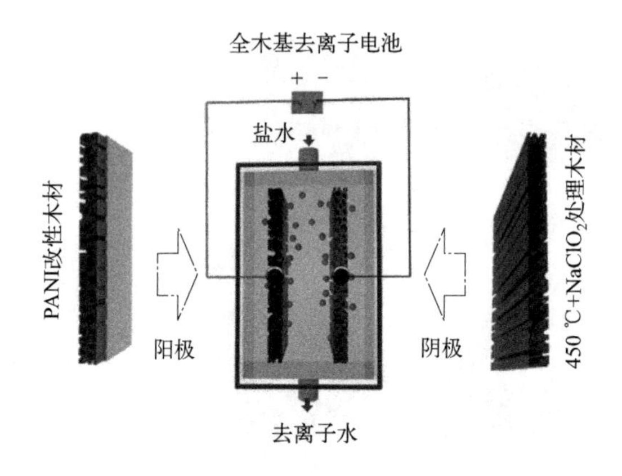

图 1-19 实木基电池去离子电极的工作原理[52]

有快速电子转移动力学，为氧还原反应和析氧反应提供了丰富的三相反应位点。Co@NWC 的氧还原反应的半波电位为 0.89 V［相对于可逆氢电极（RHE)]，优于 Pt/C（0.85 V)；析氧反应（10 mA/cm^2）的过电位为 410 mV，与 RuO_2（340 mV）相当。组装的可充电锌空气电池具有 47.5 mW/cm^2 的功率密度和在 5 mA/cm^2 下工作 240 h 的出色稳定性[54]。

（3）杉木炭自支撑电极

木基炭中的多孔通道有利于电解质渗透和电荷传输，但未经过调控的木基炭电极的电化学性能通常较差。以杉木为基材制备的炭基电极，通过 KOH 活化、引入 CNT 等方法，不仅能提升比表面积，还能形成大量的有利于离子扩散的中、微多层级通道。以此制备的 CNT/杉木炭自支撑电极具有 1646.6 m^2/g 的超高比表面积，在 1 mA/cm^2 电流密度下具有 24.0 F/cm^2 的面积比电容，以及在 100 mA/cm^2 电流密度下，经过 10000 次循环后仍然具有 98%的比电容保持率。以此为电极组装的固态对称超级电容器具有 15.7 mW/cm^2 的最高功率密度和 1.1 mWh/cm^2 的最大能量密度，显示出优异的电化学性能。图 1-20 展示了其基本制备流程与电化学性能。

1.4.2 不同结构木材陶瓷自支撑电极

木材陶瓷与纯生物质炭基材料的最大区别在于木材陶瓷中含有热固性树脂转化而来的玻璃炭，因此，木材陶瓷实际上是一种由无定形炭和玻璃炭组成的复合材料，其强度要高于纯生物质炭基材料，而且形状与尺寸可以调节。可作为基体材料附着活性物质，也可直接作为自支撑电极。

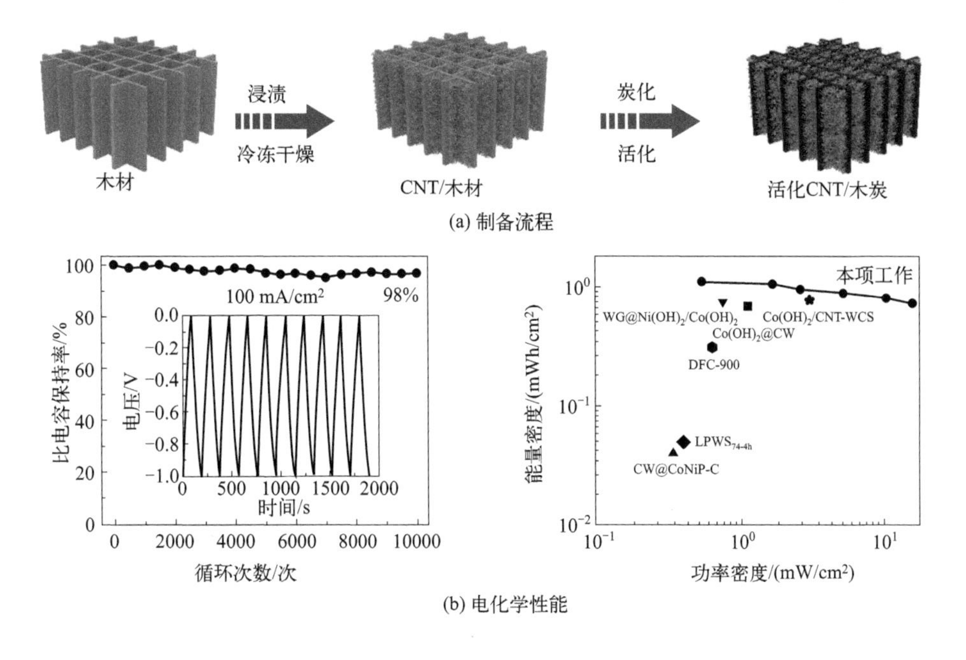

图 1-20 CNT/杉木炭自支撑电极的制备流程与电化学性能[55]

1.4.2.1 木质素组装杨木基木材陶瓷自支撑电极

将杨木浸渍热固性 PF 树脂后烧结得到的木材陶瓷作为基体，采用电沉积法组装造纸黑液木质素，在 N_2 保护下、高温烧结和水热活化后得到木质素基碳纳米片组装的块状自支撑木材陶瓷电极。在此过程中，通过调节电场的强度、电解质的浓度、沉积时间等参数，可以将木质素按照一定的序列组装在木材陶瓷基体的表面与孔隙中，这有利于孔隙结构的优化，为电子与离子的高速存储与传输提供场所与通道，进而实现高效储能。其中电沉积 10 min、1000 ℃保温烧结 2 h、180 ℃活化 6 h 的试件具有较好的电化学性能：在电流密度 0.25 A/g 时的比电容可达 141.8 F/g；充放电循环 1000 次后比电容保持率为 88.1%[56]。具有较好的储能性能与应用潜力。

同样地，将造纸黑液木质素自组装在废弃的杨木中，通过 K_2CO_3 活化和 $Ni(NO_3)_2$ 催化制备块状木材陶瓷自支撑电极材料。结果表明：木材的天然层级孔隙结构能够得到较好的保存，且活化、催化石墨化和 Ni^{2+} 掺杂在烧结过程中同步完成。通过催化石墨化，可将自组装在木材孔隙中和活化剂与催化剂晶体表面的部分木质素转化为碳纳米片和多层石墨烯，且部分呈现出花瓣状的有序排列。Ni^{2+} 掺杂不仅构建了电极材料的基本骨架，还可减少碳纳米片和石墨烯的堆叠。同时，活化能够改善孔隙结构，为电子和离子的储存和传递提供更多的通道。1000 ℃保温烧结 3 h 的试件在 0.25 V/s 的扫描速率下，比电容可达 150.3 F/g。

1.4.2.2 短 CF 复合木材陶瓷自支撑电极

以生物质材料粉末（杉木和杨木粉，1∶1 质量比）为基材，以水性热固性环氧树脂为胶黏剂，添加长度为 0.1～5 mm 的 CF 后经热压成型、烧结得到块状的 CF/木材陶瓷基体材料，再以其作为阳极、石墨棒为阴极、十六烷基苯磺酸钠水溶液作为分散液，将羟基化 CNT 分散在 pH 值为 3 的电解质中作为电解液，在电压和电流分别为 5～30 V 和 0.1～5 A 条件下进行电沉积。在电场的作用下，羟基化 CNT 会沉积与组装在 CF/木材陶瓷基体的表面与孔隙中，干燥后得到 CNT 修饰的 CF/木材陶瓷自支撑电极，不需要额外的金属集流体。CF 不仅能够增强木材陶瓷基体的强度，更重要的是还可以改善导电性能。同时，短 CF 可使用加工剩余物，成本低廉。而使用羟基化 CNT 更有利于在电解液中分散，减少团聚，易获得较高的能量与功率密度。通过 CNT 的沉积与组装，CF/木材陶瓷基体自支撑电极的孔隙结构得到改善，比表面积可以提高 200 m^2/g 以上。

将长度小于 5 mm 的 CF 粉末与水性热固性环氧树脂按照 1∶100 的质量比混合、1100 ℃烧结 2 h 得到的 CF/木材陶瓷作为阳极，以石墨棒为阴极，在 20 V 电压下电沉积 CF 60 min。洗净、干燥后，在扫描速率为 10 mV/s 时，比电容达到 283.6 F/g。图 1-21 为 CNT/木材陶瓷自支撑电极的外观形态、微观结构与 CV 曲线。从图 1-21(a) 中可见，片状的木材陶瓷形状规整；图 1-21(b) 和 (c) 中显示，CF 穿插在基体材料中，CNT 附着在基体的表面与孔隙中；图 1-21 (d) 中的 CV 曲线呈类矩形，表明具有较好的稳定性。

1.4.2.3 三维网络基体负载金属氧化物自支撑电极

用生物质粉末制备具有三维网络结构的固态木材陶瓷基体，通过负载金属氧化物可用于制备自支撑电极。

将废弃的松木粉碎，添加 PF 树脂混合热压成型，采用 N_2 保护高温烧结和水热活化二步法制备出具有良好导电性能和较大比表面积的块状松木基木材陶瓷。再以 0.1 mol/L 的 $MnSO_4$ 溶液作为电解质，在 pH＝5～6 的条件下，采用恒电流电沉积的方法将 MnO_2 薄膜负载到固态木材陶瓷中，构建木材陶瓷/MnO_2 自支撑复合电极。MnO_2 具有很高的理论比电容，但导电性差，单独作为电极材料时难以充分发挥储能优势，当与高比表面积和高电导率的木材陶瓷基体复合后，可以相互促进、发挥协效功能。以 6 mol/L 的 KOH 为电解质，在三电极体系中，当电流密度为 0.1 A/g 时，自支撑复合电极可以获得的最大比电容达到了 540 F/g 左右。

此外，以木质薄木、竹质薄木、纸等基材所构成的夹层结构自支撑基体，通过催化石墨化、水热活化、自组装、电沉积组装，与负载金属离子、金属氧化物、金属氢氧化物、金属硫化物、非金属杂原子等方式所构成的自支撑电极，同

(a) 外观形态

(b) 微观形貌

(c) 微观结构

(d) CV曲线

图 1-21 CNT/木材陶瓷自支撑电极的外观形态、微观结构与 CV 曲线

样具有较好的电化学性能，可用于超级电容器等储能器件，具有较好的应用前景。

总之，农林剩余物等生物质炭基材料作为自支撑电极材料时具有来源广泛、加工成本低廉、层级孔隙结构丰富、质轻、易于负载活性物质等诸多优势，但材料的差异性和本身的各向异性也为结构调控带来了一定的难度。通过探索制备工艺、研究调控方法，可从多角度揭示与发现作为自支撑电极的储能机制，为指导广泛应用提供技术支撑。

参考文献

[1] Hussain S A，Razi F，Hewage K，et al. Energy，2023，275：127487.

[2] Ullah S，Luo R，Nadeem M，et al. Res Policy，2023，85：103848.

[3] Senthil C，Lee C W. Renewable Sustainable Energy Rev，2021，137：110464.

[4] Luo L，Lan Y，Zhang Q，et al. J Energy Storage，2022，55：105839.

[5] 王杰，商元元，谢添，等. 当代化工研究，2022，4：31.

[6] 武中钰，范蕾，陶友荣，等. 无机化学学报，2018，34，1249.

[7] 何天启，王振，王文春，等. 电子元件与材料，2018，37：22.

[8] Suárez L, Centeno T A. J Power Sources, 2020, 448: 227413.
[9] Thubsuang U, Laebang S, Manmuanpom N, et al. J Mater Sci, 2017, 52: 6837.
[10] Volperts A, Plavniece A, Dobele G, et al. Renewable Energy, 2019, 141: 40.
[11] Morales S L, Baas-López J M, Barbosa R, et al. Int J Hydrogen Energy, 2021, 46: 25995.
[12] Li B, Dai F, Xiao Q, et al. Energy Environ Sci, 2015, 9: 102.
[13] Gong Y, Li D, Luo C, et al. Green Chem, 2017, 19: 4132.
[14] Hwang J Y, Li M, El-Kady M F, et al. Adv Funct Mater, 2017, 27: 1605745.
[15] 李淑君，陶毓博，孟黎鹏，等. 东北林业大学学报，2009，37：35.
[16] 周蔚虹，喻云水，洪宏，等. 中南林业科技大学学报（自然科学版），2018，38：117.
[17] Zhou W, Yu Y, Xiong X, et al. Mater, 2018, 11, 878.
[18] Ramírez-Rico J, Martínez-Fernandez J, Singh M. Int Mater Rev, 2017 62: 465.
[19] 张婉婕，谢晨，王明杰，等. 东北林业大学学报，2022，50：118.
[20] 陈璐，黎阳，刘卫，等. 中国陶瓷，2019，55：31.
[21] 曹宇，张立强，陈招科，等. 硅酸盐通报，2021，40：4084.
[22] 王向科，郭利丹，吴信，等. 中国陶瓷，2015，51：64.
[23] Byeon H S, Kim J M, Hwan K K, et al. J Korean Wood Sci Tech, 2010, 38: 178.
[24] 钱军民，金志浩，王继平. 复合材料学报，2004，21：18.
[25] Yu X C, Sun D L, Sun D B, et al. Wood Sci Tech, 2012, 46: 23.
[26] Tao Y, Li P, Shi S. Mater, 2016, 9: 540.
[27] Hirose T, Fujino T, Fan T, et al. Carbon, 2002, 40: 761.
[28] Li W, Zhang L, Peng J, et al. Ind Crops Prod, 2008, 28: 143.
[29] Zhang L B, Li W, Peng J H, et al. Mater Design, 2008, 29: 2066.
[30] 高如琴，刘迪，谷一鸣，等. 农业工程学报，2019，35：204.
[31] Wu W T, Nie Z F, Tan F, et al. Polym Polym Comp, 2013, 21: 565.
[32] 潘建梅，严学华，程晓农. 化工新型材料，2010，38：64.
[33] Pan J, Cheng X, Yan X, et al. J Eur Ceramic Soc, 2013, 33: 575.
[34] 杨小翠，黄静，吴庆定. 福建林业科技，2011，38：61.
[35] Ozao R, Nishimoto Y, Pan W P, et al. Thermochim Acta, 2006, 440: 75.
[36] Hirose T, Zhao B, Okabe T, et al. J Mater, Sci, 2002, 37: 3453.
[37] Sun D L, Yu X C, Liu W J, et al. Wood Fiber Sci, 2016, 2010, 43: 1.
[38] 孙德林，郝晓峰，洪璐，等. 无机材料学报，2016，31：1.
[39] Bernard B, John W H, Anthony G E. J Mech PhySolids, 1986, 34: 167.
[40] Li L, Yu X, Sun D, et al. J Alloy Compd, 2012, 88: 161482.
[41] Hu Q T, Zhang W D, Li T, et al. Chin J Inorg Chem, 2020, 8: 1.
[42] Yu P, Liang Y, Dong H, et al. ACS Sustain Chem Eng, 2018, 6: 15325.
[43] Li Y, Liang Y, Hu H, et al. Carbon, 2019, 152: 120.
[44] Yu D, Chen C, Zhao G, et al. Chem Sus Chem, 2018, 11: 1678.
[45] Sevilla M, Fuertes A B. ACS Nano, 2014, 8: 5069.
[46] Sun K, Yu S, Hu Z, et al. Electrochim Acta, 2017, 231: 417.
[47] Hao Z Q, Cao J P, Dang Y L, et al. ACS Sustain Chem Eng, 2019, 7: 4037.
[48] Zhao G, Chen C, Yu D, et al. Nano Energy, 2018, 47: 547.

[49] Lu S Y，Jin M，Zhang Y，et al. Adv Energy Mater，2018，8，1.
[50] Chen J，Xie J，Jia C Q，et al. Chem Eng J，2022，450，137938.
[51] Ponce M F，Mamani A，Jerez F，et al. Energy，2022，260，125092.
[52] Wei W，Gu X，Wang R，et al. Nano Lett，2022，22，7572.
[53] Deng X，Jiang Z，Chen Y G，et al. Chinese Chem Lett，2023，34，107389.
[54] Li W，Wang F，Zhang Z，et al. Appl Catal B：Environ，2022，317：121758.
[55] Zeng M J，Li X F，Li W，et al. Appl Surface Sci，2022，598：153765.
[56] 余先纯，孙德林，计晓琴，等. 材料导报，2021，35：02012.

第2章 CHAPTER 2

叠层结构木材陶瓷自支撑电极的基本性能与结构

大自然赋予了木材、竹材等生物质材料特有的孔道结构。从微观的角度来说，木材由于年轮的存在使其成为一种层状材料。在叠层结构木材陶瓷自支撑电极的设计过程中，既可以使用片状的木（竹）薄木形成层状结构，也可以直接将这些天然材料作为模板，通过物理或化学的方法获取其相应的宏观与微观结构，在此基础上进行调控与修饰，赋予其独特的功能与特性[1-4]。

2.1 木材陶瓷电极的基本性能

近年来，科研工作者对于炭基超级电容器电极材料进行了大量的研究，发现无论是粉末还是固态电极，其比表面积、孔隙结构、导电性能、表面化学组成以及材料密度等都是影响其电化学性能的重要因素。同样地，炭基叠层结构木材陶瓷自支撑电极的性能与上述要素密切相关。

2.1.1 物理性能

2.1.1.1 比表面积

由炭基材料的双电层电容储能机理可知，为了储存更多的电荷，获得容量较大的双电层电容，需要高比表面积在其充放电过程中提供大量的电荷层，进而存储更多的电荷能[5]。将竹材高温烧结、活化处理后制备的竹基活性炭[6]，与未活化的相比，比表面积可在 445 m^2/g 的基础上提高 130%，比电容也有较大的改善。但并不是比表面积越大比电容就越高。如以香菇作为碳源[7]，分别使用 H_3PO_4 和 KOH 活化制备的炭基材料，比表面积高达 2988 m^2/g，但在水系电解液中比电容也只有 306 F/g，并没有达到很高的预期值。

大量研究表明：生物质多孔炭基材料的比电容与其比表面积并非呈线性关系。这是因为微孔对比表面积的贡献最大，但在进行电化学反应过程中，半径较大的电解质离子无法进入微孔，或者速度较慢，这样便导致了部分孔隙没有被充分利用。而且，比表面积较大的孔壁往往比较薄，吸附在孔壁两侧的同种电荷易发生排斥，这样也会导致储能效率的降低[8]。由此可见，炭基电极比电容值的大小取决于比表面积的有效使用率[9]，即需要电极和电解液之间充分接触才能更好地发挥储能功能，这也是实际比电容往往小于理论比电容的原因之一。相关研究也发现：多孔炭电化学性能的首要影响因素是 5 nm 以下介、微孔的孔径分布，其次才是比表面积。

由此可见，自支撑电极的优异性能是由高的比表面积和合理的孔隙分布共同决定的，比表面积并非唯一的影响因素。但不管怎么说，活化是提高生物质多孔炭基材料比表面积最有效的方法。

2.1.1.2 孔隙结构

孔隙结构是影响自支撑炭基材料电化学性能的重要因素。自支撑多孔炭基材料并非由单一的孔道构成，通常含有两种及以上的孔径。通过调控可形成多层级多孔结构，且不同孔道之间相互连通形成三维网状结构。这种多层级孔隙之间的相互协作能够有效提高电极材料的能量密度和功率密度，改善自支撑电极的循环稳定性和倍率性[10]。

按照国际纯粹与应用化学联合会（IUPAC）对不同尺寸孔的分类，生物质自支撑炭基材料的孔结构一般由孔径＞50 nm 的宏孔、孔径在 2～50 nm 范围内的介孔和孔径＜2 nm 的微孔组成。微孔越多，比表面积越大，但很多孔径较小的微孔会阻碍电解液离子的扩散，易导致孔道的堵塞[11]；介孔是电子与离子的主要传输通道，电解质离子在介孔中的迁移速率明显高于微孔，因此适中的孔径有利于增加电解液与电极的接触，加快传输速度，降低传输阻力[12]。大孔则在充放电过程中充当电解液离子的缓冲池，使离子能够得到及时补充，在缩短电解液的传输距离的同时减少传输阻力[13]，利于电子与离子的快速嵌入与脱嵌。

在制备生物质炭材料时需注意高比表面积有利于提高电化学性能，但高的比表面积和合理的孔径分布共同决定着材料电化学性能的优劣。因为不同孔道可以组成相互连通的多孔网络结构，其间相互协作可以有效缓解单一孔型所带来的不足，故多层级孔结构相对于单一孔结构来说具有更优的电化学性能：有效提高能量密度、功率密度，并在一定程度上增强电极的倍率性能和循环稳定性。用玉米皮作为炭前驱体，通过 KOH 活化处理和高温煅烧得到三维分级多孔炭基材料，比表面积达到 930 m^2/g 左右，存在大孔、介孔和微孔结构，且孔径分布均一。

在 1 A/g 和 20 A/g 电流密度下比电容分别达 356 F/g 和 300 F/g，经过 2500 次循环后比电容保持率达 95 %[14]。

由此可见，性能优异的多孔自支撑电极应该是多层次孔隙结构的相互配合，而不是以单一孔隙为主。农林剩余物等生物质材料正好具有这样的特征，因此是制备自支撑炭电极的重要原料。

2.1.1.3 强度与密度

作为自支撑电极材料必须具有一定的强度，可以说强度在很大程度上决定着自支撑电极的使用寿命，尤其是在酸碱、高温环境中更应该如此。当玻璃炭的含量较多时，木材陶瓷的强度与密度均要高一些，故热固性树脂的比例对强度与密度都有一定的影响。

由公式 $C_V=\rho C_m$ 可知，电极的体积比容量（C_V）与材料的密度（ρ）、质量比电容（C_m）成正比关系[15]。通常情况下使用表观密度的居多。密度较大的电极，其强度一般也高一些，但并不是密度越大电化学性能就越好。一方面，较高密度的电极具有较小的比表面积，因此离子迁移的通道也较少，这将导致质量比容量和倍率性能大幅度下降。另一方面，较大的比表面积和发达的离子迁移通道会使密度明显降低，电极的体积比电容也随之下降[16]。

由此可见，提高电极材料的体积比电容需要从材料的综合性能着手，合理设计材料的微观形貌和孔隙结构，才能够制备出既具有高质量比容量又具有高强度的电极材料。

2.1.2 化学性能

2.1.2.1 物相构成

多孔炭基电极的功率密度与电极材料的电阻值相关，当电阻低、导电性强时才有可能拥有高的功率密度[17]。一般情况下，生物质炭基材料的导电性主要与石墨化程度相关，石墨化程度越高，导电性越好。与此同时，石墨化程度越高，化学稳定性越强，循环稳定性越好[18]。

为了提高生物质多孔炭基材料的导电性能，可以采用提高烧结温度和添加催化剂等多种方法来改善石墨化程度。烧结温度较高时，可以有效改善木材陶瓷基体中石墨微晶的结构，促使炭材料的芳构化，使微晶结构排列更加规整有序，进而增加导电性。通常情况下，烧结温度在 800 ℃以上所制备生物质炭基材料的电阻率较低。

当使用过渡金属元素（金属单质、盐等）进行催化时：一方面，金属盐被 C 还原形成金属单质而有利于提高导电性；另一方面，过渡金属元素所具有的催化石墨化功能可以在较低的烧结温度下提升生物质基材的石墨化程度，进而增加导电性能。如以造纸黑液木质素和 $NiCl_2 \cdot 6H_2O$ 为原料，1200 ℃烧结，再经 KOH 活化处理，可得到泡沫状三维网络结构的 Ni^{2+} 掺杂活化石墨化木材陶瓷。试件中含有石墨烯片层结构，且部分晶格间距接近石墨的点阵参数。

2.1.2.2 表面化学构成

生物质多孔炭自支撑电极表面的化学组成能够显著影响其电化学性能。表面含有较多杂原子的电极在导电性、润湿性方面具有优势，可以通过氧化还原反应引入赝电容。这是因为：一方面，亲水官能团的加入可以改善基体材料的湿润性，使电解质更容易与电极表面（包括孔隙内壁）接触；另一方面，活性官能团可以与电解液离子发生可逆的氧化还原反应，提高赝电容[19]。

除了含氧官能团之外，非金属杂原子掺杂（如 N、P、S 等）也会在炭基自支撑电极材料中形成结构缺陷，在增加比表面积的同时也增加了反应的活性位点。非金属杂原子既可以来自基材本身，也可通过外部掺杂来实现。如尿素、三聚氰胺中均含有大量的 N 元素，可用于 N 掺杂。同时，导电聚合物聚吡咯、聚苯胺中均含有大量的 N 原子，在增加导电性的同时也能起到 N 掺杂的作用[20-21]。与此同时，金属硫化物的使用可以实现 S 原子的掺杂[22]。当然，也可以通过炭材料与杂原子剂（如 H_3PO_4、HNO_3 等）反应或直接分解含有大量杂原子的炭前驱体来实现。以大豆为碳源，使用 KOH 活化制备具有三维联通孔结构的活性炭材料，虽然比表面积仅为 580 m^2/g，但因其含有大量的含 N、O 官能团，在 1 A/g 电流密度下，比电容可达到一个较高的值（425 F/g），展现出优异的电化学性能。

虽然杂原子有助于提升电化学性能，但也可能会产生一些副作用，需要考虑官能团与电解液之间的不可逆反应、电解液的分解、高的自放电率以及电极内部电阻的增加等现象。而且过量的官能团也会导致基体材料的导电性降低、孔隙堵塞，不利于电解液渗透，造成有效比表面积降低。因此，非金属杂原子掺杂要视具体情况来定。

2.1.2.3 耐腐蚀性

生物质木材陶瓷属于炭素材料，所含有的主要成分——无定形炭和玻璃炭均具有良好的耐腐蚀性能，不易与强酸、强碱发生反应。通过金属离子掺杂后，部分会形成金属碳化物（如 Ni_3C、TiC、Fe_3C 等）共同构成木材陶瓷的骨架，但有些金属碳化物在一定条件下（如加热）会与酸碱发生反应。同时，在部分被还原的金属纳米颗粒中，有一部分被炭包裹，另外一部分没有被包裹的则易溶于酸碱，尤其是在酸性溶液中易被腐蚀。但总体上，木材陶瓷具有良好的耐腐蚀性。

2.1.3 电学性能

2.1.3.1 导电性

根据公式 $P_{max}=V^2/4R_{ESR}$ 可以发现：超级电容器的功率密度（P_{max}）受等效串联电阻（R_{ESR}）影响显著，而等效串联电阻由电极材料本身的电阻以及电解质离子在电极材料内部的扩散阻抗构成[23]。

农林剩余物等生物质材料主要由纤维素、半纤维素、木质素等构成，在炭化过程中不易形成石墨化炭，尤其是在较低的烧结温度下导电性不佳。但木材陶瓷中含有大量的玻璃炭，随着烧结温度的提高，其中所含有的石墨烯片数量增加，并向有序发展，因此导电性将有所改善。

当然，通过添加低电阻率材料，如石墨粉、CNT、炭粉、金属粉末等均可以降低木材陶瓷的电阻率。同样地，添加过渡金属粉末及其盐（Fe、Co、Ni、Mn 等及其盐）等催化剂可降低石墨化温度，即在较低温度下便可改善石墨化程度，进而提高导电性。

2.1.3.2 介电性能

介电性能是衡量在电场作用下，材料对静电能的储蓄和损耗的性质，常用介电常数和介质损耗来表示。材料在外加电场时会产生感应电荷而削弱电场，原外加电场（真空中）与最终介质中电场比值即为介电常数。

根据电磁波理论，碳材料的介电损耗主要来源于导电损耗和极化弛豫。极化弛豫主要包括电子极化、原子极化、界面极化和偶极子极化。其中电子极化、原子极化主要发生于 $10^{-3}\sim10^{-6}$ GHz 范围内，因此 2～18 GHz 内的极化弛豫归因于界面极化与偶极子极化，其弛豫过程可由德拜弛豫方程解释，具体方程如式(2-1) 和式(2-2) 所示：

$$\varepsilon_r=\varepsilon_\infty+\frac{\varepsilon_s-\varepsilon_\infty}{1+j2\pi f\tau}=\varepsilon'-j\varepsilon'' \tag{2-1}$$

式中，ε_∞、ε_r、ε_s、f、j 和 τ 分别为高频极限下的介电常数、复介电常数、相对介电常数、频率、虚数单位和激化弛豫时间。同时，ε'、ε''可以表示为：

$$\left(\varepsilon'-\frac{\varepsilon_s+\varepsilon_\infty}{2}\right)^2+(\varepsilon'')^2=\left(\frac{\varepsilon_s-\varepsilon_\infty}{2}\right)^2 \tag{2-2}$$

生物质炭与 Fe、Co、Ni 等单质金属或合金进行复合得到的炭基金属复合木材陶瓷自支撑电极具有优良的介电常数。在稻壳衍生多孔炭的孔隙中分别嵌入 Fe 和 Co 磁性纳米粒子，得到的炭基 Fe 复合材料（RHPC/Fe）和炭基 Co 复合材料（RHPC/Co）均具有较高介电损耗因子和磁损耗因子，介电损耗和磁损耗之间的协同效应赋予其强电磁波损耗能力。如图 2-1 所示，厚度 1.4 mm 的 RH-

PC/Fe 的反射损耗最低值为－21.8 dB，有效吸收带宽为 5.6 GHz；而厚度为 1.8 mm 的 RHPC/Co 的反射损耗峰值达－40.1 dB。

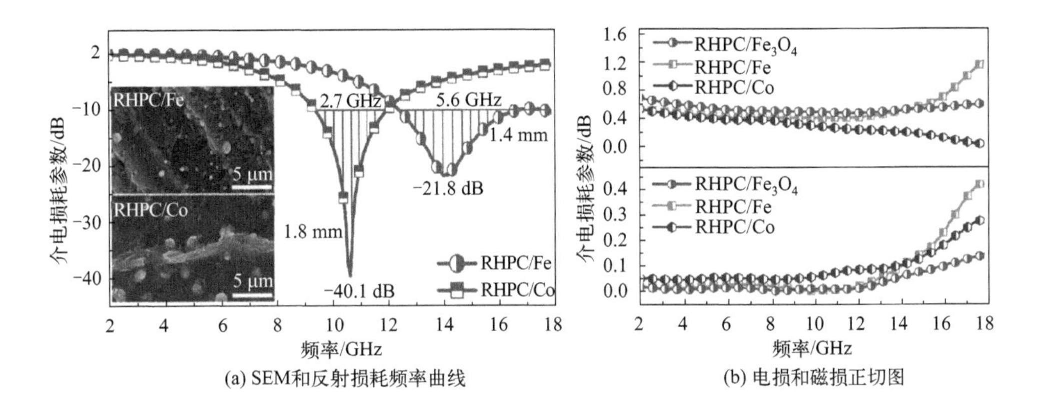

图 2-1 掺杂 Fe 和 Co 磁性纳米粒子木材陶瓷的电磁性能[24]

实际上，炭基电极的电化学性能除了与上述因素密切相关之外，还与组装方式、电解质等储能系统的构成相关（见图 2-2），在评价电极的储能性能时应综合考虑。

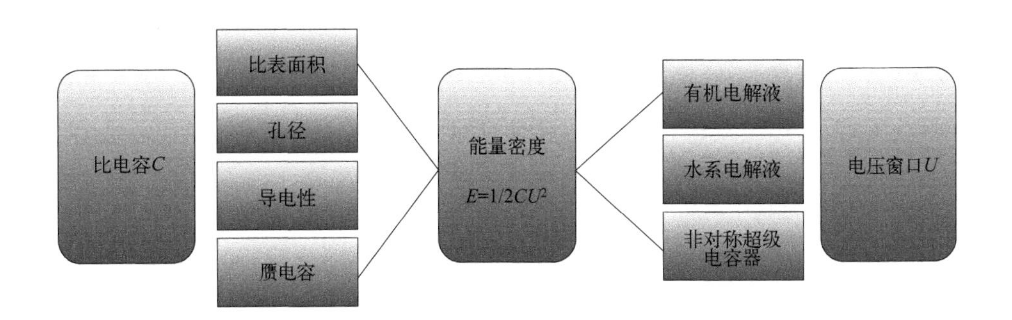

图 2-2 超级电容器能量密度影响因素

电化学性能的表征主要通过线性循环伏安、恒电流充放电和交流阻抗等测试得到相应的电压窗口、电流密度与充放电时间。根据式(2-3)～式(2-6)[5-6] 可计算木材陶瓷自支撑电极材料的比电容、能量密度与功率密度：

三电极体系：

$$C=\frac{I\times\Delta t}{m\times\Delta U} \tag{2-3}$$

二电极体系：

$$C=\frac{2I\times\Delta t}{m\times\Delta U} \tag{2-4}$$

$$E=\frac{C\times\Delta U^2}{2} \tag{2-5}$$

$$P=\frac{3600\times E}{\Delta t} \tag{2-6}$$

式中 I——放电电流，A；

Δt——放电时间，s；

m——活性物质的质量，g；

ΔU——电压窗口，V；

C——比电容，F/g；

E——能量密度，Wh/kg；

P——功率密度，W/kg。

2.2 叠层结构木材陶瓷结构的影响因素

2.2.1 夹层结构的芯层基体和层状结构基体

夹层结构木材陶瓷由外覆层和芯层材料共同构成。对于外覆层材料，一般使用旋切或刨切的木（竹）薄木，其基本结构相对稳定。而对于芯层材料来说，可以使用多种生物质材料的粉末，也可以使用薄木、单板、纸张等片状基材，因此变异性较大。所以，探讨芯层基体的性能尤为重要。

2.2.1.1 芯层基体

一般情况下外覆层均较薄，芯层基体则成为主要的储能构件。由于原辅材料的不同，芯层基体的浸渍、成型等工艺也有所差异。

（1）块状基材的成型与浸渍

常用的块状基材有实木和中密度纤维板（MDF）等，采用锯、刨、钻、铣等通用的木质材料加工方法即可得到需要的形状。但木材和 MDF 都很难充分渗透，所以块状基材的尺寸都不宜太大，尤其是不能太厚。对于实木基材来说，为了增加渗透性，可使用稀碱浸泡或者蒸煮。一方面可溶解部分内含物、疏通孔道；另一方面，碱能够溶解部分木质素，在木材中形成更多新的孔道。在浸渍方法上需要使用真空浸渍、超声波等辅助，并尽量使用小分子量树脂。

对于 MDF 板来说，虽然有相关的报道，但浸渍树脂比木材更难，因此在浸渍方法和热固性树脂的选择上更要充分考虑。

（2）生物质粉末基体

利用粉末状的生物质材料制备木材陶瓷芯层基体的最大优势在于树脂与粉末可以充分混合，且能够制备较大尺寸的产品，目前的大部分报道均是采用这种方法。由于生物质粉末和热固性树脂烧结时的收缩率均比较大，也很容易出现变形与开裂。若先将生物质粉末炭化，然后再与热固性树脂复合，这样制备芯层材料的裂纹相对较少。

当然，芯层基体的性能除了与基材种类有关外，还与基材的粒径、树脂用量、成型压力、烧结工艺等要素相关。目前，使用较多的粒径范围、树脂用量、成型压力和烧结温度分别为 40～80 目、30%～100%、2～30 MPa 和 700～1200 ℃，其中树脂含量高的炭得率也相对较高。

2.2.1.2 层状结构基体

对于层状结构木材陶瓷，将薄木、单板、纸张等片状材料浸泡在热固性树脂中、取出沥干即可热压成型。热压时要注意压力的大小：压力太大，木质薄板会压碎而导致层状结构不明显；若太小，烧结时易分层。可以通过计算密度、使用厚度规来确定试件的厚度[24-25]。以山毛榉薄木为基材的层状结构木材陶瓷，在 PF 树脂用量、烧结温度、升温速度和保温时间分别为 62%、1000 ℃、2 ℃/min 和 2 h 时，成型压力为 10 MPa 试件的显气孔率为 44.19%，而当压力增加到 20 MPa 后显气孔率下降到 38.28%。

2.2.2 烧结工艺

气氛保护方式、烧结温度、升温与降温速度、保温烧结时间等，均是叠层结构木材陶瓷电极烧结工艺的重要参数，也是用来调控基本性能与孔隙结构的有效手段。

2.2.2.1 气氛保护方式

目前，实验室制备木材陶瓷的烧结工艺多使用流动气氛保护和静态气氛保护烧结，这两种方法各具有优势。保护气体主要是 N_2 和 Ar。

（1）流动气氛保护烧结

在管式烧结炉中，保护气体从管式炉的一端输入，从另一端排出。在此过程中，生物质热解所产生的挥发性气体被排出，对微孔的生成有利。但保护性气体的消耗量大，且流动的气体会带走部分热量。同时，一般管式炉的截面为圆形，对于需要热压烧结的试件难以实现，故多用于小样制备。目前，小实验大多数都采用这种工艺。

（2）静态气氛保护烧结

在升温前先用保护气体洗炉，将炉膛内的空气置换并用保护气体充满炉膛，密闭后开始烧结。烧结过程中没有气体的流动，可以减少保护气体的用量。但也可能存在因气体置换不彻底而被氧化的现象。同时，基材在热解过程中所产生的小分子物质会对微孔与超微孔造成堵塞，进而影响孔隙结构。为了改善这种状况，可以在剧烈热解时使用流动气体将部分热解产物带走，这种间歇式的静态气氛烧结在保证孔结构状况良好的情况下，能节约保护气体，降低成本。

（3）负压烧结

炉内压力为负压的条件下进行的烧结简称为负压烧结，有间歇式和连续式之分。在负压条件下生物质材料热解生成的小分子气体更容易逸出，材料发生收缩，孔隙率降低，故负压条件下烧结所得到试件的致密度可能会高一些。

由于电化学性能与比表面积的关联性较大。一般情况下，比表面积较大的电极的比电容要高一些。因此，在选择烧结工艺时就尤为重要。基于上述烧结工艺对孔隙结构的影响，对于多孔木材陶瓷自支撑电极材料来说，可选择间歇式流动气体保护和静态气氛保护烧结相结合。

2.2.2.2 烧结工艺

（1）烧结温度

烧结是制备木材陶瓷自支撑电极的重要工艺环节，尤其是升温速度直接关系到木材陶瓷的质量（翘曲、变形、开裂等）。较快的升温速度会加快生物质材料热解的剧烈程度，进而引起质量缺陷。因此，升温速度要根据生物质材料和树脂热解剧烈程度来设定。

木材中含有大量的纤维素Ⅰ、半纤维素和木素。根据 Meyer-Misch 模型，木材结晶区（crystalline regions）中纤维素Ⅰ的“单元晶胞”是一个单斜晶体，参数的平均值为 $a=0.835$ nm，$b=1.03$ nm，$c=0.79$nm，$\beta=83°$。其在木材中彼此间相互平行、排列整齐，具有晶体的基本特征。

木材的热解、炭化和微晶结构变化随着温度的升高分段进行，以纤维素为例，其热解过程可以分为 4 个阶段：

第一阶段：25～150 ℃，木材吸附的水解吸，失去自由水。

第二阶段：150～240 ℃，木材中的葡萄糖基开始脱水（结合水），纤维素的强度降低。

第三阶段：240～400 ℃，无定形区和结晶区受到破坏，糖苷键开环断裂，超过 300 ℃以后产生 H_2O、CO、CO_2 等小分子物质，以及低聚糖和焦油。

第四阶段：400 ℃以上，残留碳开始芳环化的同时单元晶胞重新排列，并向石墨微晶结构转化。

由上述过程可知，在 240～400 ℃这个阶段，木材开始热解，因此升温速度不宜过快。就目前的报道来看，一般控制在 2 ℃/min，不宜超过 5 ℃/min。

烧结温度的高低在很大程度上影响木材陶瓷电极的微晶结构、物相构成、力学性能以及导电性能。有研究发现：以 MDF[26] 为基材制备的木材陶瓷，抗弯强度在 500 ℃时最低，在 500～800 ℃之间迅速增加，在 1200 ℃附近达到最高，随后降低。在研究以单层薄片和 MDF 为基材制备的块状木材陶瓷的电学性能时发现 650 ℃烧结制备的薄片木质陶瓷对湿度的变化特别敏感[27]。

木粉被液化后成为树脂状的黏稠物质，其基本结构与 PF 树脂相似。用液化木材制备木材陶瓷时，较高的烧结温度可明显降低木材陶瓷石墨微晶的 $d_{(002)}$ 值，增加微晶直径 L_a 与石墨烯片堆积厚度 L_c 值。液化木材的低温炭化过程如图 2-3 所示：首先是低温下的缩聚反应，主要进行脱水反应和固化，并形成亚甲基桥（Ⅱ）；当烧结温度在 200 ℃左右时开始初步热解，两个酚基反应生成醚键（Ⅲ）并有水逸出，同时，酚基和亚甲基桥缩合生成三苯基甲烷结构（Ⅳ）；随后在 400℃以上发生缩聚和环化，产生二苯并吡喃型结构（Ⅴ）；最后为深度炭化脱氢，形成玻璃炭结构。在较高温条件下（400 ℃以上），木粉热解后的残余炭与液化木材热解后的玻璃炭进一步脱除残余的氢和氧并进行结构重排，形成石墨微晶结构。

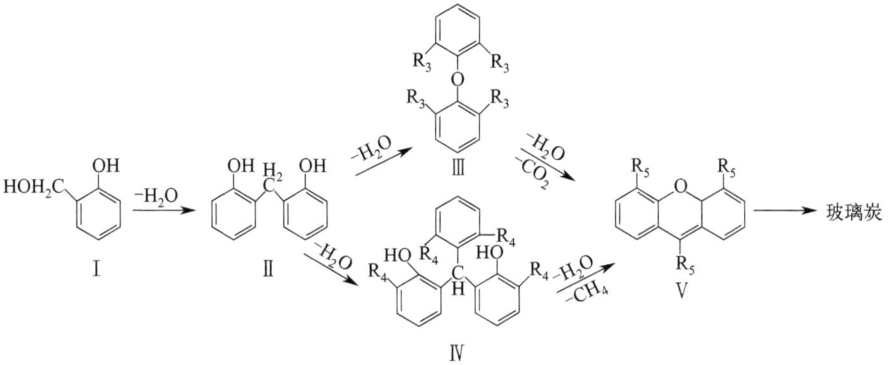

图 2-3　液化木材的低温炭化过程

图 2-4 为高温烧结所得木材陶瓷的 XRD 谱图，根据 Bragg 方程和 Scherrer 公式可以得到不同烧结温度下的 XRD 参数，如表 2-1 所示：$d_{(002)}$ 值随着烧结温度的升高而减少，当烧结温度从 700 ℃升高到 1600 ℃时，木材陶瓷的 $d_{(002)}$ 值由 0.4015 nm 降至 0.3740 nm，向 0.3440 nm 靠近，表明随着烧结温度的升

高，木材陶瓷向着理想石墨化结构转变，但其 $d_{(002)}$ 值总是大于石墨的（002）晶面间距——0.3440 nm，两者均表示在本实验条件下所得到的木材陶瓷是难以石墨化材料，但其结构随着烧结温度的升高趋于规整和有序[28]。图 2-5 为石墨的 XRD 谱图，与木材陶瓷的相比，其（002）和（100）的特征峰十分突出，显然在此条件下木材陶瓷离石墨化还有较大的差距。

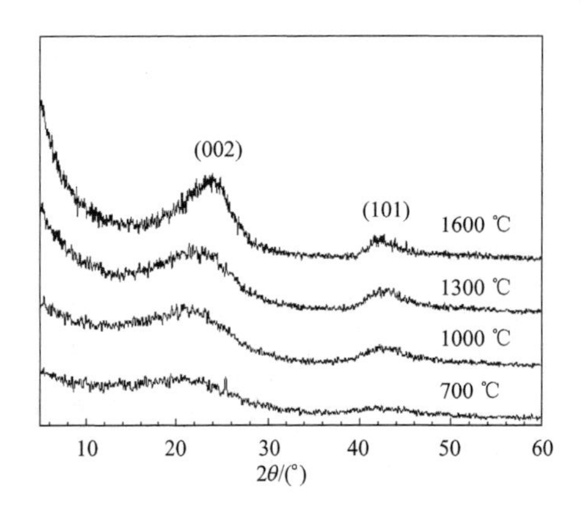

图 2-4 木材陶瓷的 XRD 谱图

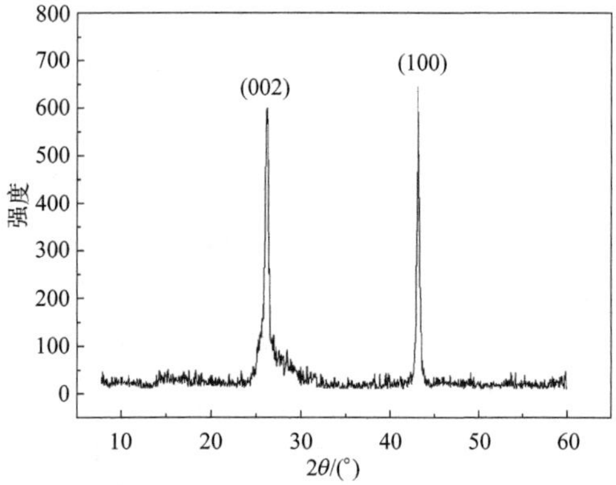

图 2-5 石墨的 XRD 谱图

表 2-1 不同烧结温度下木材陶瓷的 XRD 参数

温度/℃	$2\theta_{(002)}$/(°)	$d_{(002)}$/nm	$2\theta_{(101)}$/(°)	$d_{(101)}$/nm	$g_{(002)}$	L_a/nm	L_c/nm	$L_c/d_{(002)}$
700	22.12	0.4015	42.723	0.2115	−4.107	2.531	0.326	0.8122
1000	22.51	0.3945	42.324	0.2134	−3.607	2.742	0.407	1.0330
1300	22.93	0.3875	42.609	0.2099	−3.107	3.016	0.575	1.4826
1600	23.78	0.3740	42.730	0.2114	−2.143	3.257	0.732	1.6917

同时，表 2-1 中显示：石墨烯片层堆积厚度 L_a 和微晶直径 L_c 随烧结温度的升高而增加，但在 1000 ℃的 $d_{(002)}/L_c$ 值仅为 1.0330，这说明虽然形成了大量的单层石墨烯片，但不完整。随着温度不断升高，O 和 H 等元素被逐步脱除，环状碳结构和碳网的平面有序化进一步增加，表现为芳环化和芳环融合所形成的石墨烯片进一步收缩，并形成由石墨烯片层堆叠的微晶结构，且随着烧结温度的升高，微晶直径不断增大，层数不断增加。同时，当微晶平面尺寸 L_a 增大时，对应石墨片层的 sp^2 杂化态碳原子也随之增加，石墨片层的边缘碳、微晶石墨和热解不完全的无序四面体网络 sp^3 杂化态碳原子减少，材料内部微观结构变得更加有序[29]，因此，提高烧结温度有利于改善木材陶瓷的微晶结构。

（2）升、降温速度

生物质材料在热解过程中的结构变化易导致木材陶瓷自支撑电极芯层的变形与开裂等缺陷，而这些缺陷的大小与热解的剧烈程度相关。且无定形炭和玻璃炭的热膨胀系数不一样，这也会因快速升温而在两者之间形成更多的缺陷，可通过控制升温速度来调节热解的剧烈程度。一般情况下，在 500 ℃附近剧烈的热解基本结束，故在此之前应尽量采用 1～2 ℃/min 等较低的升温速度；500 ℃之后可以将升温速度适当提高。采用这种方式既可确保试件的质量，又能缩短烧结时间、降低成本、提高效率。在降温阶段，由于烧结炉一般都具有较好的保温性能，降温速度比较慢，故可采用随炉冷却的方式。也可采用风冷与水冷的方式加速冷却，但降温速度应控制在 4 ℃/min 左右[30-31]。

图 2-6 为其他条件相同（900 ℃，保温烧结 2 h），但升温速度分别为 2 ℃/min 和 5 ℃/min 时木材陶瓷的 BET 吸附-脱附曲线和孔径-孔体积曲线。从图 2-6(a) 中可见：两者都属于 H3 型，其中 5 ℃/min 试件的吸附-脱附曲线没有闭合，这在很大程度上与试件中的裂纹有关。BET 数据显示，两者的最大吸附量相近，分别为 28.22 mL/g 和 24.86 mL/g。从图 2-6(b) 中可发现：采用 HK 法测试得到在 5 ℃/min 的试件中，孔径为 0.65 nm 左右的微孔居多，而 2 ℃/min 试件中微孔孔径为 0.8 nm 左右的居多，两者较为接近。

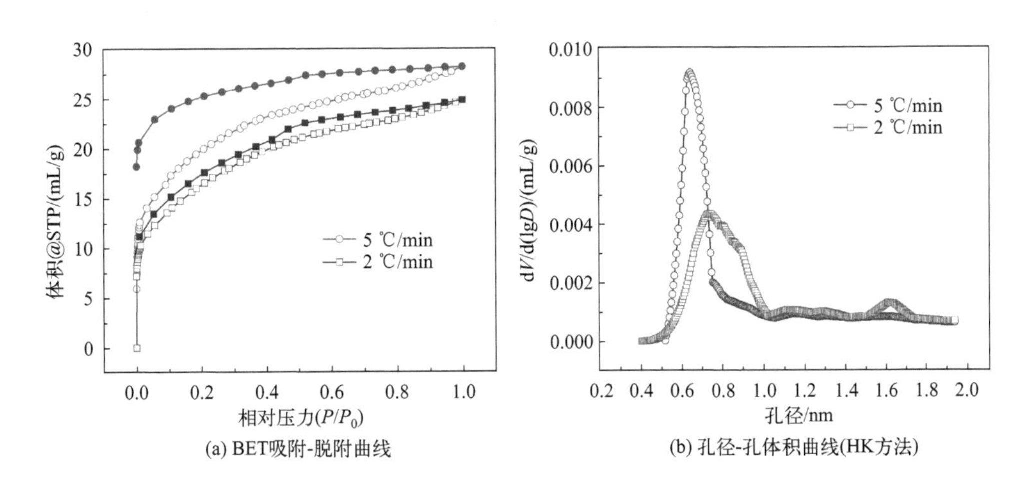

(a) BET吸附-脱附曲线　　(b) 孔径-孔体积曲线(HK方法)

图 2-6　木材陶瓷吸附-脱附和孔径-孔体积曲线图（实心线表脱附，空心线表吸附）

2.2.2.3　保温烧结时间

保温烧结主要用来调控试件中的孔隙与微晶结构[32]，较高的烧结温度可使石墨微晶进行重排。由于保温阶段多在高温区，故延长保温烧结时间会因为烧蚀而使得部分较薄的孔壁消失、融合而使比表面积降低、孔径扩大，进而也会影响力学性能。在研究保温烧结时间对山毛榉基层状结构木材陶瓷性能的影响时发现[33]：在PF树脂含量和成型压力分别为62.2%和10 MPa，在1200 ℃条件下保温烧结1 h试件的表观密度和孔隙率分别为0.753 g/cm^{3}和42.61%；当保温烧结时间延长至6 h后，表观密度和孔隙率分别为0.721 g/cm^{3}和45.01%。显然，随着保温烧结时间的延长，木材陶瓷性能会有所改变。

表2-2列出了以木粉和液化木材为基材、$ZnCl_2$为造孔剂，在相同烧结条件（烧结温度900 ℃，升温速度2 ℃/min）下，不同保温烧结时间试件的比表面积、孔体积、孔径等参数。从表2-2中可知：随着保温烧结时间的延长，BET比表面积从20 min的25.99 m^2/g大幅度增加到60 min的359.7m^2/g，但150 min试件的却降至155.6 m^2/g，这显然与高温烧蚀有关。同时，平均孔径从3.124 nm减少到1.985 nm，再增加至2.328 nm，即存在从介孔向微孔再向介孔转变的趋势。这可能是因为随着烧结时间的延长，木材陶瓷会发生整体收缩。同时，在造孔剂的引导下会形成更多的枝状纳米孔，且部分被封闭的气孔形成开口。这些均会导致孔径和比表面积的变化。但随着烧蚀时间的进一步延长，烧蚀作用的负面影响更加明显，进而导致孔径、孔体积增加，而比表面积降低。

表2-2 不同保温烧结时间木材陶瓷的比表面积、孔体积、孔径的参数

项目		20 min	60 min	150 min
比表面积/(m^2/g)	多点BET法	25.99	359.7	155.6
	BJH累计吸附①	5.835	13.29	13.80
	BJH累计脱附	5.516	20.39	20.28
	DH累计吸附②	5.905	13.44	13.97
	DH累计脱附	5.691	20.95	20.95
孔体积/(mL/g)	BJH累计吸附	8.121×10^{-3}	2.266×10^{-2}	2.435×10^{-2}
	BJH累计脱附	6.446×10^{-3}	2.031×10^{-2}	2.584×10^{-2}
	DH累计吸附	7.900×10^{-3}	2.203×10^{-2}	2.368×10^{-2}
	DH累计脱附	6.386×10^{-3}	2.009×10^{-2}	2.558×10^{-2}
	HK累计③	1.128×10^{-2}	1.493×10^{-1}	6.426×10^{-2}
孔径/nm	平均孔径	3.124	1.985	2.328
	BJH累计吸附	2.977	3.136	3.080
	BJH累计脱附	3.159	3.989	3.562
	DH累计吸附	2.977	3.136	3.080
	DH累计脱附	3.159	3.980	3.562
	HK累计	6.575×10^{-1}	6.725×10^{-1}	6.475×10^{-1}

① Barret-Joyner-Halenda法。

② Dollimore-Heal法。

③ Horrath-Kawazoe法。

2.2.3 掺杂与负载

2.2.3.1 金属离子掺杂

已有的研究表明，Fe、Co、Ni 等过渡金属及其盐类对生物质炭基材料具有催化石墨化和掺杂的双重作用。其作为催化剂，在生物质基材转化过程中使杂乱的炭结构变得更加规整，石墨微晶的排列有序度增加。

通过催化石墨化的方法在相应温度下以黑液木质素为炭前驱体、含有 Fe^{3+} 的柠檬酸铁（$FeC_6H_5O_7$）作为催化剂，随着烧结温度的升高和时间的延长，所形成木材陶瓷中的无序炭向有序的石墨化炭转化[34]，且 Fe^{3+} 掺杂到无定形炭所形成的木材陶瓷骨架中。其基本过程为：

在高温和惰性气体保护下，木质素脱水转化成无定形炭，并将柠檬酸铁中的 Fe^{3+} 还原成单质 Fe；单质 Fe 在高温下很活泼，与无定形炭反应生成中间产物碳化铁（Fe_3C）。随着烧结时间延长，Fe-C 化合物的平衡会被打破，Fe_3C 会分解生成 Fe 和石墨或者易石墨化炭（$Fe_3C \equiv 3Fe+$石墨）。其中的易石墨化炭将进一步转化为石墨，而无定形炭则继续与单质 Fe 反应重复上述过程，最终使得木材陶瓷的石墨化程度增加。

在理想状态下，炭最终以石墨形态和铁素体（Fe_3C）形态存在[35]，而木质素分解所产生的 H_2O、CO_2、CO 等小分子气体，有助于在木材陶瓷中形成孔隙结构。

图 2-7 为木质素与柠檬酸铁按质量比 1∶1、1∶2、2∶1、1∶0，在 1200 ℃保温烧结 2 h 后用 KOH 800 ℃活化 1.5 h 所得到的 4 种木质素基木材陶瓷的 XDR 谱图。从图 2-7 中可以看出，添加了催化剂的木材陶瓷在 $2\theta=26°$和 43°附近均出现了表征类石墨微晶的特征衍射峰，分别对应石墨的（002）和（100）晶面；26°附近的衍射峰说明木材陶瓷中部分存在平行堆积的石墨层片结构；而 43°处的衍射峰表明木材陶瓷中的 sp^2 杂化碳原子相互作用形成了具有六角晶格结构的石墨层片段，表明石墨化倾向明显[36-37]。同时，在 $2\theta=43.8°$处出现表征 Fe_3C 的衍射峰，对应 Fe_3C 的（210）晶面，且强度较大，说明木材陶瓷中的 Fe 主要以 Fe_3C 的形式存在，这是构成高强度骨架的主要成分。此外，在 35.4°和 62.7°附近有表征 Fe_3O_4 的（220）和（440）晶面的衍射峰[38]，说明木材陶瓷中生成了少量的 Fe_3O_4。

对比 4 种试件的 XRD 谱图可以发现，由于 1∶0 的试样中没有添加柠檬酸铁，其谱图中没有明显的（002）特征峰，这表明柠檬酸铁具有催化石墨化的作用。通过对比其他 3 个添加了柠檬酸铁的木材陶瓷试件发现，质量比为 1∶1 时所制备木材陶瓷试件的石墨化程度较好；而柠檬酸铁添加量较大时石墨化程度反而降低。这可以解释为：过量的柠檬酸铁会还原出大量的单质 Fe，以及生成大

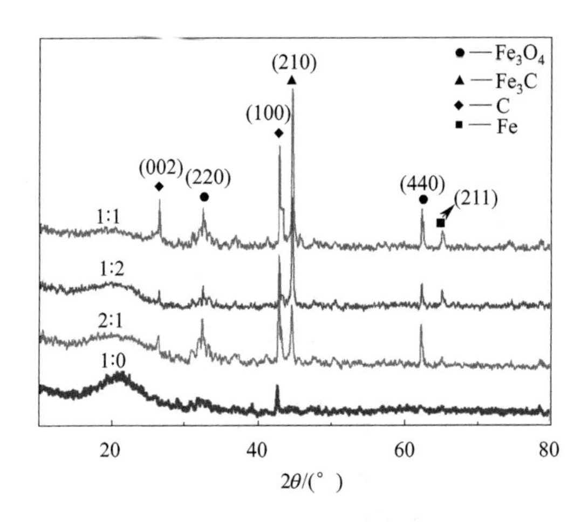

图 2-7 4种木材陶瓷电极试件的 XDR 谱图

量的碳化铁而导致石墨化炭减少，故降低了试件中石墨微晶含量的整体水平。

2.2.3.2 非金属杂原子掺杂

将非金属杂原子如 N、S、P 等引入木材陶瓷自支撑电极中能够制造一些缺陷，提供更多的活性位点，进而提升电极材料的电化学性能。常用的反应型烧结方式可以将含上述元素的无机盐与生物质材料复合后烧结而实现掺杂，也可以通过水热复合的方法将杂原子固定在多孔基材中。关于这一方面的报道众多，在此不做详述。

导电聚合物聚噻吩（PTh）、聚苯胺（PANI）、聚吡咯（PPy）等具有高导电率、价廉环保、理论比电容高等优点，可用作赝电容电极材料。尤其是其塑造性强，在柔性电极方面具有巨大的优势和广泛的应用前景。

大部分导电聚合物本身含有杂原子，加之其活性高，当与木材陶瓷基体复合时可将 N、S、P 等杂原子引入其中，这既可以弥补其本身因稳定性不足所带来的缺陷，又能提供更多的活化官能团，进一步改善电极材料的电化学性能。

以金属板或金属网（不锈钢板、镍网）为基底，通过电化学沉积的方式合成的聚吡咯/碳纳米管复合电极（PPy-CNT）。由于镍网能够提供更多的三维空间，因此其比电容更优，可达 375 F/g 左右。采用重氮盐原位反应[39-40]，通过苯磺酸化将 S 元素引入 CNT 中，再使用 PPy 进行包覆，构建聚吡咯/苯磺酸功能化多壁碳纳米管复合电极（PPy/f-MWCNT），当 PPy 与 CNT 的质量比为 1∶1 时，所制备的电极材料在电流密度为 1.0 A/g 的条件下，比电容最高为 266 F/g。

导电聚合物掺杂工艺相对简单（不用烧结），可通过再设计而使性能得到进一步优化，具有极大的扩展空间。但在化学稳定性、热稳定性以及循环稳定性方面需要进一步提升。

2.2.3.3 金属氧化物负载

金属氧化物作为赝电容器电极材料时可以在电极/电解液界面发生氧化还原反应，通过空间电荷储存机制实现储存额外的电荷、收集高密度电子。因此，可打造容量更大、体积更小、充电速度更快的电池。RuO_2、MnO_2、Fe_2O_3、NiO[41-44] 等金属氧化物已经被应用于超级电容器领域。

金属氧化物作为电极一般需要满足以下条件：①良好的导电性；②两种或更多氧化态共存，且不涉及相变以及三维结构不可逆；③还原时质子可以嵌入氧化物的晶格中，氧化时可自由脱离晶格，使 O^{2-} 和 OH^- 可以相互转化。采用电化学沉积纳米 RuO_2 的阵列结构，具有独特的纳米管特征，在导电性提升的同时可减小电解质离子扩散的阻抗，其比电容可达 1300 F/g，远高于常规电极材料[45]。但因环保与成本等因素限制了广泛应用。目前，研究者将金属氧化物（MnO_2、NiO 等）与炭基材料进行结合，改善其导电性[46]，制备的纳米 α-MnO_2 具有三维网络结构，比电容达到 200 F/g。

2.3 基于材料的芯层基体结构设计要素

木材陶瓷自支撑电极的结构有多种，以木竹、秸秆、棉秆等农林剩余物粉末以及棉、麻纤维等为基材的木材陶瓷，除了制备工艺和添加剂（主要指负载与掺杂的活性物质）对结构有影响之外，还与粉末的粒径、热固性树脂的用量、坯料的密度等相关。

2.3.1 生物质粉末与纤维

生物质粉末与纤维、热固性树脂等的性能和制备工艺在很大程度上决定着芯层材料的性能，进而影响着自支撑电极的整体性能。

2.3.1.1 粉末与纤维

生物质粉末粒径的大小，在很大程度上决定着木材陶瓷中生物质材料孔隙的遗态情况。粒径较大时，所保留的生物质材料的原始结构更加明显与完整，烧结后所保留生物质基料的结构也就越完整。但颗粒越大，颗粒之间的间隙也越多（大），这势必会形成更多的宏孔，甚至形成大的裂纹。一般来说，粒径越小，木材陶瓷的宏孔会减少，但对生物质基料原始结构的破坏则更多，这不利于生物质基材多层级原始孔隙的充分利用。因此，在木材陶瓷自支撑电极结构设计时，需要合理地选择基料的粒径。据现有的报道，使用 20～60 目的较多。

在使用竹、麻等长纤维或纤维束时，要考虑纤维（束）的直径、长度等因素：当纤维束直径较大、较长时难以分散均匀，易造成木材陶瓷基体的结构缺陷。在很多情况下，纤维与粉末配合使用，故要注意比例与分布状态。

2.3.1.2 热固性树脂

热固性树脂一方面将生物质颗粒黏结在一起，另一方面在烧结后形成的玻璃炭可对木材陶瓷起到强化作用。因此，热固性树脂用量大的试件，其力学性能相对要好一些。但玻璃炭中孔的结构与生物质材料的相比要单一很多。因此，当热固性树脂用量较大且需要较多孔隙时，可在热固性树脂中加入造孔剂，如 $ZnCl_2$、淀粉等。同时，热固性树脂的分子量对木材陶瓷的结构也有一定的影响，当分子量较小时，树脂可渗透到生物质材料的孔隙中，对细胞壁有一定的强化作用，且在烧结后也会在导管与细胞壁中残留一些玻璃炭，使木材陶瓷的质地更加均匀。目前，多选用酚醛树脂、环氧树脂、呋喃树脂以及液化木材（或其他液化生物质材料）。其中液化木材的分子量较大，且不好调节，与粉末状的木材进行复合（混合）尚可，如用于浸渍则有较大的难度。其他几种分子量可调节，若需要浸渍渗透，可选用分子量为 300～800 的，其流动性相对较好。

此外，由于热固性树脂烧结时的收缩率要比生物质材料的小，因此，当树脂用量较大时，所得到的木材陶瓷的形态更加稳定。但值得注意的是，无论是哪一种树脂，用量较大时均会影响孔隙结构。因此，树脂的用量是重要的影响因素。

2.3.1.3 坯料密度

在使用相同或相近的原辅材料时，材料的密度与强度有直接的关联性。对于木材陶瓷自支撑电极来说，无论是粉末基材还是片状（层状）基材，其坯料的密度均受成型压力的影响：压力越大，坯料越密实。但木材等生物质材料的真密度约 1.5 g/cm^3，因此，坯料的密度也不会太大。

坯料烧结成木材陶瓷的得率约为 30%～50%。由于树脂所形成的玻璃炭的得率高于木材等生物质材料的，因此在结构设计时应充分考虑不同原辅材料之间的比例关系以及成型时的压力。表 2-3 为不同胶合压力下的以山毛榉薄木为基材所制备层状结构木材陶瓷的密度和孔隙率的相关数据。表 2-3 中显示：随着胶合压力的增加，表观密度增加，孔隙率减小，而真密度变化较小。真密度数据的波动可能是由于测量误差所致。

表 2-3 胶合压力对密度和孔隙率的影响

胶合压力/MPa	表观密度/(g/cm^3)	真密度/(g/cm^3)	孔隙率/%	备注
8	0.653	1.239	47.296	升温速度 2 ℃/min；薄木厚度 0.35 mm；烧结温度：1000 ℃；保温时间：2 h；树脂含量：62%
10	0.686	1.247	44.186	
15	0.762	1.357	43.847	
20	0.893	1.447	38.286	

2.3.2 木（竹）薄片材料

木（竹）薄木既可作为外覆层也可作为芯层材料。当作为芯层材料时，通过叠加可以制备成层状结构。

木材和竹材经过刨切或旋切可得到不同厚度的薄木（竹），将薄木（竹）浸渍热固性树脂后叠加组坯，热压后可获得层状的树脂-木竹复合坯料，烧结后便可得到层状结构木材陶瓷。由于薄木（竹）在排列方式上有平行排列、垂直排列、45°角倾斜排列、任意角度、竹木混合排列等多种方式。同时，薄木的厚度也有多种，最后所得到层状结构木材陶瓷的结构也不同。因此，在结构设计时可根据需要灵活选择，合理安排。

图 2-8 所示为几种常见的薄木（竹）的组坯方式，以及所得到的层状结构木材陶瓷的断面照片，从图中可见木材陶瓷的层状结构明显。

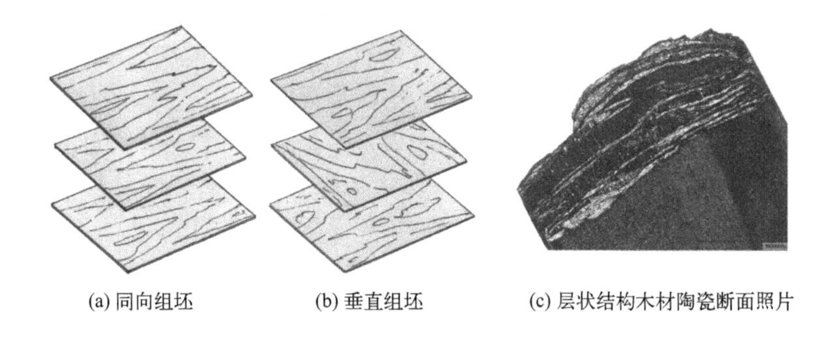

(a) 同向组坯　　(b) 垂直组坯　　(c) 层状结构木材陶瓷断面照片

图 2-8 组坯方式及层状结构木材陶瓷的断面照片

2.3.3 木（竹）块状材料

竹材和木材（尤其是木材）可加工成块状材料，这样的木材陶瓷可更好地保持其天然结构。但竹木均属于非匀质的各向异性材料，在烧结热解时各方向上的收缩率不同，易出现变形与开裂。因此，在基材选择时要多加留意。

将这种最大程度保存木材天然结构的试件作为芯层材料，与其他的片层材料（如碳纤维布、纤维膜等）叠加，可制备叠层结构木材陶瓷电极。

2.3.3.1 木材

由于早晚材和年轮的存在，烧结时难免形成微裂纹。为了减少开裂的发生，在选择块状木材时最好是径切材，因为径切材的年轮基本上是平行的，这类似于相对均匀薄片单元的叠加，而每个单元的质地也相对均匀，因此在烧结过程中的变形与开裂会少一些。

当使用弦切材时，可选择年轮较宽的部位，这样也可在一定程度上减少变形。

2.3.3.2 竹材

竹子外层为竹青、内层为竹黄、中间为竹肉，从内到外密度不一样。因此，烧结时收缩率也不相同，易造成变形与开裂。通常情况下，可将组织致密、质地坚硬、表面光滑的竹青和组织疏松、质地较脆的竹黄剔除。因竹子的种类不同、直径和壁厚差异较大，选用块状竹材作为木材陶瓷时，应尽量选用直径大、壁厚的毛竹，这样可获得尺寸相对稳定的试件。

2.3.4 纸基材料

纸张有多种类型，可加工成多种形态，但纸张的最主要成分是生物质纤维、胶料和少量添加剂，与木材陶瓷原材料的成分基本一致。因此，将纸张浸渍（涂布）热固性树脂、层叠、热压、烧结后可得到层状结构的木材陶瓷。由于纸的厚度、形态（如瓦楞纸板）不同，所得到的木材陶瓷的结构上也会存在差异。如用瓦楞纸板叠加压制成的木材陶瓷，与用平板卡纸制备的在结构上存在差异：由于瓦楞纸中间的瓦楞压缩后呈褶皱状，因此，在层与层之间存在着许多倾斜的支撑，并留下缝隙，这种结构更有利于增加比表面积，为负载活性物质以及电子与离子的存储提供更多的通道与场所。

对于类似平板的卡纸来说，叠加之后层状结构明显，但层与层之间的通道相对较少，在结构设计时可考虑用针刺或打孔的方式人为制造一些横向的通道，这样可使横向孔隙更加发达。同时，也可根据需求将不同厚度的纸基材料进行交叉叠加以构成不同的层状结构形式。

2.4 基于电化学性能的基体结构调控

对孔隙结构的活化调控，可以使基材更适合作为活性物质载体以及满足化学储能的要求。

基体材料的孔隙结构不仅关系到活性物质的负载，更是作为电极与储能材料时电子与离子的存储场所，同时也涉及电子与离子的运动与传输，进而直接影响到能量与功率密度。通过活化调节与工艺优化，可在一定程度上调控孔隙结构，合理调整宏孔、介孔、微孔之间的搭配比例，因此可实现对电极材料的可控制备，这在提升电极材料的能量与功率密度方面具有重要意义。同时，使用造孔剂、活化剂以及水热物理活化的工艺并不复杂，尤其是水热高温活化绿色环保，可应用于实际生产。

研究表明，不同的烧结工艺、活化方法等对木材陶瓷基体材料孔隙结构的调控结果不尽相同，可通过比较分析活化前后比电容的变化来评价活化对电极材料性能的影响，拟获取较为成熟的工艺参数。一般情况下，主要有酸碱前期活化、造孔剂与烧结活化以及水热活化等多种活化方式。当以实木为基材制备基体材料时，实木中的内含物会在一定程度上影响热固性树脂的渗透，使用稀酸可以部分降解纤维素和半纤维素。使用碱处理则可以溶解部分木质素，这不仅可以清洗部分内含物，还能够在木材中形成更多的微孔与介孔。与此同时，在烧结过程中，残留在基材中的碱还能起到活化剂的作用。

由于基体材料是制备叠层结构木材陶瓷自支撑电极的基础，因此通过对基体材料（包括芯层基体）制备工艺的探讨，可形成了一套完整的制备工艺。

2.4.1 基材预处理

以超级电容器电极为例，其对孔隙的要求以介孔为主、微孔和宏孔相互配合。生物质基材的部分孔隙来源于基材本身的结构。为了满足功能性需求，即使是块状的木竹基材，也可以通过前期的预处理来实现对孔隙结构的调控。如竹材的孔隙没有木材的发达，树脂渗透有限。若要增加树脂的渗透性，可用碱液进行预处理。在 $NaOH$、KOH、Na_2CO_3 等溶液中浸泡或蒸煮一定时间，可有效脱除部分木质素和内含物，使得孔隙更加丰富。同样地，对粉末进行酸碱预处理也可以到达改善孔隙的目的。如用 H_3PO_4 蒸煮木材或木粉，是制备高比表面积活性炭的重要方法。

通过脱木质素处理后木（竹）材的结构遭到破坏，力学性能变差，当水分蒸发后会有较大的变形。为了保持原有的形态，可进行冷冻干燥，再浸渍树脂固定。一方面，树脂固化后基体的力学性能得到提升，减少变形与开裂。另一方面，树脂所形成的玻璃炭也是构成木材陶瓷的重要成分。因此，基体材料的预处理可在一定程度上实现对孔隙结构的调控。

与此同时，活化也是改善木材陶瓷孔隙结构和增大比表面积的有效手段。木材陶瓷的活化工艺可分为烧结活化与水热活化两种。

2.4.2 物理活化调控

物理活化主要是指使用水蒸气、烟道气或空气等含氧气体等作为活化剂，在高温下与炭化材料进行活化反应的方法[47]。对于木材陶瓷自支撑电极来说，目前主要使用水蒸气和含氧空气。

2.4.2.1 水蒸气调控

将木材陶瓷自支撑电极基体置于密闭的高压反应釜中，加入适量的水，在100～180 ℃条件下水热处理一段时间。在高温高压下，水蒸气巨大的刻蚀效应会在基体上形成微孔和超微孔。如果在水中加入KOH、NaOH、Na_2CO_3等碱，则能起到更好的效果。

2.4.2.2 含氧空气调控

使用含氧空气进行活化处理，可以在烧结过程中进行。若是真空烧结，则可在炉膛中适当留有一些空气，或是在烧结过程中充入适量的空气。稀薄的氧气可以起到一定的氧化作用而在木材陶瓷基体中形成孔隙。也可以采用在流动性保护气体中加入适量的氧气，从而对木材陶瓷进行部分氧化，并形成含氧官能团。

借鉴碱活化制备活性炭的方法，通过烧结和水热两种方式均可达到调节孔隙的目的。

2.4.3 碱液水热活化调控

将木材陶瓷自支撑基体与水（或碱液）密闭在高压反应釜中，在高温、高压的作用下，碱与水蒸气均会对基体材料进行刻蚀而形成新的孔隙结构。可以通过调节碱液的浓度、活化温度、活化时间等参数来实现对孔隙结构的调控。

以硅藻土为模板、黑液木质素为前驱体、900 ℃保温烧结2 h后，去除硅藻土模板后得到Si基模板炭。置于高压反应釜中，分别以纯水和5 mol/L的KOH在180 ℃温度下活化10 h，冷却、清洗、干燥后得到木质素基模板炭。其中以纯水为活化剂的比表面积为321.7 m^2/g，而使用了KOH的比表面积更高，达到了578.3 m^2/g，可见KOH的加入能够获得比单独使用水热活化更大的比表面积。

2.4.4 碱烧结活化调控

在烧结活化中，多将碱与需要活化的材料混合，然后在高温下完成。将活化剂NaOH与木质素基Fe^{3+}催化木材陶瓷（粉末）按照1∶1的比例混合，置于高温烧结炉中以5 ℃/min的升温速率逐步升温至800 ℃，保温活化1.5 h后冷却至室温，得到活化木材陶瓷。其孔隙结构主要为微孔和中孔，孔径主要分布在1～10 nm之间，其中在1.64 nm左右的最多。其 N_2 吸附-脱附等温曲线和孔径分布如图2-9所示。

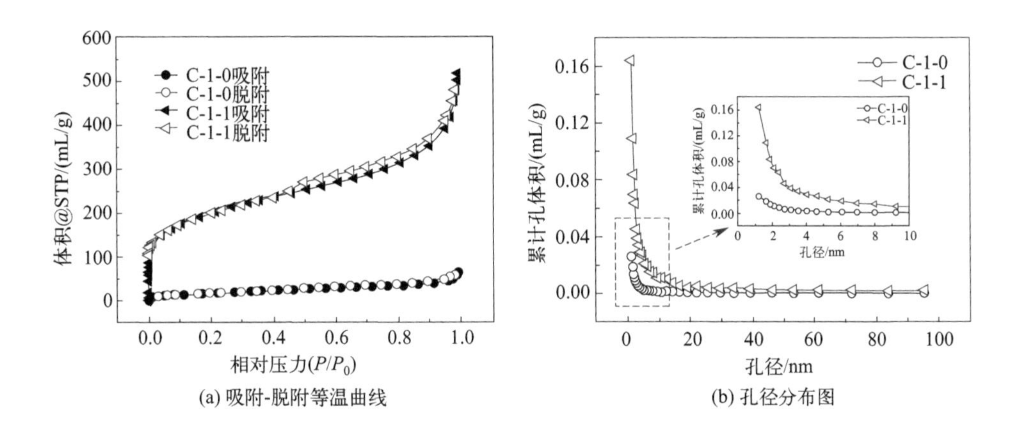

(a) 吸附-脱附等温曲线　(b) 孔径分布图

图2-9　Fe^{3+} 催化 N_2 吸附-脱附等温曲线和孔径分布图

将Ni催化木质素基木材陶瓷（块状）置于3 mol/L的KOH溶液中超声波辅助浸渍30 min后干燥，在800 ℃下活化3 h，随炉冷却后用去离子水冲洗至中性，得到具有一定石墨化的 Ni^{2+} 掺杂活化黑液木质素基多孔木材陶瓷。其吸附-脱附和孔径分布如图2-10所示。从图2-10(a)中的吸附-脱附曲线发现，随着相对压力的增大，曲线不断升高而最终闭合，属于Ⅳ型迟滞回线，说明存在大量介孔。用BJH方法所得到活化木材陶瓷自支撑电极的孔径分布[见图2-10(b)]表明：主要集中在3.60 nm左右，而未经活化的除了一部分集中在4.08 nm附近外，还有一部分集中在11.54 nm左右。而两者的超微孔主要集中在0.63 nm左右，但活化后试件的超微孔明显增多。

活化与未活化试件的 N_2 吸附-脱附结果如表2-4所示：活化后的BET比表面积约是未活化的2.4倍，说明其中的微孔与超微孔较多，且活化后的总孔体积是未活化的约3倍，表明活化可以有效地改善木材陶瓷的孔隙结构。

表2-4　活化与未活化试件的孔结构参数

项目	BET比表面积/(m^2/g)	孔径/nm		总孔体积/(mL/g)	平均孔径/nm
		HK法	BJH法		
未活化	359.068	0.648	3.04	0.178	1.981
活化	856.126	0.643	3.07	0.5417	2.531

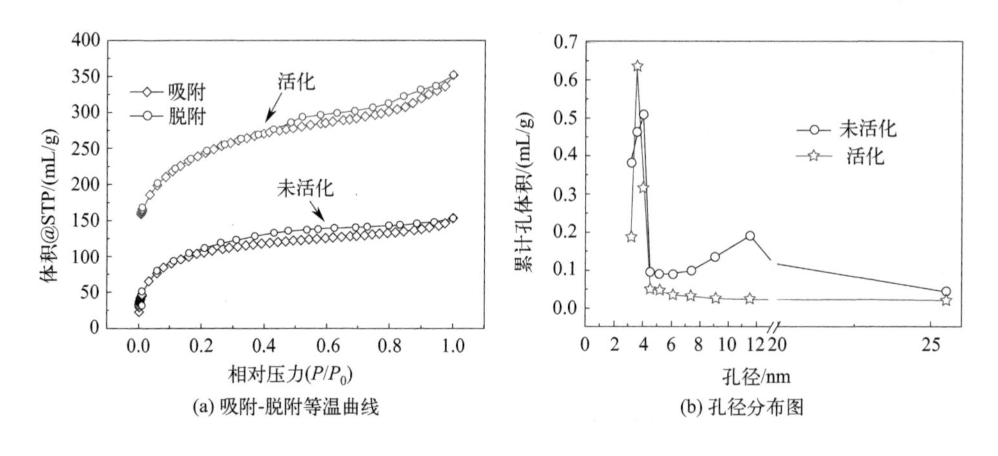

图 2-10 活化与未活化木材陶瓷的吸附-脱附和孔径曲线图

2.4.5 造孔剂烧结活化调控

$ZnCl_2$ 是良好的造孔剂，其对木材陶瓷基体的孔隙结构进行调控的机制主要体现在：在烧结过程中，热固性树脂与生物质材料等有机物发生热解并产生有诸如 H_2O、CH_4 等小分子，一部分从木材陶瓷中原有的孔隙中通过，而部分封闭在孔隙中的气体在高温和压力等外界条件的作用下被分散在木材的纤维之中，最终消失在细胞壁中形成“气点”，其中一些“气点”不能移动而形成独立的纳米孔，而另一些可移动的气点最终形成枝状的纳米孔[48-49]。同时，部分可移动的“气点”在表面能的作用下合并成较大的孔。

以 40 目及以下粒度的木粉和液化木材为主要原材料，添加质量分数为 5% 的 $ZnCl_2$ 作为造孔剂，制备木粉/液化木材复合材料[50-51]。然后将其置于高温烧结炉中，采用常压密闭隔氧烧结工艺，以 5 ℃/min 的速度升温至 120 ℃，保温 30 min，再以一定的速度升温至设定的温度后保温烧结，最后冷却至室温便得到了液化木材基多孔木材陶瓷基体。在此过程中探析烧结温度、升温速度、保温时间等对孔隙结构的影响。

2.4.5.1 烧结温度

通过对不同温度（900 ℃、1100 ℃、1300 ℃和 1500 ℃）下所得试件进行检测（结果见表 2-5）发现：1100 ℃试件多点 BET 方法所测得的比表面积为 132.6 m^2/g，是 900 ℃（47.09 m^2/g）的近 3 倍，而 1300 ℃的更高，达到了 364.2 m^2/g，但 1500 ℃的却有所降低，表明较高的烧结温度有利于增加比表面积，但在高温区有所降低；在孔体积方面，采用 BJH、DH 和 HK 方法所检测到的数据显示，1100 ℃试件的孔体积是 900 ℃试件的 2～3 倍，且随着烧结温度的上升呈现先减小再增加的趋势；在平均孔径方面，显示出相同的特性。

表 2-5　不同烧结温度木材陶瓷的比表面积、孔体积、孔径的参数

项目		900℃	1100℃	1300℃	1500℃
比表面积 /(m^2/g)	多点 BET	47.09	132.6	364.2	305.7
	BJH 法累计吸附	9.641	14.70	26.63	23.50
	BJH 法累计脱附	10.56	20.45	37.22	33.67
	DH 法累计吸附	9.778	14.86	26.72	23.57
	DH 法累计脱附	10.86	20.98	37.47	33.75
孔体积 /(mL/g)	BJH 法累计吸附	1.306×10^{-2}	4.068×10^{-2}	3.625×10^{-2}	5.683×10^{-2}
	BJH 法累计脱附	1.212×10^{-2}	4.017×10^{-2}	3.563×10^{-2}	5.786×10^{-2}
	DH 法累计吸附	1.273×10^{-2}	3.949×10^{-2}	3.476×10^{-2}	4.953×10^{-2}
	DH 法累计脱附	1.199×10^{-2}	3.948×10^{-2}	3.473×10^{-2}	5.137×10^{-2}
	HK 法累计	2.352×10^{-2}	5.433×10^{-2}	4.935×10^{-1}	5.327×10^{-2}
孔径 /nm	平均孔径	3.266	2.821	2.473	3.127
	BJH 法累计吸附	3.060	3.244	3.058	3.146
	BJH 法累计脱附	3.545	4.101	3.804	3.972
	DH 法累计吸附	3.060	3.244	3.058	3.146
	DH 法累计脱附	3.545	4.101	3.804	3.972
	HK 法累计	6.425×10^{-1}	3.675×10^{-1}	3.373×10^{-1}	4.851

注：升温速度 2 ℃/min，保温烧结时间 30 min。

2.4.5.2　升温速度

较快的升温速度易引起生物质材料与液化木材的热解速度加剧，进而影响木材陶瓷基体的孔隙结构。图 2-11 所示分别为升温速度 2 ℃/min 和 5 ℃/min 时木材陶瓷的 SEM 照片：升温速度较快的试件的表面出现更多的裂纹。这是因为较快的升温速度会加剧木粉与液化木材的热解，加之无定形炭和玻璃炭热膨胀系数的差异会因快速升温而在两者之间形成更多的缺陷。

2.4.5.3　保温烧结时间

保温烧结时间不仅直接影响木材陶瓷基体的物相构成，也影响着孔隙结构。见 2.2.2.3。

2.4.6　磷酸活化调控

以杨木为基材，加工成约 6 mm 厚的 20 mm×20 mm 的薄片，在 20%（质

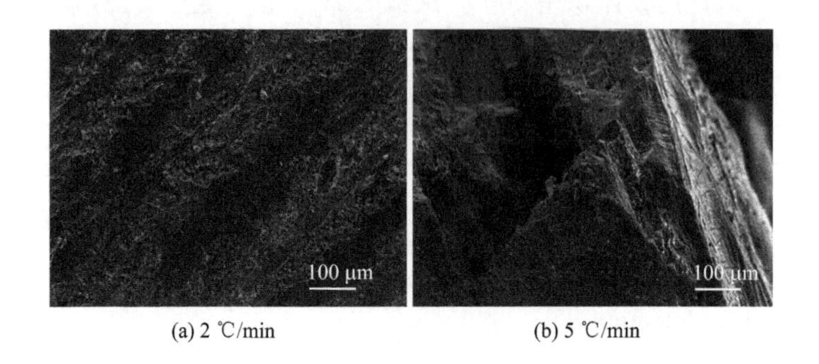

(a) 2 ℃/min　　(b) 5 ℃/min

图 2-11　不同升温速度所制备木材陶瓷的 SEM 照片

量分数，下同）H_3PO_4 溶液中煮沸 20 min，去除杂质并实现初步活化。用去离子水洗涤至 pH 为 7 左右，105 ℃干燥 2 h，然后在 10%浓度的 PF 树脂溶液中超声辅助浸泡 20 min，105 ℃干燥 2 h。再分别滴加含 K_2CO_3 和 $Ni(NO_3)_2 \cdot 6H_2O$ 的黑液木质素溶液，最后高温烧结。在此过程中，黑液木质素在 $Ni(NO_3)_2$ 的催化作用下部分转化为生物质石墨烯，这样便得到了实木基木材陶瓷组装石墨烯电极，其 1000 ℃烧结 2 h 试件的比表面积达到 832.67 m^2/g，其吸附-脱附与孔径分布曲线如图 2-12 所示。

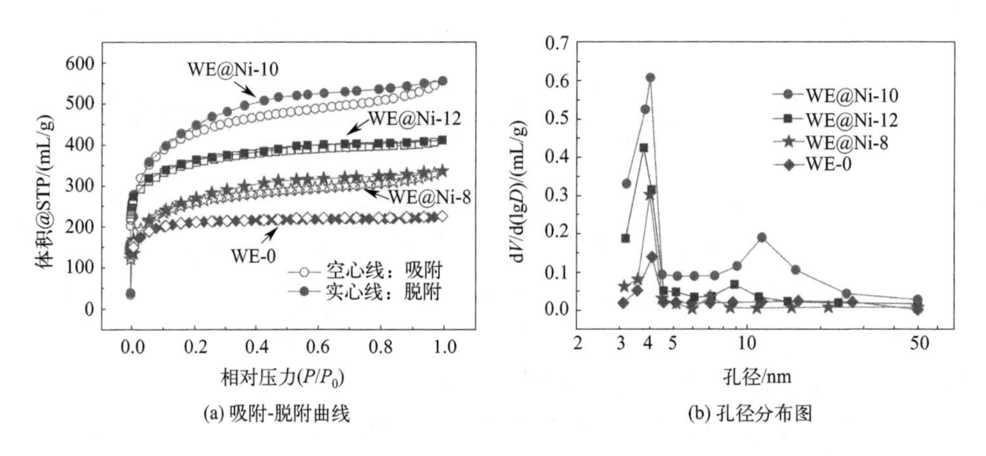

(a) 吸附-脱附曲线　　(b) 孔径分布图

图 2-12　H_3PO_4 活化不同比例 Ni^{2+} 掺杂试件的吸附-脱附与孔径分布图

[其中，WE@Ni-10 表示 $Ni(NO_3)_2 \cdot 6H_2O$ 的质量分数为 10%，以此类推]

这是由于在较低的烧结温度下没有形成稳定的微晶结构，所以对孔隙结构有一定的影响。而在 1200 ℃的高温下，烧失作用会使部分孔壁融合导致比表面积减小[52]。从表 2-6 中还可见：未活化的对比试件的比表面积最低，仅有 276.53 m^2/g，说明活化和催化石墨化改善了孔隙结构。

表 2-6 比表面积与平均孔径

样品	比表面积(BET)/(m^2/g)	平均孔径/nm
未活化-1000 ℃	276.53	2.174
活化-800 ℃	435.17	1.981
活化-1000 ℃	832.67	2.531
活化-1200 ℃	534.55	3.673

2.4.7 石墨化调控

木材陶瓷的石墨化可分为两种：高温石墨化和催化石墨化，现阶段以催化石墨化为主。

2.4.7.1 高温石墨化调控

在高温的作用下，木材陶瓷的微晶结构进行重排，变得规整有序，向着石墨化结构发展。但所需温度较高，有的甚至要达到 2800 ℃以上。在第 2.2.2.2 节中有详细描述，在此不再重复。

2.4.7.2 催化石墨化调控

Fe、Co、Ni 等过渡金属粉末及其化合物均对生物质炭基材料具有催化石墨化作用，可以通过控制添加量、烧结温度、保温烧结时间等来调节石墨化程度，进而改变基体材料的物相与微晶结构。

图 2-13 为 Fe 离子催化木材陶瓷基体的 XRD 谱图。图 2-13(a) 呈现了不同添加量纳米 γ-Fe_2O_3、900 ℃烧结所制备 Fe/木材陶瓷的 XRD 谱图。通过比较发现：随着纳米 γ-Fe_2O_3 添加量的增大，XRD 谱图中有 3 个分别约位于 45°、65°、82°附近的特征衍射峰且强度逐步增加，经过与 PDF 标准卡片比对，显示这 3 个特征峰分别对应 α-Fe 的（110）、（200）和（211），证明了 α-Fe 的存在。同时，从图 2-13(a) 中还发现，当 γ-Fe_2O_3 添加量较小（$<10\%$）时，主要的晶相为石墨与 α-Fe。随着添加量的增大（如 15%～25%），谱图中明显出现了表征 Fe_3C 的特征峰，说明较高 γ-Fe_2O_3 添加量有利于 Fe_3C 的生成，进而可构建高强度基体材料。图 2-13(b) 为使用 0.60 mol/L 的 $FeCl_3$ 预处理木粉、在不同烧结温度下所制备纳米 Fe/木材陶瓷的 XRD 谱图。从图 2-13(b) 中可见：烧结温度为 650 ℃所得试件的谱图中就有类石墨峰出现，表明即使在较低的烧结温度下，也有一定的催化石墨化作用。随着烧结温度的升高，表征 α-Fe 和 Fe_3C 的特征峰强度增大，且（002）衍射峰的对称性也得到了改善。

由此可见，Fe 离子对木材陶瓷具有催化石墨化功能，可以通过改变添加量和烧结工艺来调控木材陶瓷的石墨化程度和基体材料的物相构成。

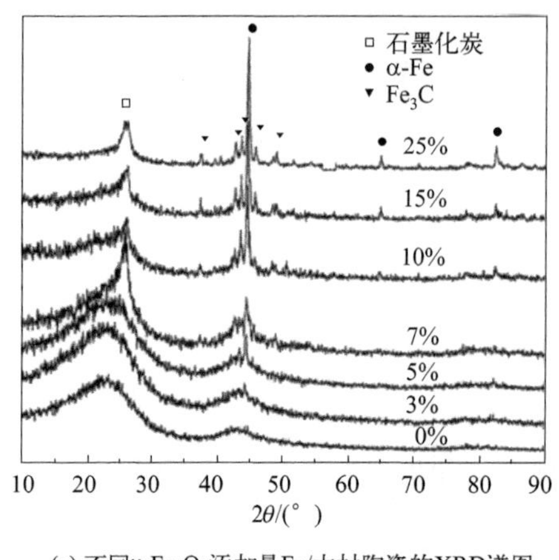

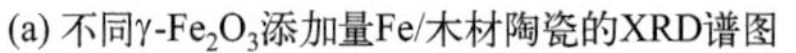
(a) 不同γ-Fe_2O_3添加量Fe/木材陶瓷的XRD谱图

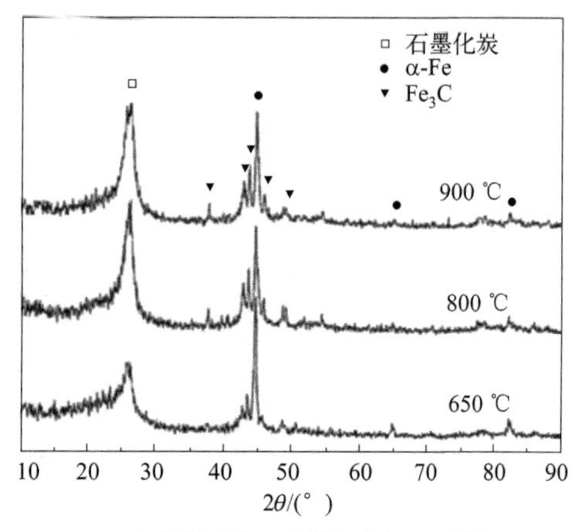

(b) $FeCl_3$预处理法Fe/木材陶瓷的XRD谱图

图 2-13 Fe 离子催化木材陶瓷的 XRD 谱图[53-54]

2.4.8 电沉积负载调控

2.4.8.1 对微观形貌与孔隙结构的调控

在外电场作用下，电流通过电解质溶液中正负离子的迁移并在电极上发生电子得失的氧化还原反应而形成镀层，可进行金属单质、金属氧化物等材料的负载。

以 0.1 mol/L 的 $MnSO_4$ 为沉积电解质，调节 pH 值至 5～6，以木材陶瓷为工作电极、铂片为对电极，分别使用恒电流法（电流密度为 0.2 A/g，充放电 30 次）、计时电位法（电压为 0.5 V，极化时间为 45 min）在电化学工作站上进行电化学沉积 MnO_2。经过清洗与干燥后得到的复合电极分别记作 WCE-H、WCE-J。

使用 SEM 对木材陶瓷自支撑电极进行观测，结果如图 2-14 所示。图 2-14(a)～(c)为 WCE-H 不同倍数的 SEM 照片，从中可以看出：在采用恒电流沉积得到的复合电极中，单层薄膜状 MnO_2 将木材陶瓷表面包覆，但依稀可见木材陶瓷原有的表面形貌。从其放大图 2-14(b) 和(c) 中可以看出 MnO_2 薄膜是由大量棒状的晶体与花簇球状的晶体相互穿插连接而形成的，且大量的花簇球晶体平整地附着在基体材料表面（与孔隙中），与基底紧密结合。与此同时，棒状晶体之间以及与花簇球晶体之间存在孔隙，这种结构有利于电解质离子进入电极内部，可提高利用率[55]。图 2-14(d)～(f)为 WCE-J 的 SEM 照片。从低倍的 SEM 照片[图 2-14(d)]可见：虽然沉积的 MnO_2 将木材陶瓷基体表明覆盖，但存在大量的裂纹，预示着附着力不强。从其放大图 2-14(e) 和(f) 不难发现：MnO_2 纳米颗粒呈松散的堆积状态，加之裂纹的存在，这样极易脱落。由此可见，试件 WCE-H 的沉积效果要更好一些。

通过 MnO_2 的负载，木材陶瓷原有的表面与孔隙结构被改变，而沉积的形貌、厚度等与电解质的浓度、pH 值、沉积电压、电流、时间等相关。因此，可以通过改变这些参数来对负载量与孔隙结构进行调控。

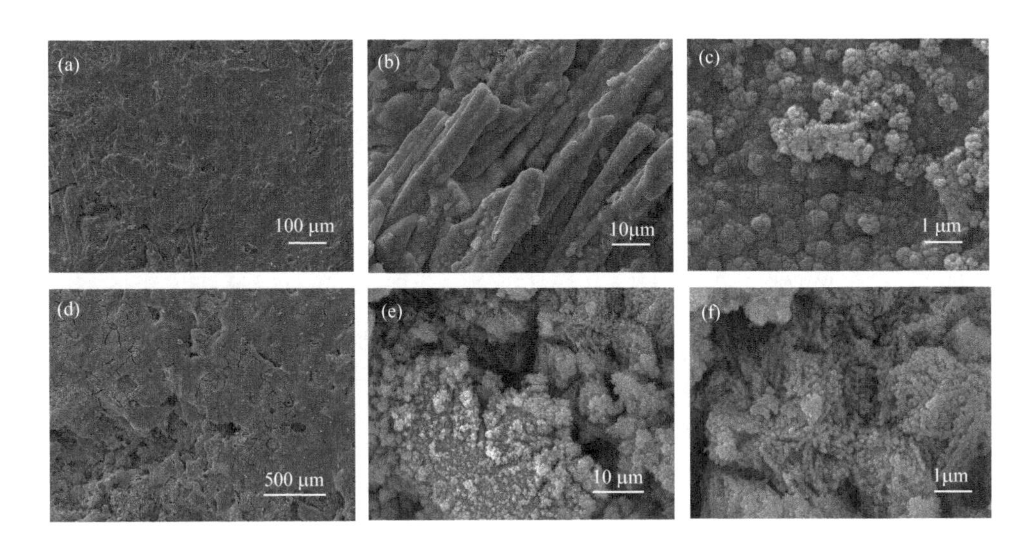

图 2-14 两种不同方法沉积得到的木材陶瓷复合电极的 SEM 照片

[（a）～（c）WCE-H 的 SEM 照片，（d）～（f）WCE-J 的 SEM 照片]

图 2-15 为未沉积木材陶瓷电极（WCE）和采用恒电流法（电流密度为 0.2 A/g，循环充放电次数为 10 次）沉积 MnO_2 电极 WCE-H_{10} 的 N_2 吸附-脱附曲线和孔径分布曲线。图 2-15(a) 和(b) 为 WCE 和 WCE-H_{10} 两种试件的吸附-脱附等温曲线图，从中可见：WCE 的 N_2 吸附-脱附等温曲线没有回滞环，属于Ⅰ型等温线。在低压区（0.1～0.15），N_2 吸附量急剧增加后快速进入吸附平台达到饱和状态，表明 WCE 中含有大量的微孔结构。而 WCE-H_{10} 在 0.4～0.9 相对压力下显示出回滞环，属于典型的Ⅳ型等温线，表明 WCE-H_{10} 试件含有多种孔结构，且以微孔和介孔为主。BET 数据显示，WCE 和 WCE-H_{10} 的比表面积分别为 1671.997 m^2/g、572.58 m^2/g，说明木材陶瓷基体沉积 MnO_2 后比表面积有所降低，这可能是纳米级 MnO_2 将部分孔隙堵塞的缘故。

图 2-15(c) 和(d) 为 WCE 和 WCE-H_{10} 试件的孔径分布图。比较两图可以发现：WCE-H_{10} 的孔结构更加丰富，除了微孔与介孔之外，还含有宏孔。测试

数据显示，WCE 和 WCE-H_{10} 两种试件的孔径分别为：0.76 nm、3.31 nm。说明未经电沉积木材陶瓷基体中以微孔为主，而通过恒电流电沉积后所得到的复合电极以介孔为主，表明电化学沉积可以改变孔隙结构。

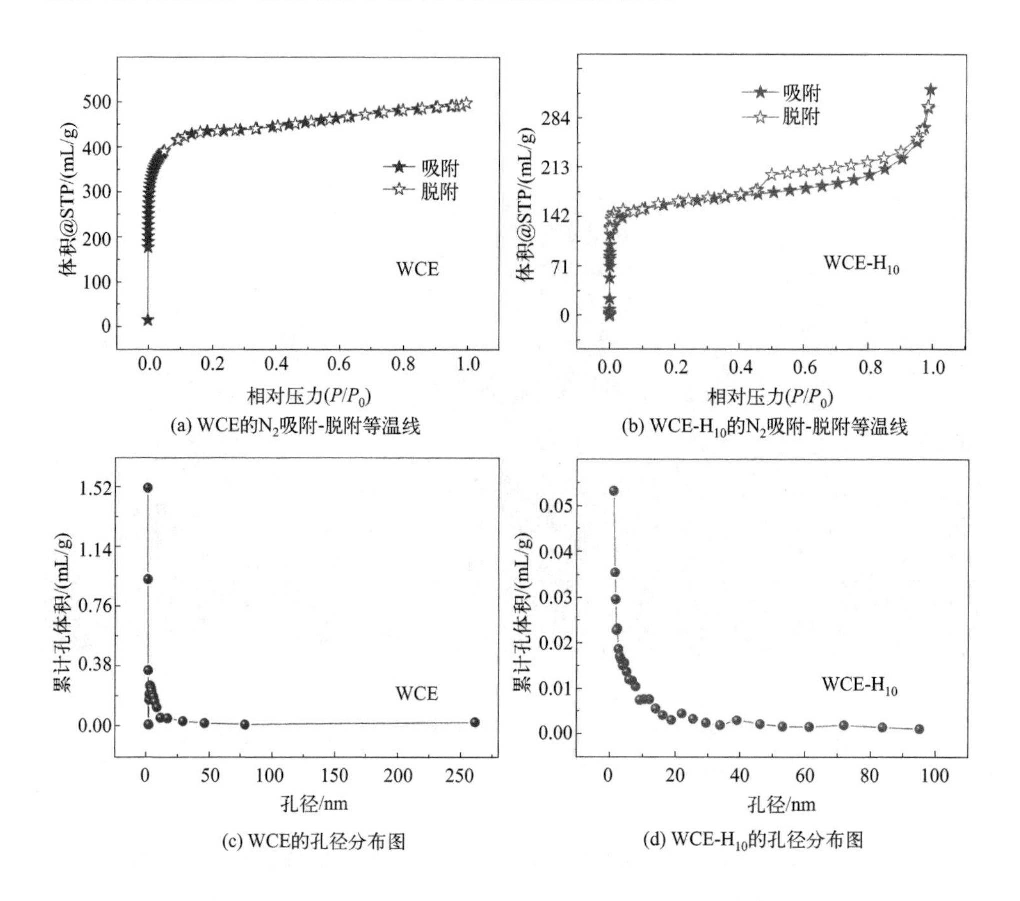

(a) WCE的N_2吸附-脱附等温线

(b) WCE-H_{10}的N_2吸附-脱附等温线

(c) WCE的孔径分布图

(d) WCE-H_{10}的孔径分布图

图 2-15　WCE 和 WCE-H_{10} 的 N_2 吸附-脱附等温线和孔径分布图

2.4.8.2　表面化学性质与组分调控

木材陶瓷电极基体通过沉积与负载后，可以改变其表面的元素构成和化合价态，以满足作为高密度储能电极的需求。

通过电化学沉积与负载后，元素构成和化合价态可以使用能量色散谱(EDS)、X 射线光电子能谱（XPS）等进行表征，以便根据需要进行调控。图 2-16 为木材陶瓷基体经过电化学沉积负载 MnO_2 后的 XPS 全谱及分谱图。从全谱图[图 2-16(a)]中可以发现表征 C、O、Mn 等元素的特征峰，证明了通过电化学沉积后确有 Mn 离子负载在木材陶瓷的表面。图 2-16(b) 中 C 1s 有三个明显的特征峰，拟合后发现分别是位于 284.7 eV 处 C 的 sp^2 杂化峰、位于 285.3 eV

处的 C—O 振动峰和位于 286.3 eV 处的 C—O—C 振动峰以及位于 287.9 eV 处的 O—C ═O 振动峰[56-57]。图 2-16(c) 是 O 1s 能级的 XPS 谱图，通过拟合可以观察到：在 530.1 eV、531.4 eV、531.9 eV 和 533.1 eV 处，有 Mn—O—Mn、Mn—O—H、C ═O 和 O—H 的振动[58-59]。图 2-16(d) 为 Mn 元素的分谱图，在 642.5 eV 和 653.8 eV 处有两个明显的特征峰，分别对应 Mn $2p_{3/2}$ 和 Mn $2p_{1/2}$ 的自旋轨道，Mn $2p_{3/2}$ 和 Mn $2p_{1/2}$ 的两处特征峰之间相距约 11.3 eV，表明复合电极中的 Mn 元素主要以＋4 价的形式存在[60]。上述结果表明，不仅基体材料表面负载了 MnO_2，而且表面的元素构成和化学价态也得到了改变。由此可见，可以采用电化学沉积的方式来赋予木材陶瓷基体新的元素和不同价态的化合物，以满足功能需求。

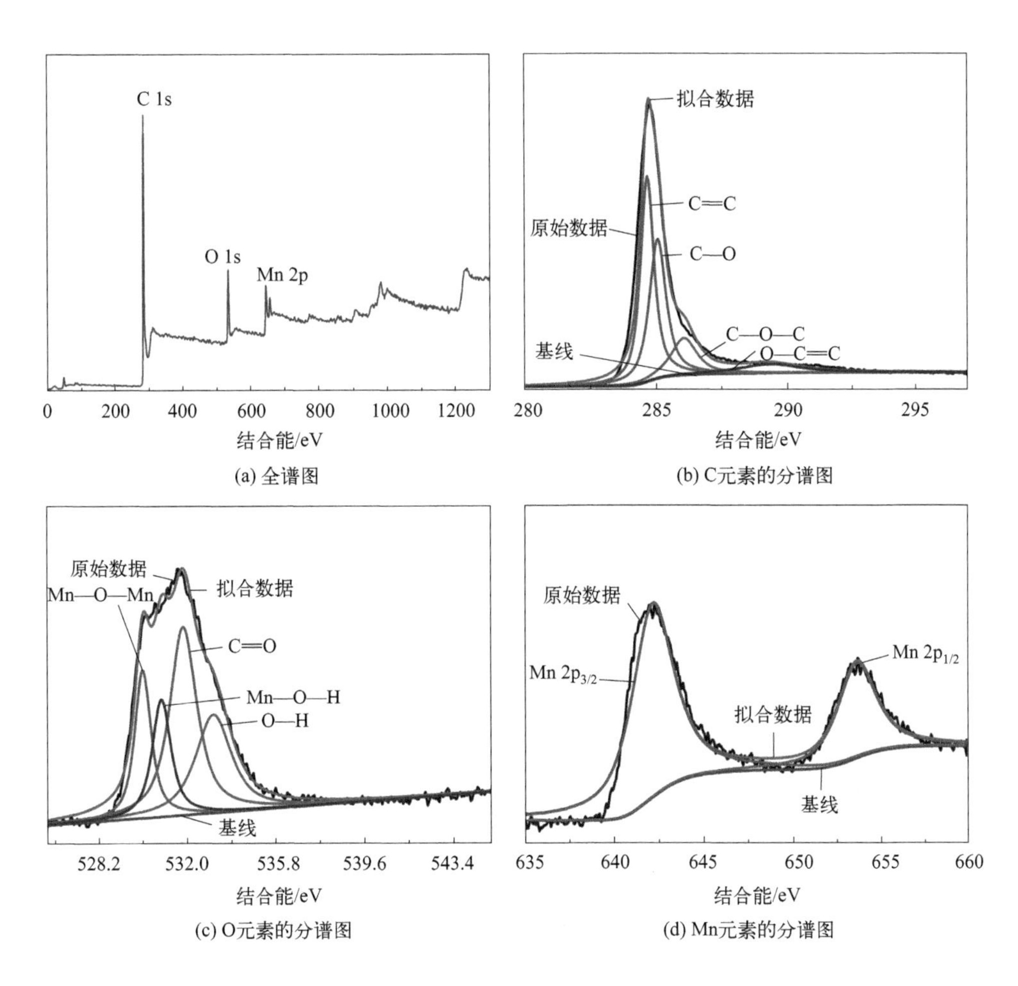

图 2-16 试件 WCE-H_{10} 的 XPS 谱图

2.5 本章小结

本章对木材陶瓷自支撑电极的物理、化学与电学性能进行了描述，同时对坯料预制工艺、烧结工艺、掺杂与负载等影响自支撑电极结构的因素进行了分析。同时，在基于电化学性能的结构调控方法方面，重点阐述了预处理调控孔隙结构、活化调控孔隙结构、石墨化调控微晶结构以及电沉积负载调控结构与化学组分，旨在对木材陶瓷自支撑电极基体的制备提供支撑。

参考文献

[1] Xing H，Jiang G，Xiong J，et al. Microporous Mesoporous Mater，2023，359：112653.

[2] Lv C，Ma X J. Mater Sci，2022，57：1947.

[3] Murali G，Harish S，Ponnusamy S，et al. Appl Surface Sci，2019，492：464.

[4] Chen W，Yang K，Luo M，et al. Eco Mater，2023，5：12271.

[5] Wu Y，Cao J P，Zhao X Y，et al. Appl Surface Sci，2020，508：1.

[6] Kim C，Lee J W，Kim J H，et al. Korean J Chem Engin，2006，23：592.

[7] Cheng P，Gao S，Zang P，et al. Carbon，2015，93：315.

[8] Jiang L，Sheng L，Fan Z. Sci China Mater，2018，61：133

[9] Teng H，Chang Y J，Hsieh C T. Carbon，2001，39：1981.

[10] Lucas F W S，Grim R G，Tacey S A，et al. ACS Energy Lett，2021，6：1205.

[11] Sumio I. Nature，1991，354：56.

[12] Novoselov K S，Geim A K，Morozov S V，et al. Sci，2004，306：666.

[13] Wang G，Zhang L，Zhang J. Chem Soc Rev，2012，41：797.

[14] Song S，Ma F，Wu G，et al. J Mater Chem A，2015，3：18154.

[15] Huang X，Tang J，Luo B，et al. Adv Energy Mater，2019，9：1901872.

[16] Guo G，Huang L，Chang Q，et al. Appl Phys Lett，2011，99：2012.

[17] Wang L，Han Y，Feng X，et al. Coord Chem Rev，2016，307：361.

[18] Zhang Y，Shang Z，Shen M，et al. ACS Sustainable Chem Eng，2019，7：321.

[19] Zheng D，Qiang Y，Xu S，et al. Appl Phys A-Mater Sci Process，2017，123：133.

[20] Li Y Y，Li Z S，Shen P K. Adv Mater，2013，25：2474.

[21] Mondal A K，Kretschmer K，Zhao Y，et al. Chem-A Eur J，2017，23：3683.

[22] Si W，Zhou J，Zhang S，et al. Electrochim Acta，2013，107：397.

[23] 荆鑫，张旭，王玮，等. 电化学，2018，24：332.

[24] Fang J，Shang Y，Chen Z，et al. J Mater Chem C，2017，19：4587.

[25] 孙德林，余先纯，孙德彬，等. 中国粉体技术，2017，23：13.

[26] Lizuka H，Fushitani M，Okabet T，et al. J Porous Mater，1999，6：175.

[27] Kasai K，Shibata K，Saito K，et al. J Porous Mater，1997，4：277.

[28] Zhou D F，Xie H M，Zhao Y L，et al. J Fun Mater，2005，36：83.

[29] Sun D, Hao X, Chen X, et al. Wood Fiber Sci, 2015, 47: 171.
[30] 潘建梅，严学华，程晓农，等．化工新型材料，2010，38：64.
[31] Qian J M, Jin Z H, Wang J P. Acta Mater Comp Sinica, 2004, 21: 18.
[32] Jin Y Q, Zhang Y Z, Zhao X X, et al. J Wuhan University Tech-Mater Sci Ed, 2012, 27: 1077.
[33] 孙德林，余先纯．层状结构木质陶瓷材料．北京：化学工业出版社，2016，9.
[34] Maldonado-Hodar F J, Moreno-Castilla C, Rivera-Utrilla J, et al. Langmuir, 2000, 16: 4367.
[35] Jose D O L, Cavalier C S, Filgueira M. Int J Refrty Metals Hard Mater, 2012, 35: 228.
[36] Etacheri V, Wang C, Connell M J O, et al. Mater Chem, 2015, 3: 9861.
[37] Liu Y, Wang Y Z, Zhang G X, et al. Mater Lett, 2016, 176: 60.
[38] Li W, Dolocan A, Oh P, et al. Nature commun, 2017, 8: 14589.
[39] Li X, Zhitomirsky I. J Power Sources, 2013, 221: 49.
[40] 傅清宾，高博，苏凌浩，等．物理化学学报，2009，25：2199.
[41] Peng Z, Li B, Liu S, et al. Acs Appl Mater Interfaces, 2016, 9: 4577.
[42] Wei W, Cui X, Chen W, et al. Chem Soc Rev, 2011, 40: 1697.
[43] Nithya V D, Arul J N S. Power Sources, 2016, 327: 297.
[44] Wang Y, Lei Y, Li J, et al. Acs Appl Mater Interfaces, 2014, 6: 6739.
[45] Hu C C, Chang K H, Mingchamp L A, et al. Nano Lett, 2006, 6: 2690.
[46] Wang Y, Lu A, Zhang H, et al. J Phys Chem C, 2011, 115: 5413.
[47] Colomba A, Berruti F, Briens C. J Anal Appl Pyrolysis, 2022, 168: 105769.
[48] Li B, Hu J, He X, et al. ACS Omega, 2020, 5: 9398.
[49] Guo C, Sun Y, Ren H, et al. Energies, 2023, 16: 5222.
[50] 余先纯，孙德林，郝晓峰，等．材料热处理学报，2017，38：10.
[51] 王存国，林琳，路乃群，等. 化学学报，2008，66：1909.
[52] Yu X, Sun D, Ji X, et al. J Mater Scie, 2020, 55: 7760.
[53] 周蔚虹，喻云水，洪宏，等．中南林业科技大学学报，2018，38：117.
[54] Zhou W, Yu Y, Xiong X. Mater, 2018, 11: 878.
[55] Deng J, Xiong T, Xu F, et al. Green Chem, 2015, 17: 4053.
[56] Mondal D A K, Kretschmer K, Zhao Y, et al. Chem-A Eur J, 2017, 23: 3683.
[57] Nagaraju G, Lim J H, Cha S M, et al. J Alloy Compd, 2017, 693: 1297.
[58] Qi H, Bo Z, Yang S, et al. Energy Storage Mater, 2019, 16: 607.
[59] Servann H, Maria C R, Philipp S, et al. J Energy Chem, 2021, 53: 36.
[60] Han S, Park S, Yi S H, et al. J Alloy Compd, 2020, 831: 154838.

第3章 叠层结构木材陶瓷自支撑电极的三维网络芯层构建

CHAPTER 3

目前，可作为芯层基体的生物质炭基三维网络结构木材陶瓷主要以实木（竹）、木（竹）粉末、块状中密度纤维板（MDF）、农作物秸秆及其他生物质材料和人工合成材料为基材制造而成。其中，粉末状基材与热固性树脂热压成型工艺简单、原辅材料易得、结构易于调控，因此成为制备块状三维网络自支撑木材陶瓷电极的主要方法。

农林剩余物等生物质资源主要由木质素、纤维素及半纤维素组成，烧结后所得到的木材陶瓷电极在很大程度上保存了其天然多层级孔隙结构特征，可为电解质离子提供高速存储与转移的通道，加上结构的优化设计、后期的活化调控等技术手段，可使其电化学性能得到进一步提升[1-4]。

3.1 三维网络芯层基体构建

3.1.1 生物质粉末自支撑基体

以废弃的生物质材料为基料，如木材、竹材、秸秆、果壳等，粉碎、干燥后与热固性树脂混合、热压成型，惰性气体保护、静态等压烧结可制成块状的生物质基木材陶瓷基体[5-6]，再采用物理、化学等方法进行活化，得到具有良好导电性能和高比表面积的生物质基自支撑木材陶瓷电极芯层材料，如图 3-1 所示。

在制备过程中，还可添加多种掺杂剂与催化剂，进而获得功能性木材陶瓷芯层材料。如添加过渡金属粉末（或者盐）可制备含过渡金属纳米颗粒与金属碳化物的三维结构自支撑木材陶瓷电极。

(a) 木粉　(b) 木材陶瓷芯层基体　(c) 微观结构

图 3-1　生物质粉末及所制备的木材陶瓷芯层基体及其放大图

3.1.2　人工泡沫结构自支撑基体

除了上述利用木材本身天然结构制备三维网络结构芯层基体之外，泡沫结构基体因具有孔隙结构发达、高比表面积、易于负载活性物质等特点，也是近年来研究者所关注的热点。以有机物和生物质为基材，可制备泡沫型木材陶瓷芯层基体：

① 以废弃的聚氨酯泡沫为基材［图 3-2(a)］，以热固性树脂为定型与增强剂，制备聚氨酯基泡沫结构木材陶瓷芯层基体，其微观结构如图 3-2(b) 所示。

② 以黑液木质素为基材，添加 Fe、Ni 等金属盐进行催化石墨化，制备木质素基泡沫结构木材陶瓷芯层基体，其微观结构如图 3-2(c) 所示。

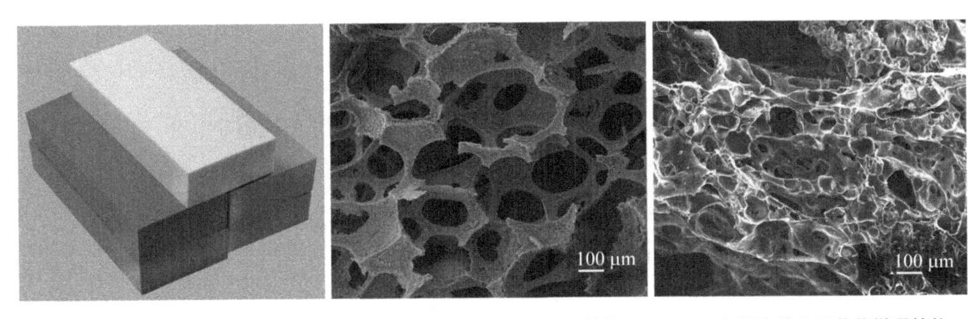

(a) 聚氨酯泡沫　(b) 聚氨酯基芯层基体微观结构　(c) 木质素基芯层基体微观结构

图 3-2　泡沫及其木材陶瓷芯层基体

3.2 生物质自支撑电极芯层基体的工艺过程

由于原辅材料不同，生物质基木材陶瓷自支撑电极芯层的制备工艺过程也有所差异。以松木为例，可采用以下工艺。

3.2.1 制备工艺流程

松木基芯层基体的制备主要包括：

① 复合成型：将松木枝丫材粉碎、干燥，过 40 目筛得到松木粉；将固含量为 50%的 PF 树脂与干燥的松木粉按不同的质量比充分混合，在热压机上 135 ℃模压成型固化，得到块状木粉/PF 树脂复合材料坯体。

② 烧结：将上述复合材料坯体置于高温烧结炉中，在 N_2 保护下 900 ℃保温烧结 2 h，随炉温冷却至室温，得到块状木材陶瓷芯层基体。

③ 活化：以蒸馏水为介质，将块状木材陶瓷芯层基体置于高压反应釜中，在不同的活化温度下活化不同的时间。冷却、清洗后得到松木基活化木质陶瓷芯层基体（woodceramics core matrix，WM）。

3.2.2 基本工艺因素

影响芯层基体性能的工艺因素有多种，主要涉及物料比、活化温度、活化时间等。

（1）物料比

将不同物料比（PF 树脂∶木粉）的 WM，在 180 ℃条件下水热活化 10 h，冷却后清洗并在 60 ℃的烘箱中干燥。将所得到的自支撑木材陶瓷电极分别记作 WM-X，其中 X 表示物料比，X=3∶7、4∶6、5∶5、6∶4 等。

（2）活化温度

在确定最佳物料比后改变水热活化温度，分别在不同的温度下进行活化，所得样品记作 WM-X-T，其中 T 为活化温度，可分别设定为 120 ℃、140 ℃、160 ℃、180 ℃和 200 ℃。

（3）活化时间

当确定出最佳物料比和活化温度后，再进行水热活化时间的探讨，所得样品记作 WM-X-T-t，其中 t 表示时间，可分别为 4 h、6 h、8 h、10 h、12 h。

3.3 最佳工艺参数分析

主要以比电容为考察指标，分析物料比、活化温度、活化时间等工艺因素对电化学性能的影响。

3.3.1 物料比对电化学性能的影响

为探究物料比对电化学性能的影响，分别对不同物料比的 WM 木材陶瓷电极进行 CV、GCD 和电化学阻抗谱（EIS）测试，用于评价其电化学性能。

分别以 WM-3：7、WM-4：6、WM-5：5、WM-6：4 为工作电极，铂片电极和饱和甘汞电极分别作为对电极和参比电极，浓度为 6 mol/L 的 KOH 溶液为电解液，共同构成三电极体系，电化学性能测试结果如图 3-3 所示。从图 3-3(a) 中可见：在 5 mV/s 的扫描速率下，WM-3：7、WM-4：6、WM-5：5、WM-6：4 的循环伏安曲线图都呈现类似矩形的形状，这是双电层电容特征的表现[7]。图 3-3(b) 为对应试件的 GCD 曲线：所有的恒电流充放电曲线都近似于等腰三角形，且 WE-3：7 的 GCD 曲线最接近等腰三角形。基于理想的双电层电容器的 GCD 曲线通常表现为规则的等腰三角形的论断，可以判断木材陶瓷自支撑电极具有良好的双电层电容特性，且 PF 树脂：松木粉＝3：7 时表现最优。

由式(2-3) 计算出在电流密度为 0.1 A/g 的条件下，WM-3：7、WM-4：6、WM-5：5、WM-6：4 的比电容值分别为 99.7 F/g、74.2 F/g、70.3 F/g 和 65.2 F/g，显然 WM-3：7 的最佳，这与 CV 曲线相对应。同时也发现，比电容随着 PF 树脂用量的增加而减小。图 3-3(c) 为 4 组不同物料比 WM 的 EIS 图。在高频区，EIS 曲线与 x 轴的交点表示材料的等效串联电阻；在低频区，直线形的斜率与电解质离子在材料孔道中的扩散有关[8]。从图 3-3(c) 中可以发现：其阻抗值分别为 0.714 Ω、0.834 Ω、0.891 Ω、0.934 Ω，呈增加的趋势，其中 WE-3：7 的阻抗值最小，意味着在充放电过程中能量损耗最少。在低频区，WM-3：7 的 EIS 曲线中直线斜率最大，说明其作为电极材料表现的双电层电容较理想。

由上述结果可见，随着 PF 树脂用量的增加，比电容呈现降低的趋势。这可解释为：孔结构对 WM 的电化学性能具有重大的影响，微孔、介孔和宏孔的合理搭配可有效改善电极的电化学性能。松木粉烧结后所形成的无定形炭比 PF 树脂所形成的玻璃炭具有更加丰富的层级孔隙结构，当 PF 树脂用量增加时，玻璃炭的含量也随之增加，所以多层次孔隙减少，进而影响比电容[7]。

3.3.2 活化温度对电化学性能的影响

在物料比为 3：7、活化时间为 10 h 的条件下，通过改变水热活化的反应温度探究制备 WM-3：7 最适宜的活化条件，图 3-4 呈现了 WM-3：7 在不同活化温度下的电化学性能。120 ℃、140 ℃、160 ℃、180 ℃和 200 ℃等活化温度下的 CV 曲线如图 3-4(a) 所示：循环伏安曲线都呈现类矩形，其中 WM-3：7-180

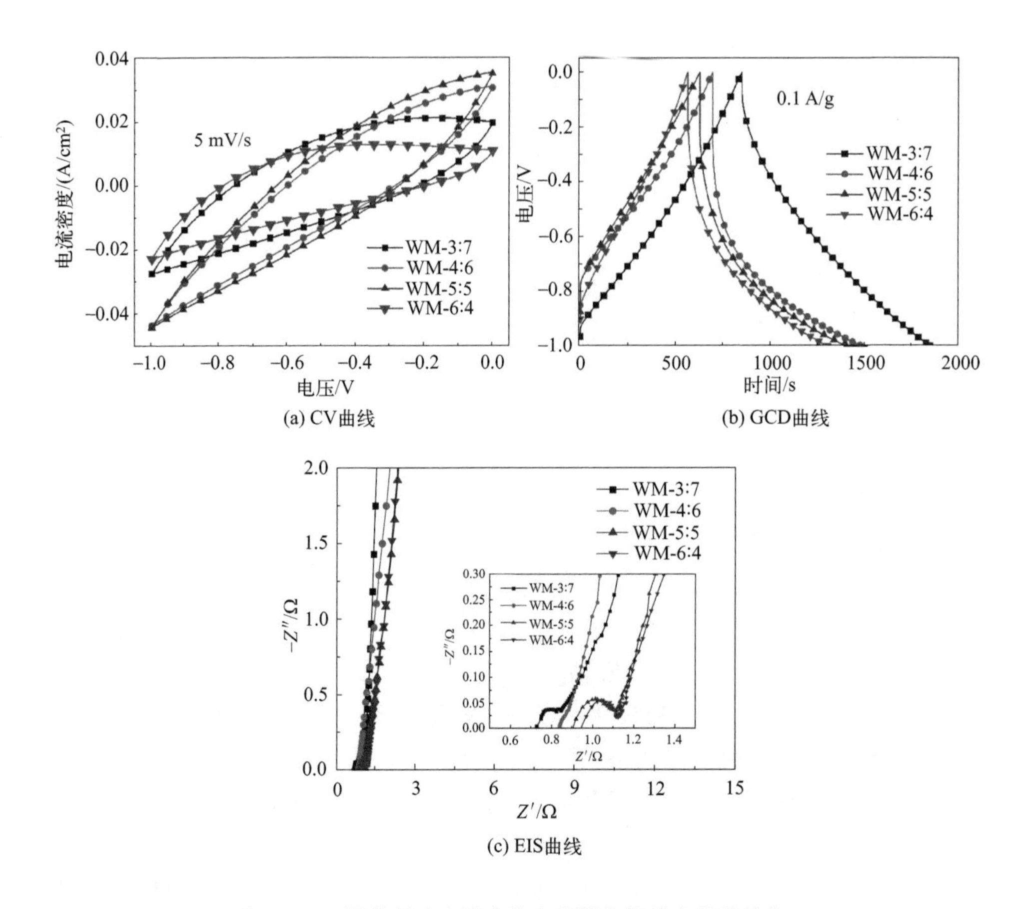

图 3-3 不同物料比木材陶瓷自支撑电极的电化学性能

的循环伏安曲线所围成的面积最大，表明活化温度为 180 ℃的试件拥有最佳的电容性能。图 3-4(b) 为 5 种活化温度所得木材陶瓷自支撑电极 WM-3∶7 的 GCD 曲线图：均表现为近似的等腰三角形，且对称性良好，表明 WM-3∶7 经过 180 ℃活化后具有较高的充放电效率和较好的充放电可逆性。

根据式(2-3) 计算得到 WM-3∶7-120、WM-3∶7-140、WM-3∶7-160、WM-3∶7-180、WM-3∶7-200 的比电容分别为 63.3 F/g、68.2 F/g、92 F/g、103.1 F/g、75.5 F/g，可见其比电容随着活化温度的增加先增加，但超过 180 ℃后反而降低。这是因为：在活化过程中，压强 P 与温度 T 呈正比例关系 ($PV=nRT$)。较高的温度下密闭容器中将产生更高的压强，这将击穿部分较薄的孔壁而使得微孔与介孔等相互贯通而形成更大的孔隙与裂纹。当孔隙过大时会导致材料的结构崩塌而不利于电子与离子的高速存储与传输，因此电化学性能下降[9-10]。图 3-4(c) 为 5 种活化温度下 WM-3∶7 的 EIS 图，其中 WM-3∶7-180

的阻抗值为 0.714 Ω，是上述 4 组试件中最小的，表明具有较好的导电性，这也有利于改善电化学性能。由此可见，180 ℃为试件 WM-3∶7 的最佳活化温度。

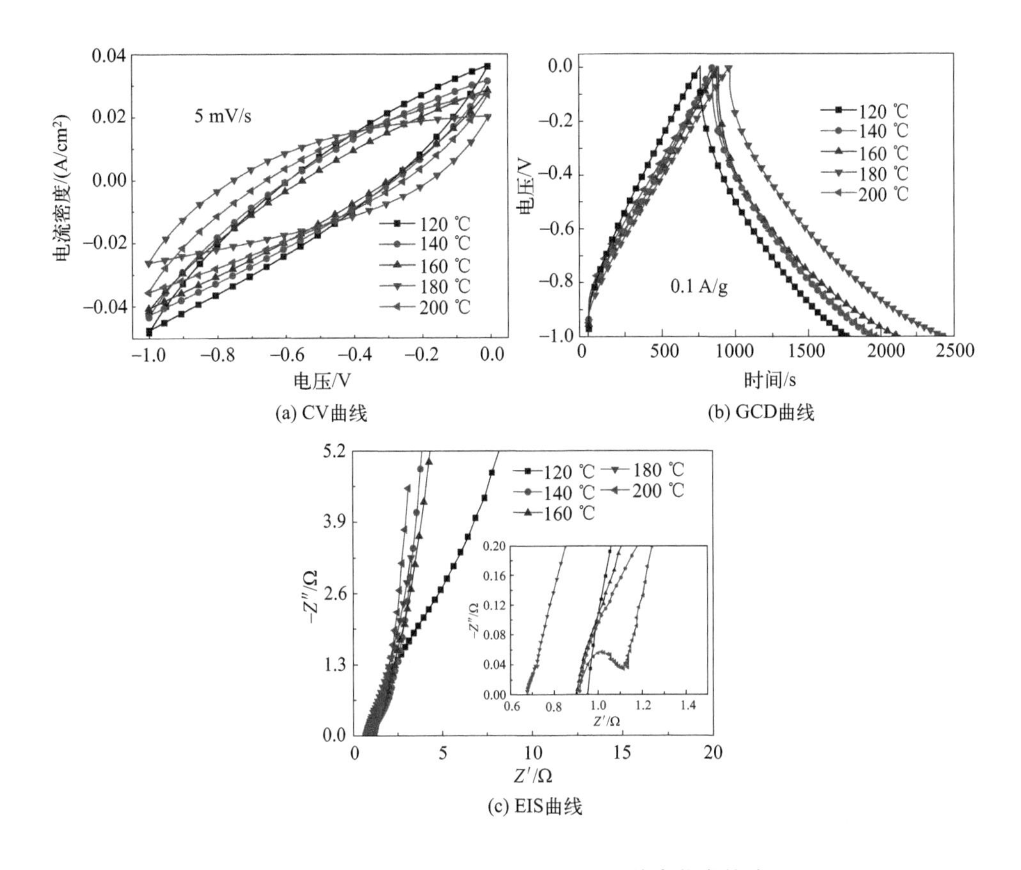

图 3-4 WM-3∶7 在不同活化温度下的电化学性能

3.3.3 活化时间对电化学性能的影响

在确定最优物料比和活化温度后，通过改变水热活化的时间来探究 WM-3∶7-180 电极最佳的活化时间。图 3-5 展示了不同活化时间 WM-3∶7-180 的电化学性能。图 3-5(a) 为活化时间为 4 h、6 h、8 h、10 h 和 12 h 试件（分别标识为 WM-3∶7-180-4、WM-3∶7-180-6、WM-3∶7-180-8、WM-3∶7-180-10、WM-3∶7-180-12）在扫描速率为 5 mV/s 下的 CV 曲线：经过不同时间的水热活化，试件的 CV 曲线形状没有太大的差异，其中活化 6 h 试件围成的面积最大，表明该试件的电化学性能相对较好。同时，从图 3-5(a) 中还可以发现，随着活化时间的延长，CV 曲线围成的面积先增加后减小。这可以解释为较长时间的高压蒸汽对孔隙的刻蚀会造成部分孔隙的扩展、贯通，形成新的微裂纹，使材料的比表面积和活性位点减小。

图 3-5(b) 为 WM-3∶7-180-4、WM-3∶7-180-6、WM-3∶7-180-8、WM-3∶7-180-10、WM-3∶7-180-12 的 GCD 曲线。在 0.1 A/g 电流密度下，所有的 GCD 曲线都表现出轻微变形的等腰三角形的形状，说明通过水热活化后木材陶瓷自支撑电极均具有良好的电化学可逆性。其比电容分别为 98.7 F/g、118.5 F/g、105.1 F/g、96.0 F/g 和 86.76 F/g，其中 WM-3∶7-180-6 的比电容最高，达到了 118.5 F/g。图 3-5(c) 为不同活化时间电极的交流阻抗图及其局部放大图。其中，WM-3∶7-180-6 的阻值最小，仅为 0.586 Ω。在阻抗谱图中，直线形的斜率可表征电解质离子在电极中的扩散阻抗，与电极材料自身的结构密切相关。从局部放大图中可发现：WM-3∶7-180-6 的斜率值更大，表明在此活化时间下所获得的松木基木材陶瓷自支撑电极具有更匹配的孔隙结构。

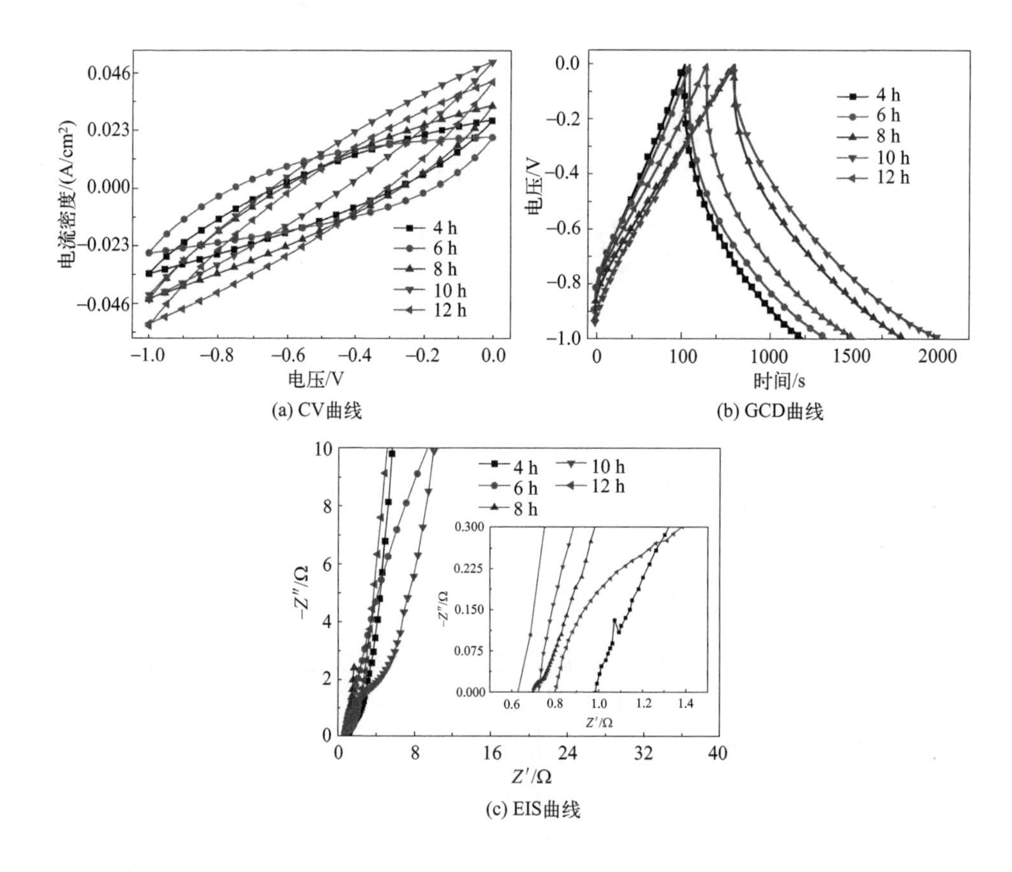

图 3-5 不同活化时间下 WM-3∶7-180 的电化学性能

3.4 基本性能表征

3.4.1 孔隙结构

图 3-6 为 WM-3∶7-180-6 的 SEM、N_2 吸附-脱附等温曲线和孔径分布图。从图 3-6(a) 中不难发现：主要由松木炭粉颗粒组成的 WM 结构清晰，以三维网络结构为主。从其右上角的局部放大图中可清晰发现：颗粒的间隙相对较大，部分大于 50 μm，具有宏孔的特征。同时，松木的天然结构依然保存。

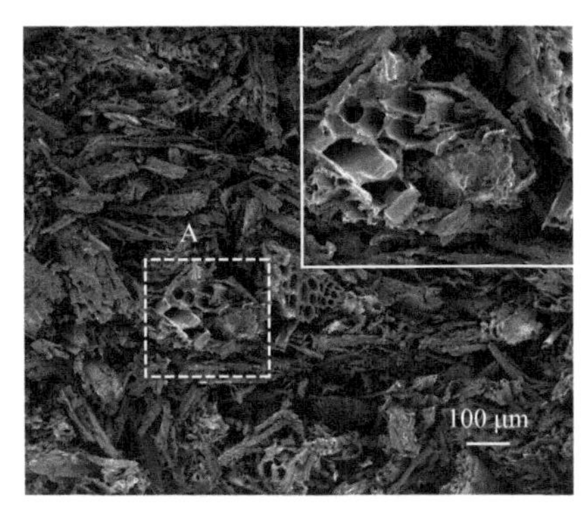

(a) WM的SEM照片及局部放大图

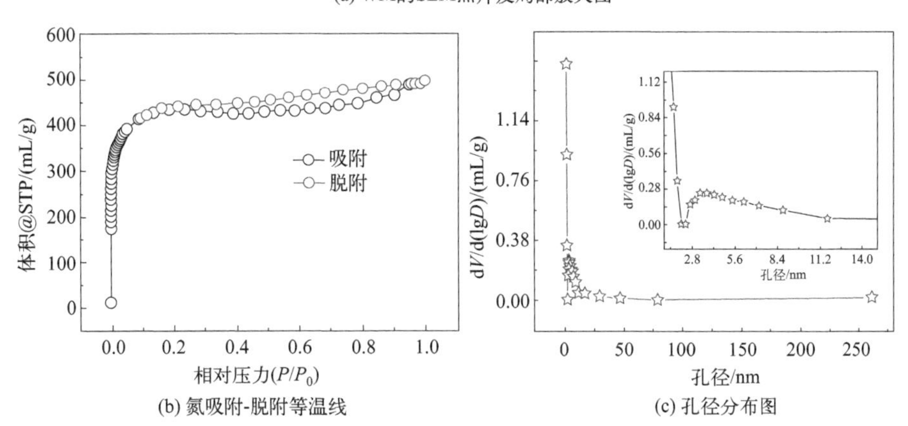

(b) 氮吸附-脱附等温线

(c) 孔径分布图

图 3-6 SEM、氮吸附-脱附等温线和孔径分布图

根据国际纯粹与应用化学联合会的分类，图 3-6(b) 中的 N_2 吸附-脱附等温曲线具有Ⅰ型等温线的明显特征：在低压区，N_2 吸附量急剧增加后快速进入吸附平台达到饱和状态，表明 WM-3∶7-180-6 的孔隙以微孔为主[11]，其 BET 数据显示比表面积达 1672.0 m^2/g。孔径分布图[图 3-6(c)]显示：WM-3∶7-180-6 主要由微孔组成，微孔孔径多集中在 0.76 nm 附近。实际上，虽然微孔能够提供较大的比表面积，但由于孔径较小而影响电子与离子的传输速度，其在炭基电极中对电化学储能的贡献有限[12]。

3.4.2 物相构成

自支撑电极的性能与其物相构成相关，WM-3∶7-180-6 的 XRD、RS、XPS 和 TEM 的测试结果如图 3-7 所示。从图 3-7(a) 中可以看出，仅有 2 个鼓包峰出现在 23°、43.5°附近，分别归属于石墨相的（002）和（100）无序晶面，表明其石墨化结构并不完整，主要是无定形炭夹杂着石墨微晶的乱层结构[13]，这与生物质炭基材料难以石墨化、多为无定形炭的普遍现象相符。图 3-7(b) 为 WM-3∶7-180-6 的 RS 谱图，从图 3-7(b) 中可见：在 1339 cm^{-1} 附近和 1612 cm^{-1} 附近有 2 个明显的特征衍射峰，分别对应着表征碳材料的 D 峰和 G 峰。D 峰与 G 峰之间的强度比值（I_D/I_G）可用来表示碳材料内部的石墨化程度，I_D/I_G 值越小，石墨化程度越好[12]。图 3-7(b) 中的 I_D/I_G 值为 1.25，远大于 1，说明其虽然含有石墨微晶，但石墨化程度不高，这与 XRD 的分析结果一致。TEM 照片如图 3-7(c) 所示：微晶没有呈现出明显有序的状态，其放大图中也未发现有序的晶格，更加证明了其为乱层结构的论断。

利用 XPS 可以较好地确定材料表面的化学组成及其化学态。图 3-7(d) 为 WM-3∶7-180-6 的全谱图，从图中可以清楚地观察到，在 284.6 eV 和 532.7 eV 处分别出现了表征 C 1s 和 O 1s 的尖锐特征峰，表明其中主要含有 C、O 元素。

图 3-7(e) 为 C 1s 的分谱图，从图中可以看出，C 1s 是由 4 个不同的峰拟合而成，分别是位于 284.6 eV 处的 C═C、285.2 eV 处的 C—C、286.7 eV 处的 C—O—C—N 和 288.9 eV 处的 C═O[14-15]。其中，C 元素主要来源于松木粉的无定形炭和来自于 PF 树脂的玻璃炭。O 1s 的分谱图[图 3-7(f)]显示：存在不同类型的含 O 基团，包括 532.5 eV 处的 C═O、533.4 eV 处的 C—O 以及 534.0 eV 处的 O—H[16]，其主要来自于烧结和活化过程。丰富的含氧基团能够提高电极的表面活性、改善电解质的浸润能力，可在自支撑电极中增加更多的存储活性位点，进而有效改善储能能力[17-18]。

3.4.3 电化学性能

自支撑电极 WM-3∶7-180-6 的电化学性能如图 3-8 所示。图 3-8(a) 为扫描速率范围为 5～100 mV/s 的 CV 曲线图，从中可发现：当扫描速率较低时，CV 曲线呈现出类矩形结构；随着扫描速率的增加，图像变窄，当扫描速率达到 100 mV/s 时，变成细长的梭子状。这可能是其所含微孔较多的缘故：当扫描速率加快时，浸入孔隙中的电解质离子将发生快速迁移，而微孔的孔径较小，易形成瓶

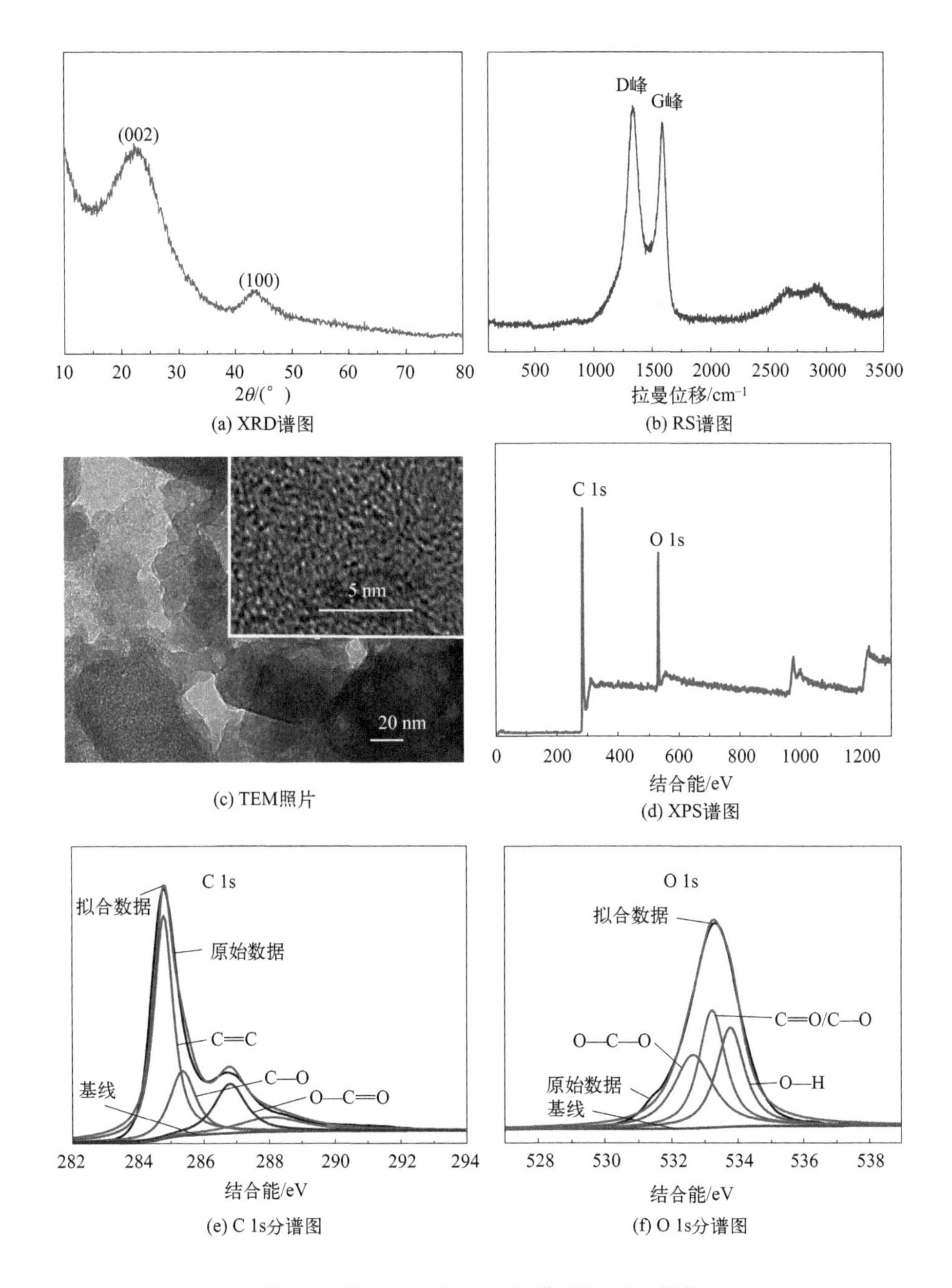

(a) XRD谱图

(b) RS谱图

(c) TEM照片

(d) XPS谱图

(e) C 1s分谱图

(f) O 1s分谱图

图 3-7 XRD、RS、XPS 谱图和 TEM 照片

颈而影响电解质离子的及时补充，进而导致效率降低[19-20]。图 3-8(b) 是电流密度为 0.1～2.0 A/g 时的 GCD 曲线，呈类三角形，具有良好的线性和一定的对称性，电流密度较小（0.1 A/g）时有电压降存在。但随着电流密度增加，电压

降逐渐消失，表明 WM-3：7-180-6 具有可逆的双电层电容行为。

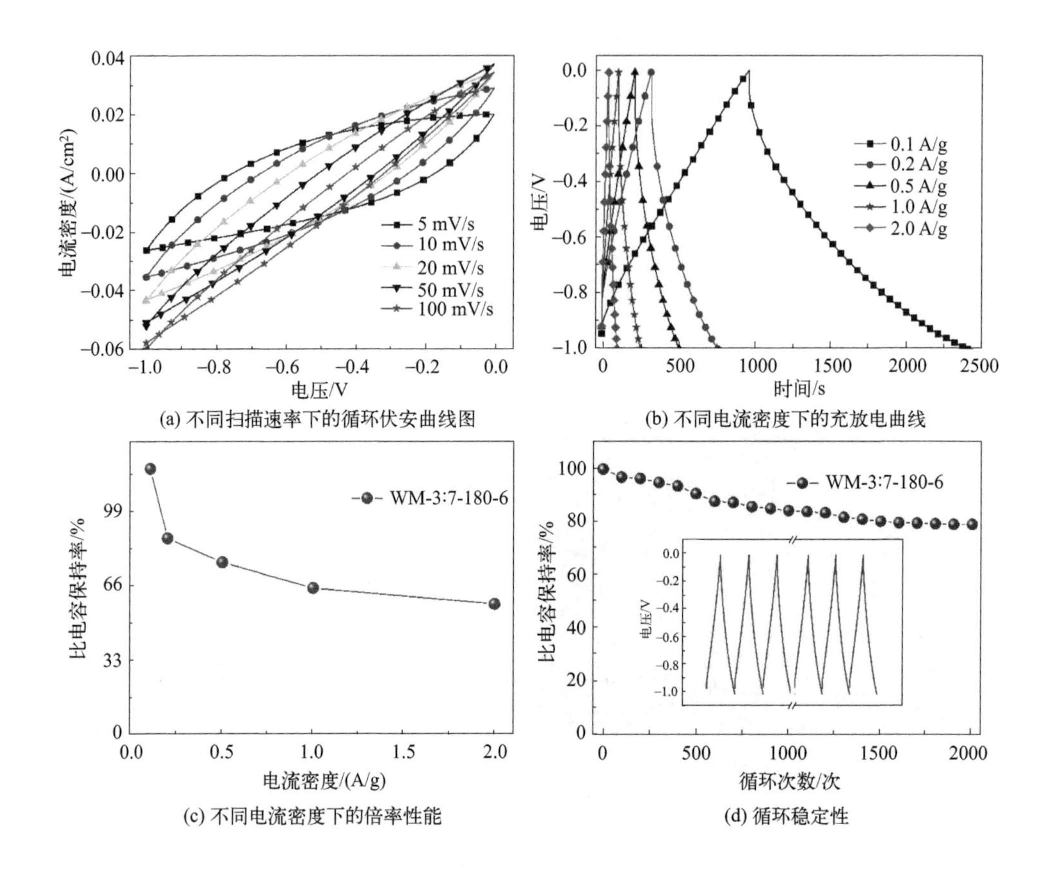

图 3-8　WM-3：7-180-6 电化学性能

图 3-8(c) 呈现了不同电流密度下的倍率性能：当电流密度增加时比电容出现明显的衰减趋势，且在电流密度较小时尤为明显；随着电流密度的增大，衰减趋势减缓。这是因为对于生物质炭基电极来说，在较低的电流密度下，离子迁移速度相对较慢，虽然是以微孔为主，但在低电流密度下、速度较慢时尚能畅通。当电流密度增大时，离子运动速度加快，较小孔隙所形成的瓶颈将使得部分离子无法快速通过而导致比电容下降。随着电流密度的进一步增大，比电容主要由材料的表面提供，因此下降趋于平缓[21-23]。图 3-8(c) 中显示：当电流密度增加到 2.0 A/g，相应的比电容下降到 71%；但从 1.0 A/g 到 2.0 A/g，仅下降了 12%。图 3-8(d) 呈现的是 WM-3：7-180-6 的循环稳定性曲线：在 1.0 A/g 的电流密度下，经过 2000 次循环充放电后，其比电容保持率为 79.3 %，循环稳定性表现良好。

3.5 木质素基碳纳米片组装木材陶瓷芯层材料

3.5.1 制备工艺与方法

① 基材预处理：将实木薄片或生物质粉末干燥至含水率为8%左右，置于浓度为30%的 Na_2CO_3 溶液中，80 ℃温度下磁力搅拌浸泡 2 h 去除杂质，然后用蒸馏水清洗至中性，干燥至恒重。

② PF 树脂固定：将干燥后的实木薄片（或生物质粉末）浸泡在固含量为30%的 PF 树脂中，超声波辅助处理，直到 PF 树脂完全渗透，取出沥干后 60 ℃干燥 2 h。实木薄片，在 135 ℃固化 30 min 即可；对于生物质粉末，则热压成薄片。

③ 基体材料制备：在惰性气体保护下，900 ℃保温烧结 1 h，冷却后得到实木（粉末）基木材陶瓷自支撑基体。

④ 电沉积木质素：取一定量的造纸黑液作为电解液，以木材陶瓷自支撑基体为阳极、石墨片为阴极，采用电化学沉积法在双电极体系中将黑液木质素沉积到木材陶瓷基体的表面与孔隙中，所得到的试件标记为 WL-x。其中 x 对应沉积时间，分别为 10 min、20 min、30 min。

⑤ 高温烧结：将 WL-x 在 60 ℃干燥至恒重，置于烧结炉中以较低的速度（如 2 ℃/min）升温至 600 ℃，保温 30 min 后再以 5 ℃/min 的速度升温至900 ℃，保温烧结 2 h。随炉冷却后得到木质素纳米片组装木材陶瓷自支撑电极芯层基体，标记为 WLE-x。

⑥ 高温水热活化：将 WLE-x 置于有聚四氟乙烯内衬的高压反应釜中，以去离子水为活化剂，180 ℃处理 8 h。冷却、清洗、干燥，得到碳纳米片序列组装活化木材陶瓷自支撑电极——WLE-10、WLE-20 和 WLE-30。

3.5.2 序列组装与调控

图 3-9 为木材陶瓷电沉积黑液木质素前后的照片，图 3-9(a) 中显示，片状的木材陶瓷基体形状规整、质地致密；图 3-9(b) 中显示电沉积后，木质素呈有序的环形（类珊瑚结构）分布在木材陶瓷基体的表面。

由于木材陶瓷基体中存在很多不规则的孔隙，在微观上显示为非匀质结构，当有电流通过时，其局部的电场并不均匀，这样便会导致木质素聚集时的速度也不一样，因此形成如图 3-9(b) 所示的环状与线状结构。基于此，一方面可以对基体材料的孔隙结构进行改善，即在基体材料制备时调控孔隙结构；另一方面，在电沉积时通过改变电流和电压的大小、电极间的距离、电解质的浓度、pH 值等来调节沉积的速度，进而可有效控制木质素组装的形状、沉积的厚度。

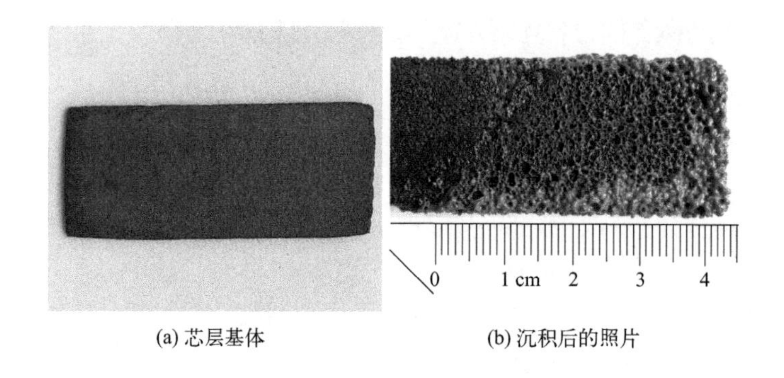

(a) 芯层基体　　(b) 沉积后的照片

图 3-9　粉末芯层基体在沉积木质素前后的照片

3.5.3　基本性能表征

3.5.3.1　微观形貌

图 3-10 为不同沉积时间下木材陶瓷芯层基体表面与孔隙中的木质素的形貌及烧结后的 SEM 图像。其中，图 3-10(a)、(b) 和(c) 分别为 WL-10、WL-20 和 WL-30 的 SEM 图像。从图 3-10(a) 中可见：试件 WL-10 中木质素主要聚集

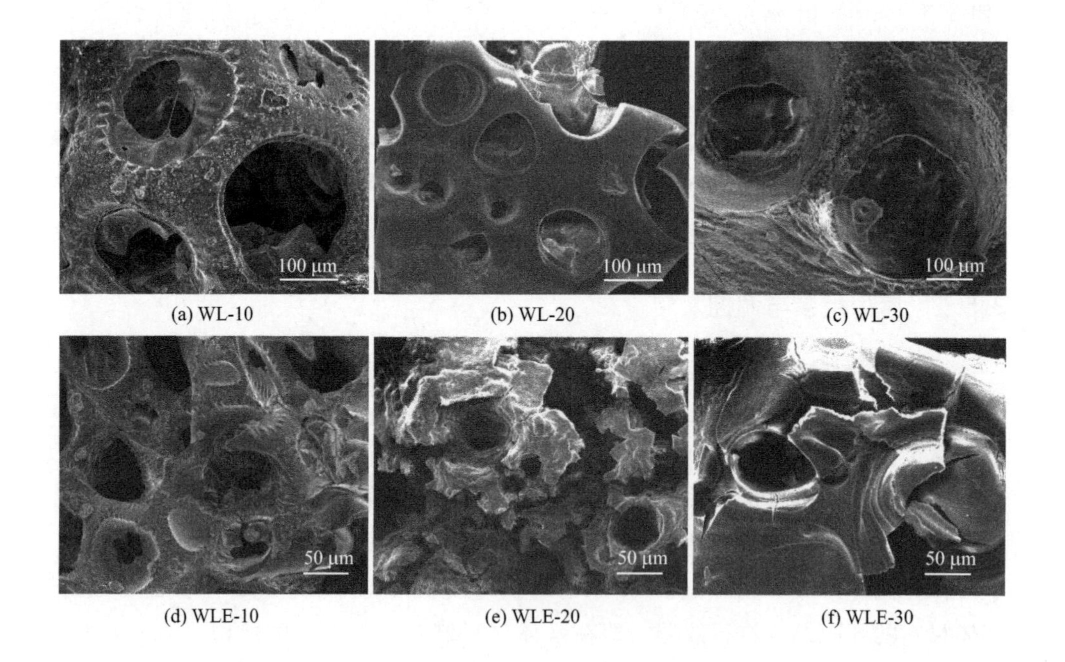

(a) WL-10　(b) WL-20　(c) WL-30

(d) WLE-10　(e) WLE-20　(f) WLE-30

图 3-10　不同沉积时间及烧结后的 SEM 图像

在木材陶瓷基体孔隙的表面与边缘，且在边缘处呈现出有序的放射状结构，这与电荷集中有关。图 3-10(b) 中显示了试件 WL-20 木质素聚集的情况：木材陶瓷芯层基体的部分孔隙被填充。从图 3-10(c) 中 WL-30 表面形貌可以发现，随着沉积时间的增加，作为基体材料的木材陶瓷的孔隙基本被封闭。由此可见，随着时间的延长，沉积在木材陶瓷芯层基体表面与孔隙中的木质素与沉积时间成正比例关系，可通过调节沉积时间等方式来调控木质素组装的序列以及对孔隙的填充情况。

图 3-10(d)、(e) 和(f) 分别为图 3-10(a)、(b) 和(c) 在 900 ℃烧结后所得 WLE-x 的 SEM 图像（WLE-10、WLE-20 和 WLE-30)。从图 3-10(d) 中可见，烧结后所得到的 WLE-10 基本上保持了烧结前的形态，但木质素转变成碳纳米片，且三维孔隙结构更加发达。而 WLE-20 和 WLE-30［图 3-10(e) 和图 3-10(f)］则出现明显的变形与开裂，这是因为当沉积时间较长时木质素堆积较厚，烧结过程中产生应力集中引起的。同时，通过实验也发现 WLE-20 和 WLE-30 表面的炭层很容易脱落。基于成本与质量双重因素，选择 WLE-10 作为研究对象较为合适。

3.5.3.2 孔隙结构

对于芯层基体来说，孔隙结构是重要的影响因素。图 3-11 中所示为 WLE-10 与对比试件[21] 的氮气吸附-脱附等温曲线和孔径分布图。从图 3-11(a) 中发现：其属于典型的Ⅱ型吸附-脱附等温线，且吸附-脱附量要远高于对比试件，表明试件中微孔和介孔居多[22]。其孔径分布（BJH 法）如图 3-11(b) 所示：主要分布在 1.85 nm、4.0 nm 和 22.1 nm 附近，且以 22.1 nm 和 1.85 nm 居多；而对比试件的孔结构则相对单一，多集中在 4.0 nm 附近。结合图 3-11 中的 SEM 图像，可知 WLE-10 中含有微孔、介孔与大孔[23-24]。BET 比表面积为 673.87 m^2/g，比对比试件要大很多。这是因为：作为基体材料的 WL 中保留了与杨木本身结构相关的大孔以及热解时留下的裂纹，电沉积时，所组装的黑液木质素的填充与空间分割而将大孔和裂纹分隔成更小的孔隙，虽然通过高温烧结后会有所变化，但通过调节烧结工艺可使整体趋势改变不大。与此同时，电沉积时从电解液浸入芯层基体中的碱溶液在烧结时可起到活化剂的作用，因此会在芯层基体与木质素所形成的碳纳米片中留下新的介孔与微孔，因此 WLE 拥有更优化的孔隙结构。而这种以介孔为主、同时含有部分大孔与微孔的结构更符合电极材料对孔隙结构的要求。

比表面积的大小在很大程度上与电极材料的比电容相关联，且与微孔和介孔含量成线性关系。通常，具有较大比表面积和层级孔隙结构的电极可以在电极和电解质之间提供较大的接触区来实现电荷的聚集。同时，微孔更有利于电子和离子的储存和传输[25]。因此，可预测 WLE-10 比对比试件将具有更好的电化学性能。

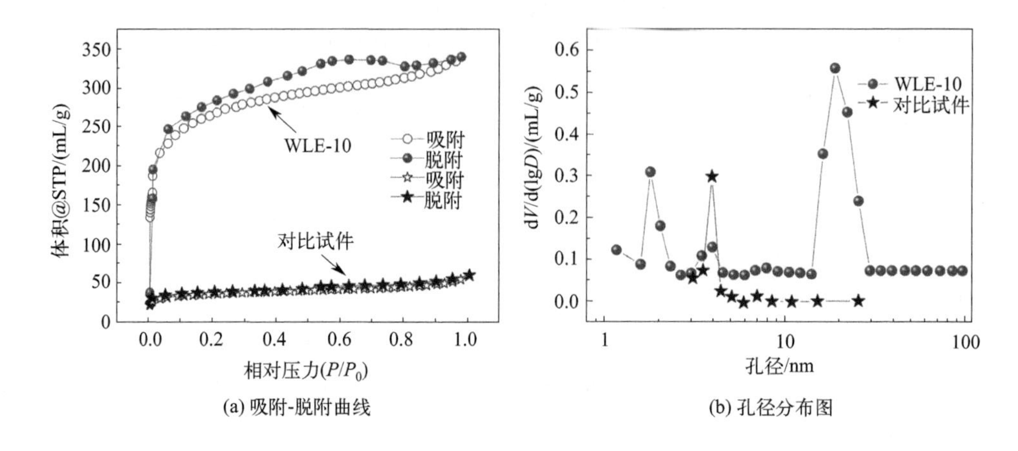

图 3-11 N_2 吸附-脱附曲线与孔径分布图

3.5.3.3 物相构成

使用 XRD 和 RS 可分析碳材料的微晶结构与石墨化程度。图 3-12 为 WLE-10 的 XRD 和 RS 谱图。图 3-12(a) 中显示：用于表征无序碳和石墨化炭的 D 峰和 G 峰均向高位偏移，且 G 峰高于 D 峰，表明试件有石墨化的倾向，但表征石墨烯的 G′峰不明显，这说明石墨结构中 sp^2 杂化程度低，键结构并不完整[26]。在图 3-12(b) 所示的 XRD 谱图中，26.4°附近出现表征石墨微晶结构 (002) 的尖锐特征峰，但在 44°附近则为鼓包峰 (101)，说明 WLE-10 中含有无定形炭与大量的石墨微晶片层结构，但没有形成完整的六边形结构，这与 RS 的测试结果吻合。

图 3-13(a) 为 WLE-10 的 TEM 图像，从图 3-13(a) 中可见，有许多碳纳米片堆叠在一起，但排列趋于无序。从高倍率 TEM 图 [图 3-13(b) 和(c)] 中发现：存在部分排列相对有序的晶格结构，其放大图中显示：部分晶格间距为 0.357 nm，这与石墨结构的理论尺寸 0.334 nm 较接近，这印证了试件中含有石墨微晶的推断。石墨微晶具有较高的导电性，可在一定程度上降低电极的电阻率，进而可实现较低的功率损耗。

图 3-13(d)～(f)为试件 WLE-10 的 XPS 谱图。从总谱图 3-13(d) 中可知，WLE-10 中主要含有 C、Na 和 O 等元素。图 3-13(e) 所示的 C 1s 在 283.6 eV、284.5 eV、287.4 eV 所对应的三个主峰，分别对应 C—C、C—C/C ═O 和 C—O 键的价态[27]。图 3-13(f) 中显示了 O 1s 的峰位出现在 531.2 eV 和 532.5 eV 附近，说明 WLE-10 中存在氧化物和含氧官能团。这可以解释为：一方面试件暴露在空气中会吸附一定的 O_2 和 H_2O[28-29]；另一方面，木质素作为有机物在烧结过程中会分解出 CO、CO_2、H_2O 等含氧小分子物质，也会被多孔的基体吸

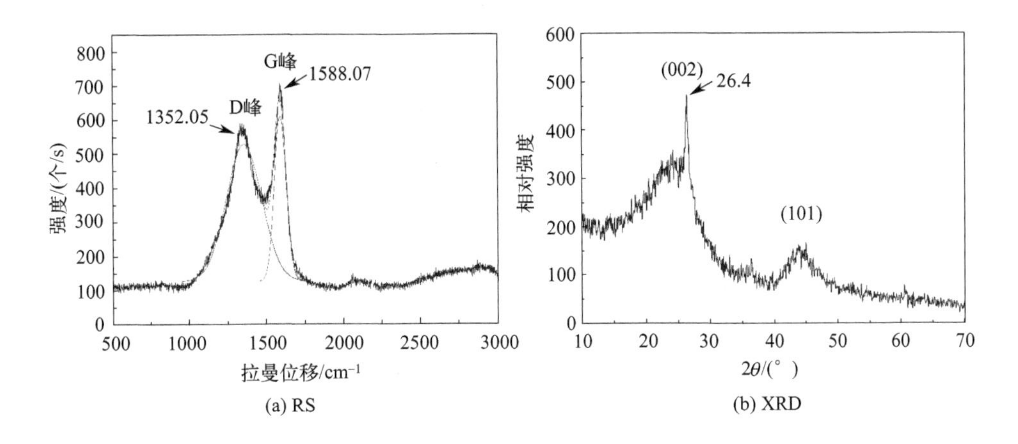

图 3-12 WLE-10 的 XRD 与 RS 谱图

附或是反应而形成含氧基团。由此可见，WLE-10 是由无定形炭与石墨微晶所构成含氧多孔炭材料。

3.5.4 电化学性能

采用循环伏安法、恒电流充放电和电化学阻抗谱可有效评价电极材料的电化学性能。WLE 为块状，可作为自支撑电极而不需要金属集流体[30-31]。

图 3-14 中显示了 WLE-10 的电化学性能。从图 3-14(a) 中可见：当扫描速率低于 200 mV/s 时，CV 曲线接近矩形，且没有明显的氧化还原峰，表明 WLE-10 具有双电层电容器的理想性能，且具有较好的比电容[32-33]，这是因为 CV 曲线所围成的面积与电极材料的比电容成正相关。

图 3-14(b) 是在不同电流密度下 WLE-10 的 GCD 曲线：平滑、呈类等腰三角形、无明显电压降，说明具有良好的充放电效率。作为自支撑电极，WLE-10 具有较好的比电容，在电流密度为 0.25 A/g 时比电容为 141.8 F/g，即使是在 1 A/g 的情况下，GCD 曲线也只是轻微变形，表明充放电性能稳定，这是水热活化和碳纳米片的共同作用优化了孔隙结构的结果。

EIS 图可以表征电极材料的导电性能，较低的电阻率可带来更低的功率损耗。如图 3-14(c) 所示：WLE-10 的 EIS 图具有典型的 Nyquist 曲线特征，等效串联电阻 ESR 值较小，仅为 0.395 Ω。从其放大图中可见：Warburg 阻抗曲线的斜率较小，表明扩散阻力小[34-36]，这是石墨微晶和碳纳米片的共同作用减少了功率损耗所致。图 3-14(d) 中描述了 WLE-10 的循环性能：经过 1000 次充放电后，比电容保持率在 88.1%。图 3-14(e) 为由 WLE-10 所组装对称电容器的能量和功率密度与相关生物质炭基电极的对比图：当能量密度为 12.8 Wh/kg

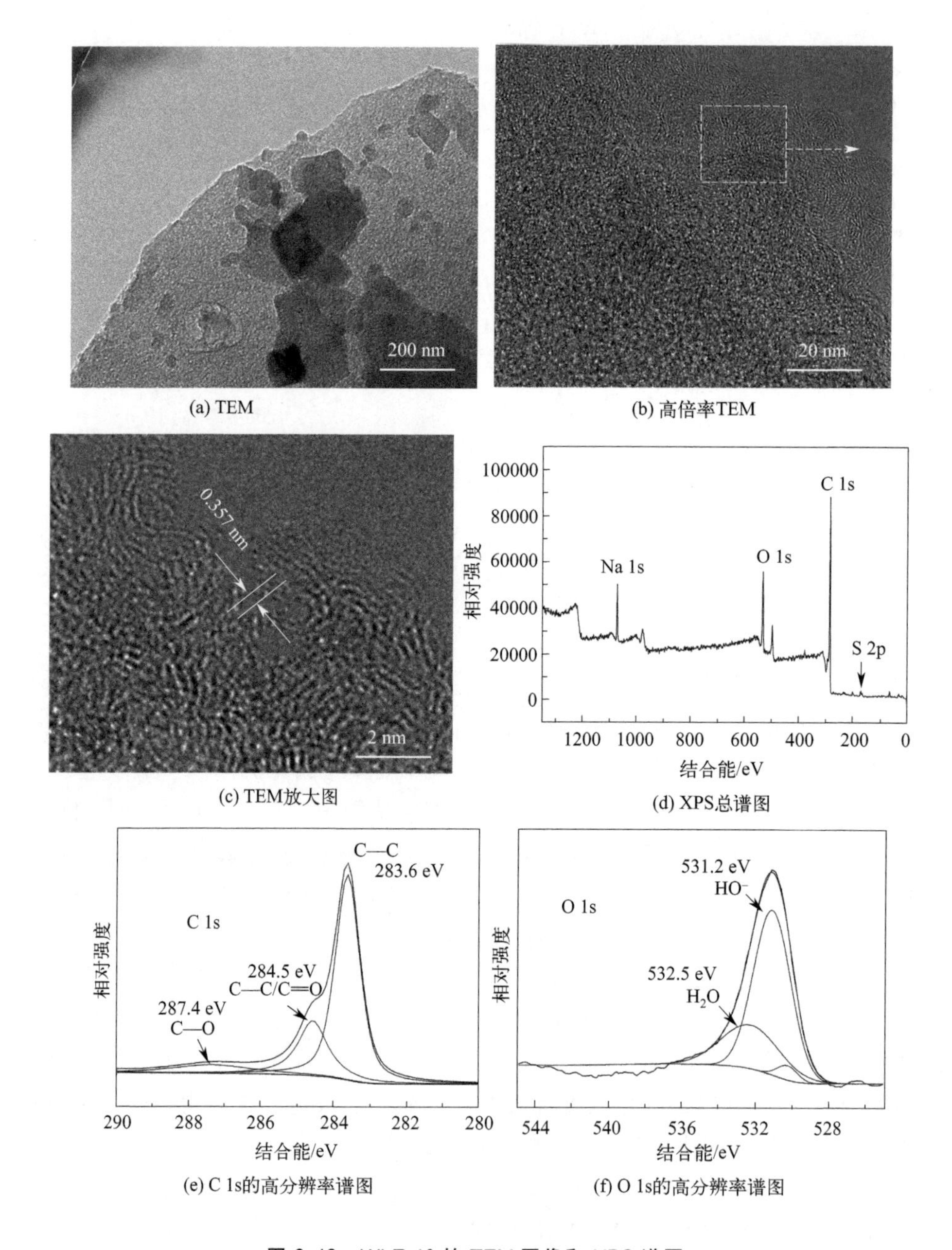

(a) TEM

(b) 高倍率TEM

(c) TEM放大图

(d) XPS总谱图

(e) C 1s的高分辨率谱图

(f) O 1s的高分辨率谱图

图 3-13 WLE-10 的 TEM 图像和 XPS 谱图

时，功率密度达到了 132.6 W/kg，介于相关报道之间[37-40]，这也符合生物质炭材料电极能量和功率密度相对较小的特性。图 3-14(f) 为用 WLE-10 组装成超级电容器的照片，2 个串联的电容器可以点亮 1.5 V 的红色 LED（发光二极管）灯。

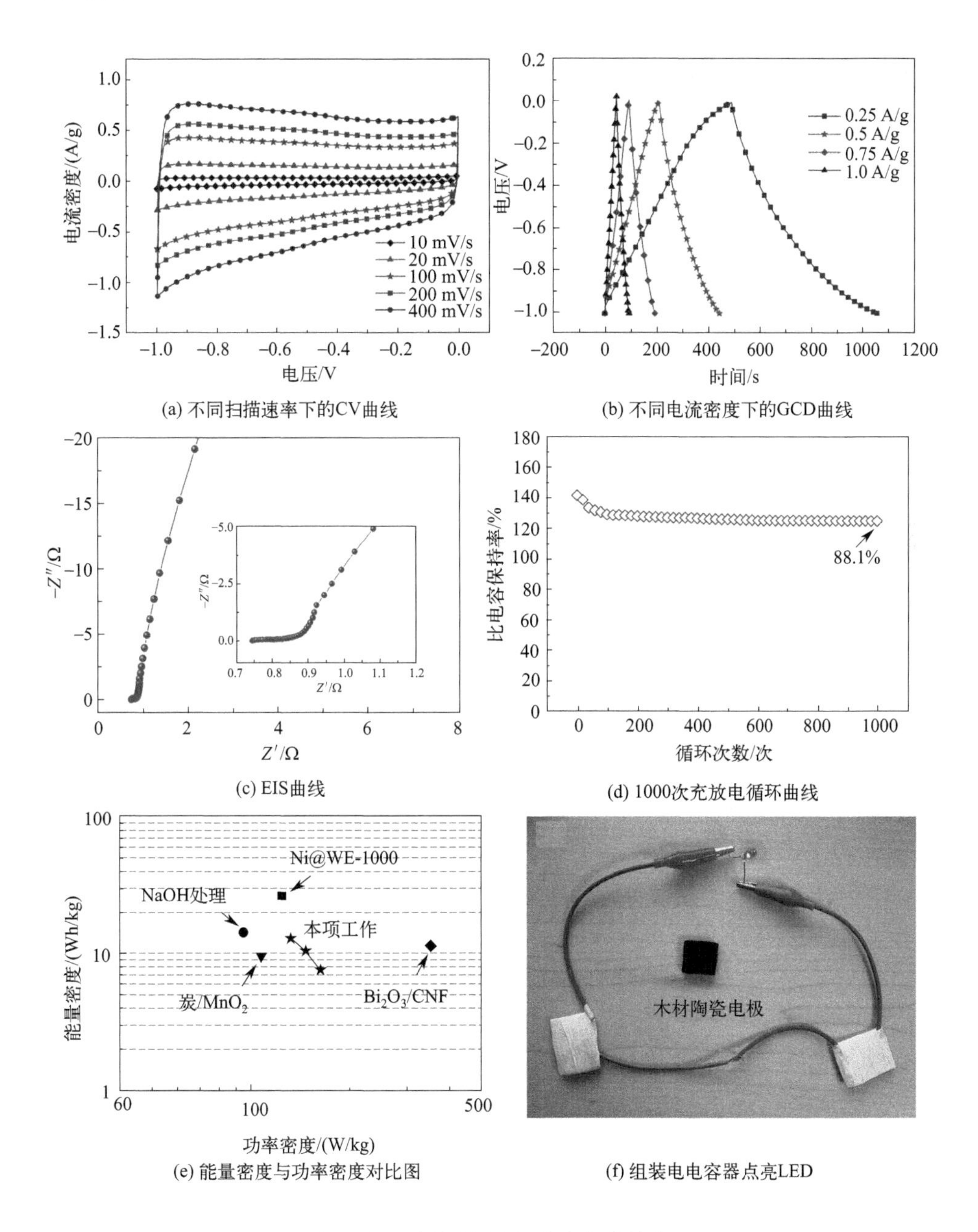

(a) 不同扫描速率下的CV曲线

(b) 不同电流密度下的GCD曲线

(c) EIS曲线

(d) 1000次充放电循环曲线

(e) 能量密度与功率密度对比图

(f) 组装电电容器点亮LED

图 3-14 试件 WLE-10 的电化学性能

综上所述，以杨木实木基木材陶瓷为电极，采用电沉积法组装黑液木质素、经过高温烧结后所得到的自支撑电极 WLE 具有良好的电化学性能以及一定的实用意义，这主要得益于黑液木质素的序列组装。

3.6 泡沫状木材陶瓷组装碳纳米管芯层材料

聚氨酯泡沫柔软、电阻率高、高温烧结时易收缩，但三维孔隙发达，将其浸渍热固性树脂、固化后可得到质地坚硬的聚氨酯/树脂复合材料。高温烧结后，虽然会发生收缩，但由于热固性树脂形成的玻璃炭具有较好的支撑作用，因此收缩形成的固态炭可以较好地保存烧结前的形态。为了改善其导电性能，在制备过程中还可以添加过渡金属粉末、过渡金属盐等作为催化剂与掺杂剂。以 $NiCl_2 \cdot 6H_2O$ 和碳纳米管（CNT）为添加剂、黑液木质素为碳源、PF 树脂为支撑材料，采用 N_2 保护烧结，可得到泡沫状木材陶瓷芯层基体，再采用化学气相沉积（CVD）法生长 CNT，可获得泡沫状木材陶瓷组装 CNT 自支撑电极芯层材料。

3.6.1 工艺过程

3.6.1.1 Ni^{2+} 掺杂泡沫状炭基体的制备工艺过程

① 将废弃的聚氨酯泡沫裁切成片状，用清水冲洗干净，60 ℃干燥 3 h。将蒸馏水、固含量为 50%的水溶性热固性酚醛树脂（PF）、黑液木质素和 CNT 按照一定的质量比混合，高速搅拌 2 h，得到 PF/木质素/CNT 前驱体。

② 将聚氨酯泡沫浸渍在前驱体中，并反复挤压直到完全浸透为止。取出沥干后在 60 ℃温度下干燥 2 h，再在 135 ℃的温度下固化 30 min，得到块状聚氨酯泡沫/PF/木质素/CNT 复合材料，简称为 SC。

③ 将上述复合材料分别浸泡在不同浓度的 $NiCl_2 \cdot 6H_2O$ 溶液中，超声 30 min 后 70 ℃干燥至恒重。

④ 将浸有 $NiCl_2 \cdot 6H_2O$ 的块状聚氨酯泡沫置于坩埚中，在氮气保护下以 5 ℃/min 的速度升温至不同的温度（800 ℃、900 ℃、1000 ℃、1100 ℃）烧结 2 h，即得到 Ni^{2+} 掺杂聚氨酯泡沫复合木质素基模板炭基体，标记为 Ni@SC，未掺杂的对比试件标记为 SC。

3.6.1.2 CNT 复合芯层材料的制备

（1）CVD 法沉积 CNT

将约 10.0 g 黑液木质素置于坩埚内，将优化工艺得到的 SC 基体放置在覆盖于坩埚上方的钨丝网上。然后将其置于箱式烧结炉中，以 5 ℃/min 的升温速度，分别在 800 ℃、900 ℃、1000 ℃和 1100 ℃温度下 N_2 保护沉积 2 h。由于 $NiCl_2 \cdot 6H_2O$ 在烧结时部分会与基体中的 C 发生还原反应生成纳米 Ni 颗粒。这些 Ni 纳米颗粒与木质素热解出来的有机小分子气体反应，生成 Ni^{2+} 掺杂 CNT，因此可获得 Ni^{2+} 掺杂泡沫状炭复合芯层材料，标记为 Ni@SC-CNT-x，其中 x 为沉积温度，x＝800、900、1000、1100。

（2）复合电极活化

将 Ni@SC-CNT-x 置于高压反应釜中，以 20%（质量分数）的 Na_2CO_3 溶液为活化液，在 120 ℃温度下保温活化 10 h，冷却后用去离子水洗涤至中性，干燥后便得到了活化 Ni^{2+} 掺杂泡沫状炭复合 CNT 电极。

3.6.2 结构与物相构成表征

3.6.2.1 SEM 分析

SC 和 Ni@SC-CNT-x 的 SEM 照片如图 3-15 所示。其中，图 3-15(a) 和(b) 为不同倍率 SC 的 SEM 照片。图 3-15(a) 中显示，聚氨酯泡沫的三维网络结构被完整保存，这归因于 PF 树脂所形成的玻璃炭对结构的支撑。从局部放大图 3-15(b) 中可见，所混合的 CNT 与木质素所形成的无定形炭交织在一起，且部分 CNT 清晰可见。

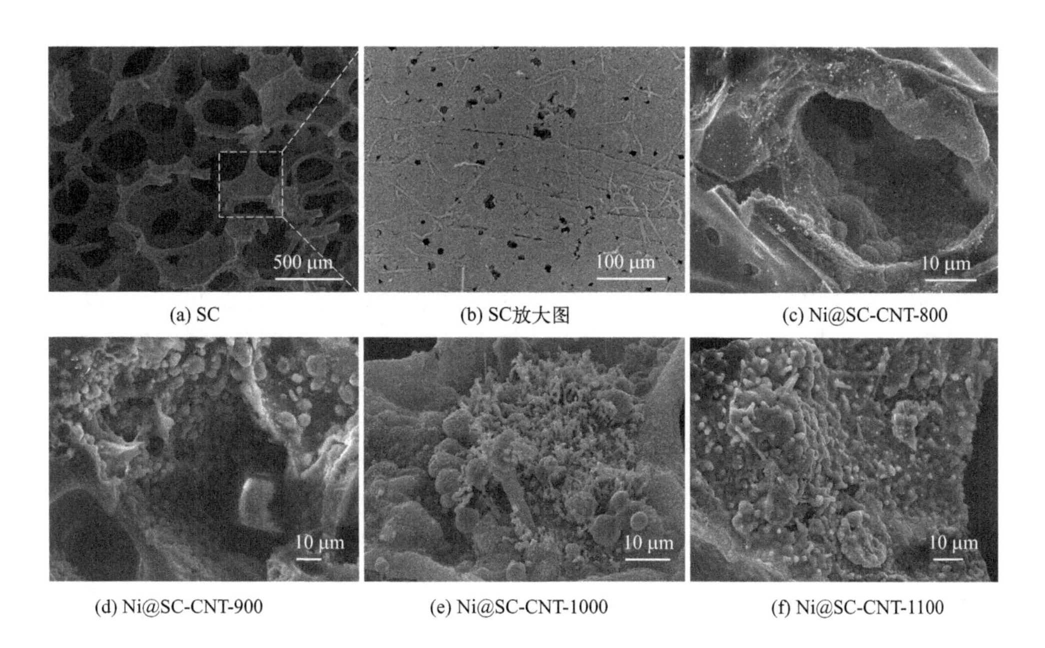

图 3-15 SC 和 Ni@SC-CNT-x 的 SEM 照片

图 3-15(c)～(f)为在不同温度下采用 CVD 法制备的 Ni@SC-CNT-x 的 SEM 照片。图 3-15(c) 和(d) 分别为 Ni@SC-CNT-800 和 Ni@SC-CNT-900 的 SEM

照片：在图3-15(c) 中可以看出SC基体孔隙没有明显的CNT生长痕迹；而图3-15(d) 中显示有大量的纳米颗粒附着在孔隙的内壁，但也少见CNT的出现，这可能是沉积温度较低的缘故。图3-15(e) 是沉积温度为1000 ℃时所得到的Ni@SC-CNT-1000的SEM图像，从中可见呈花簇状的CNT生长茂盛。同时，图3-15(f) 显示，虽然有CNT出现，但数量相对较少，这可能是因为沉积温度较高，部分CNT被烧失和气化。由此可见，在本实验条件下，1000 ℃的沉积温度较适合CNT的生长。

3.6.2.2 物相分析

使用XRD、EDS、XPS能够很好地表征材料的微晶结构、主要元素以及表面化学构成。图3-16为不同试件的XRD、EDS和XPS谱图。

(1) XRD

木质素中的苯环、羟基、亚甲基等官能团在烧结过程会发生复杂的裂解、缩聚和重排，使得木质素炭的微晶结构发生变化[41]。图3-16(a) 为SC和Ni@SC-CNT-1000的XRD图。从图3-16(a) 中可见：未添加$NiCl_2 \cdot 6H_2O$的试样SC在$2\theta=23.0°$和$2\theta=43.0°$处均为较宽的鼓包峰，分别对应于石墨（002）和（101）晶面，但没有尖锐的特征峰出现，表明其主要由无定形炭构成。而经过$NiCl_2 \cdot 6H_2O$的催化石墨化以及CVD处理后所得到的Ni@SC-CNT-1000的谱图中在$2\theta=25.9°$附近的（002）衍射峰变窄变强，呈尖锐状，表明经过$NiCl_2 \cdot 6H_2O$的催化和CVD沉积后试件的石墨化程度得到了有效改善。同时Ni@SC-CNT-1000在$2\theta=44.5°$附近存在Ni_3C的（101）峰和C的（100）峰，且两个峰发生重叠。而且，在$2\theta=51.9°$、$2\theta=76.4°$处出现了两个明显的特征峰，分别对应于单质Ni的（200）峰和（220）峰。这主要是因为在烧结过程中无定形炭所起到的还原作用，能够将Ni^{2+}还原为单质Ni纳米颗粒，这些单质Ni在高温下生成性能稳定的Ni_3C，构成Ni@SC的炭质骨架，其与玻璃炭一起共同支撑材料的结构[42]。

(2) EDS分析

为了进一步确定Ni@SC-CNT-1000的组成成分及各元素分布情况，进行了EDS分析。图3-16(b) 为Ni@SC-CNT-1000的EDS谱图：主要由C、O、Ni元素组成，其含量分别为84.5%、13.2%、2.3%。其中C元素主要来自聚氨酯泡沫和木质素形成的无定形炭、PF树脂形成的玻璃炭，以及通过化学气相沉积法生长的CNT；Ni元素则来源于催化剂$NiCl_2 \cdot 6H_2O$。同时，试件中O元素含量丰富，说明Ni@SC-CNT-1000中可能存在大量的含氧官能团，这可以有效改善材料的润湿性、形成活性位点。

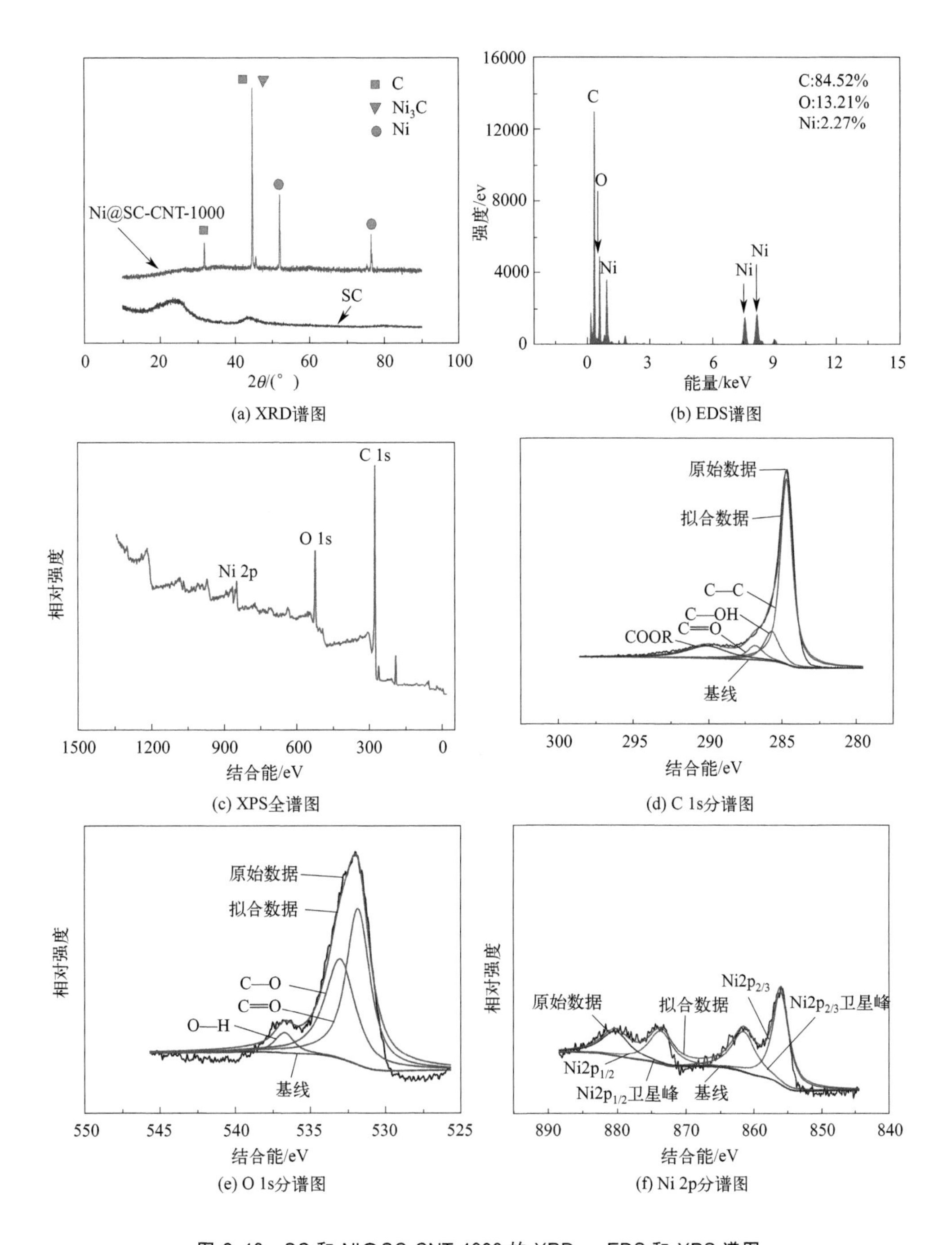

图 3-16　SC 和 Ni@SC-CNT-1000 的 XRD、 EDS 和 XPS 谱图

(3) XPS分析

使用X射线光电子能谱对试样Ni@SC-CNT-1000进行表面化学态测试，结果如图3-16(c)～(f)所示。其中，图3-16(c)为全谱图，主要元素有C、O和Ni，在结合能分别为284.8 eV、531.9 eV、856.2 eV时有明显的尖锐峰，分别对应C 1s、O 1s、Ni 2p。图3-16(d)～(f)分别为C 1s、O 1s、Ni 2p的分谱图和拟合曲线。从图3-16(d)中可以发现：284.8 eV、285.8 eV、286.9 eV和290.2 eV出现了4个衍射峰信号，分别属于sp^3杂化的C—C、羟基碳(C—OH)、碳氧双键(C═O)和酯基碳(COOR)[43]。图3-16(e)中显示：O 1s的分谱图可拟合为3个独立的组合峰，在531.8 eV、533.0 eV和536.7 eV出现的衍射峰，分别对应于C═O、C—O和O—H键，表明Ni@SC-CNT-1000中含有大量的含氧基团，这有利于电解液的浸润[44]。

图3-16(f)呈现了Ni的特征谱线，有4个峰，两个位于856.2 eV和873.8 eV处，分别对应Ni $2p_{1/2}$和Ni $2p_{3/2}$[45]。另外两个峰出现在861.7 eV和880.5 eV处，说明Ni@SC-CNT-1000中含有Ni^{2+}和Ni纳米颗粒。

3.6.3 电化学性能

以6 mol/L的KOH溶液为电解液，采用三电极体系对Ni@SC-CNT-800、Ni@SC-CNT-900、Ni@SC-CNT-1000和Ni@SC-CNT-1100进行一系列电化学性能测试。

3.6.3.1 循环伏安特性

图3-17为Ni@SC-CNT-x的CV曲线。其中图3-17(a)为在−1～0 V的电位窗口范围内，100 mV/s扫描速率下的循环伏安曲线，从中发现CV曲线中都没有出现明显的氧化还原峰，表现出典型的双电层电容行为。CV曲线所围成的面积大小可以直观地反映电极材料比电容的大小，对比100 mV/s扫描速率下CV曲线，发现Ni@SC-CNT-1000的循环曲线所围成的面积最大，说明其具有较高的比电容。从图3-17(a)中还可以发现，当沉积温度低于1000 ℃时，随着温度的升高，所围成的面积有增加的趋势，而超过1000 ℃后则有所降低。这可能是因为较高的沉积温度易导致聚氨酯泡沫的三维网状支架断裂、孔隙收缩、CNT烧失等不足[46]。试件Ni@SC-CNT-1000在不同扫描速率下(5～400 mV/s)的CV曲线如图3-17(b)所示：随着扫描速率的不断增加，曲线逐渐发生偏转，但仍然呈现出双电层电容行为。

3.6.3.2 恒电流充放电

图3-18呈现了不同沉积温度下所制备试件以及试件Ni@SC-CNT-1000在不

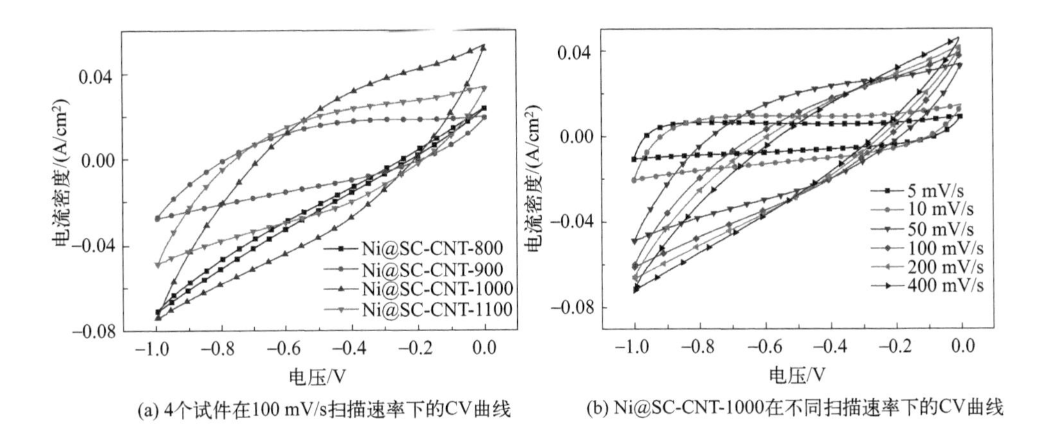

(a) 4个试件在100 mV/s扫描速率下的CV曲线　(b) Ni@SC-CNT-1000在不同扫描速率下的CV曲线

图 3-17　不同试件 Ni@SC-CNT-*x* 的循环伏安曲线

同电流密度下的充放电曲线。图 3-18(a) 中显示：Ni@SC-CNT-800、Ni@SC-CNT-900、Ni@SC-CNT-1000 和 Ni@SC-CNT-1100 在 0.1 A/g 电流密度下的充放电曲线都呈现出类等腰三角形，曲线良好的线性关系表明其具有较高的可逆性，其比电容分别是 153.2 F/g、169.2 F/g、284.4 F/g 和 175.0 F/g。其中 Ni@SC-CNT-1000 的比电容最高，与循环伏安曲线得到的结果一致，这得益于 Na_2CO_3 的活化和生长良好的 CNT 对比电容的贡献[47]。

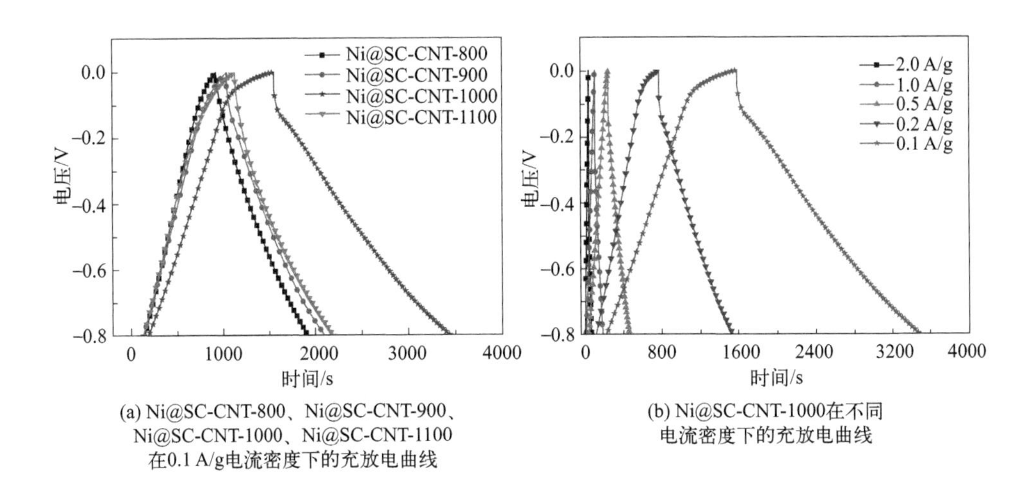

(a) Ni@SC-CNT-800、Ni@SC-CNT-900、Ni@SC-CNT-1000、Ni@SC-CNT-1100 在0.1 A/g电流密度下的充放电曲线　(b) Ni@SC-CNT-1000在不同电流密度下的充放电曲线

图 3-18　不同试件的恒电流曲线图

图 3-18(b) 为 Ni@SC-CNT-1000 在电流密度分别为 0.1 A/g、0.2 A/g、0.5 A/g、1.0 A/g、2.0 A/g 时的恒电流充放电曲线。从图中可以看出，在 0.1

A/g 和 0.2 A/g 时有电压降出现。对应的比电容值分别为 284.4 F/g、233.4 F/g、174.9 F/g、127.5 F/g、83.1 F/g。这些结果显示了在低扫描速率下，Ni@SC-CNT-1000 具有较好的电化学性能。

3.6.3.3 交流阻抗与循环稳定性

(1) 交流阻抗

图 3-19(a) 为 Ni@SC-CNT-x 的交流阻抗（EIS）图。从图 3-19(a) 中可知，在低频区，试样 Ni@SC-CNT-1000 阻抗曲线与 x 轴接近垂直，表明其具有理想的双电层行为，且高频区的半圆相比其他三种试件明显要小，预示其活性相对较高，有利于与电子与离子的吸附与脱附[48]。这可能是因为 Ni@SC-CNT-1000 中生长了较多的 CNT，这在改善导电性能、孔隙结构、增加与电解质有效接触面积等方面更具有优势。同时，从图 3-19(a) 中还可以看出，Ni@SC-CNT-800、Ni@SC-CNT-900、Ni@SC-CNT-1000 和 Ni@SC-CNT-1100 电荷转移电阻分别为 2.6 Ω、1.5 Ω、1.0 Ω 和 3.3 Ω，显然 Ni@SC-CNT-1100 的电阻最小。

(2) 循环稳定性

对 Ni@SC-CNT-1000 进行充放电循环测试。图 3-19(b) 为电流密度为 0.5 A/g 条件下的循环性能：经过 5000 次充放电循环后的质量比电容为初始比电容的 89.5%，且最后 3 圈循环曲线没有发生较大变形，表明具有较好的充放电循环稳定性。这可能是因为聚氨酯泡沫炭的多孔结构、Ni^{2+} 掺杂、CNT 生长等共同作用的结果。在 Ni^{2+} 催化作用下，基体的导电性能和石墨化程度提升、CNT 的生长使孔隙结构更加优化。这些均可以增加电极材料与电解液之间的接触，增强电子的传输能力，使得电荷迁移更容易，因此电极的稳定性得到改善[49-50]。

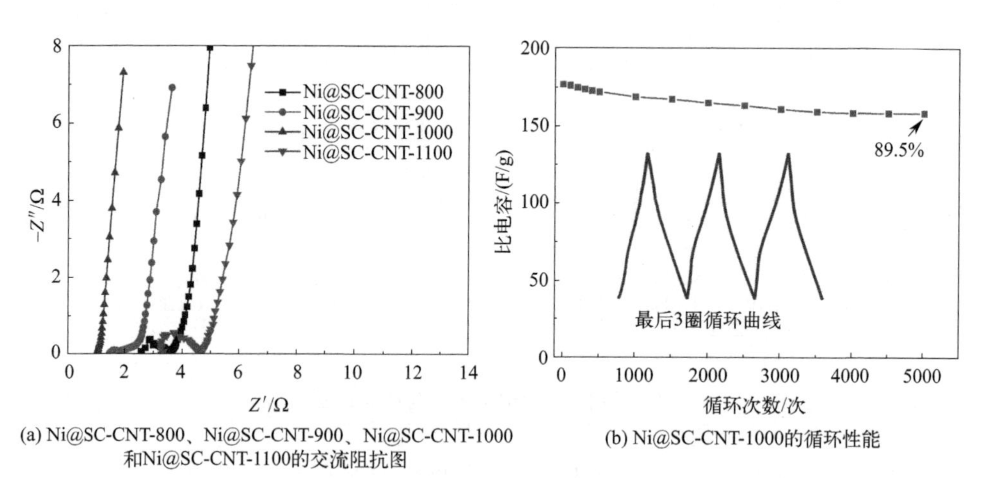

(a) Ni@SC-CNT-800、Ni@SC-CNT-900、Ni@SC-CNT-1000 和Ni@SC-CNT-1100的交流阻抗图

(b) Ni@SC-CNT-1000的循环性能

图 3-19 不同沉积温度试件的交流阻抗曲线图与 Ni@SC-CNT-1000 的循环性能

3.7 石墨烯孔洞化与 $Co(OH)_2$ 组装调控

石墨烯（Gr）及其杂化物被认为是最有前途的电化学储能材料之一，但易团聚和在片层垂直方向上离子扩散能力差等不足在一定程度上影响了其储能效率。将 Gr 进行孔洞化处理，然后与 CNT 一起组装在竹基叠层结构木材陶瓷基体中，再通过电沉积的方式将具有高理论比电容的 $Co(OH)_2$ 有序负载在基体材料的表面与孔隙中，并用聚吡咯将其锚定防止脱落，可以实现多种材料与结构的协效储能。

3.7.1 石墨烯孔洞化

将 Gr 与 $KMnO_4$ 按照一定的质量比充分混合，加入适量的去离子水制备成浆料。在微波炉中高功率（如 800 W）条件下处理 10 min。冷却后再加入适量 50%（质量分数）的 HNO_3 溶液，并用超声波处理 60 min，最后用去离子水清洗、抽滤至中性。在氧化剂和高温的多重作用下，可得到具有孔洞结构的氧化石墨烯。

TEM 可以观测材料的纳米尺寸结构。图 3-20 为石墨烯和孔洞化石墨烯（holey graphene，HG）的 TEM 图像：未经孔洞化处理的 Gr 相互堆叠在一起[图 3-20(a)]，薄片表面没有孔隙；经过孔洞化处理后[图 3-20(b)]Gr 薄片上出现了不规则的圆形孔洞（如图中箭头①所指），这表明本实验方法一定程度上可在二维 Gr 的片层上形成孔洞，将孔洞化石墨烯标记为 HG。

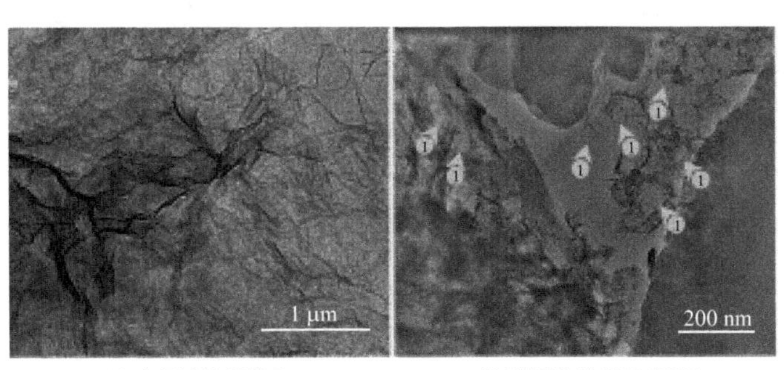

图 3-20 Gr 和 C/HG@BE-Co-15 的 TEM 图像
（下标 15 表沉积时间为 15min）

3.7.2 组装与调控

（1） HG 喷涂组装

① 将约 0.3 mm 厚的竹薄木裁切成 50 mm×50 mm 的规格作为外覆层，竹

纤维薄毡作为芯层，浸泡在浓度为15%的 Na_2CO_3 溶液中超声波辅助浸渍5 min，60 ℃干燥至含水率8%。喷涂固含量15%的PF树脂作为CNT和HG的固着剂。

② 按照CNT∶HG=1∶1的质量比充分混合，使用静电喷涂机进行喷涂。在静电的引导下，CNT和HG会均匀分布在竹薄木和竹纤维的表面和孔隙内壁，并通过PF树脂固定。然后，将竹薄木与竹纤维膜依次叠加，经135 ℃热压制成一定密度的夹层结构竹基复合材料。

③ 将上述复合材料置于烧结炉中，N_2 保护，在不同烧结温度下保温烧结2 h，冷却后得到CNT和HG组装的竹基叠层结构木材陶瓷电极（C/HG@BE）基体。

（2） $Co(OH)_2$ 电沉积组装

在三电极体系中，以C/HG@BE为工作电极，铂片为对电极，饱和甘汞电极作为参比电极，0.1 mol/L的 $Co(NO_3)_2$ 溶液为电解液，在−0.9 V电位下沉积不同的时间。清洗、干燥后得到 $Co(OH)_2$ 修饰的CNT-HG组装竹基叠层结构木材陶瓷电极，标记为C/HG@BE-Co-x，其中 x 为沉积时间。

3.7.3 形貌与结构表征

电沉积 $Co(OH)_2$ 会对基体的孔隙结构有一定的影响。图3-21为电沉积前（C/HG@BE）后（C/HG@BE-Co-15）所得试件的SEM与TEM图像，从C/HG@BE的低倍SEM照片[图3-21(a)]中可见，由竹薄木和竹纤维所构成的夹层结构清晰，层与层之间存在孔隙与裂纹，这是由于竹材、PF树脂等有机物裂解、收缩所形成的。而沉积之后的试件[图3-21(b)]中显示部分孔隙被填充与覆盖。图3-21(c)为图3-21(b)中区域A的局部放大图，二维片状的纳米 $Co(OH)_2$ 附着在由无定形炭和玻璃炭所构成的叠层结构的表面与孔隙中。同时，从竹薄木所形成的无定形炭的端面可见[图3-21(b)中区域B]，孔隙中填充了大量的二维片状纳米结构[图3-21(d)]。在图3-21(e)中区域C的放大图3-21(f)中显示：有大量珊瑚状的物质出现在二维片状纳米片的表面，这是吡咯经过电沉积后形成的聚吡咯，其可将纳米片锚定而防止脱落。这些二维纳米片和纳米结构可有效增加比表面积，其与孔隙与裂纹一起可为电子与离子的传输和存储提供场所，同时改善电子存储与移动的通道，进而改善电极的电化学性能。

图3-21(g)为C/HG@BE-Co-15的TEM照片：箭头①所指为石墨烯片层上的孔洞；箭头②所指为组装的CNT；箭头③所指的黑色纳米颗粒可能是电沉积所形成的 $Co(OH)_2$ 纳米颗粒。图3-21(h)为图3-21(g)中箭头③所指纳米颗粒的高倍率图像，呈清晰的六边形结构，与 $Co(OH)_2$ 纳米片的形貌相似。同

时，其边缘的晶格尺寸分别与 $Co(OH)_2$ 的（105）和（108）晶面[图 3-21(i)]对应，由此可判断为 $Co(OH)_2$ 纳米颗粒，这也更进一步证明了 $Co(OH)_2$ 纳米片已经沉积在电极上了。

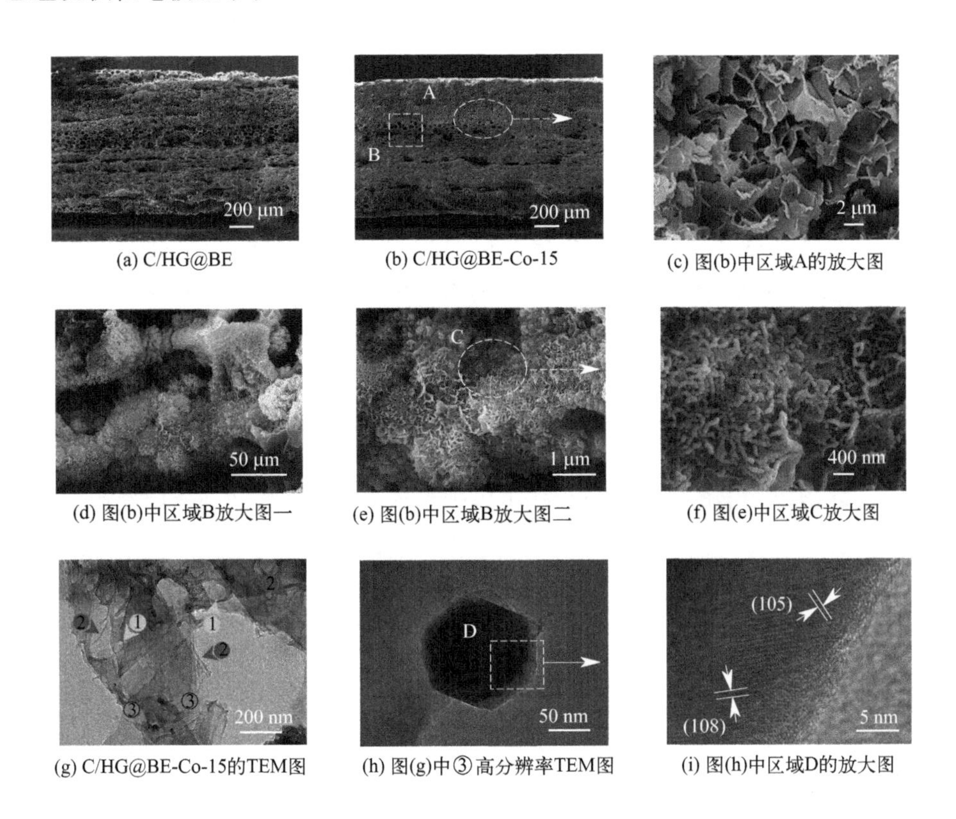

(a) C/HG@BE (b) C/HG@BE-Co-15 (c) 图(b)中区域A的放大图

(d) 图(b)中区域B放大图一 (e) 图(b)中区域B放大图二 (f) 图(e)中区域C放大图

(g) C/HG@BE-Co-15的TEM图 (h) 图(g)中③高分辨率TEM图 (i) 图(h)中区域D的放大图

图 3-21 C/HG@BE 和 C/HG@BE-Co-15 的 SEM 图像

3.8 本章小结

本章对三维网络结构木材陶瓷自支撑电极芯层基体的制备工艺与电化学性能进行了分析，探讨了水热活化、电沉积木质素碳纳米片、Ni^{2+} 掺杂等对电化学性能的改善。对制备工艺流程、工艺影响因素、最佳工艺参数进行了探讨，并对孔隙结构、物相构成、电化学性能等进行表征，解析微观形貌、元素组成及表面官能团等与比电容之间的构效关系。主要结论如下：

① 以废弃的松木为原料，将其粉碎过筛后与酚醛树脂混合成型，经高温烧结和水热活化二步法制备自支撑松木基三维网络结构木材陶瓷芯层基材。其孔隙结构丰富，以大孔和微孔为主，比表面积较大。其本身具有良好的电化学性能，并可作为负载活性物质的基材。

② 以杨木为原料，制备木材陶瓷基材，通过电沉积将黑液木质素组装在木材陶瓷模板中，采用高温烧结和物理活化等方法制备多孔自支撑电极材料。在电场的作用下，黑液木质素能够有效地沉积在木材陶瓷模板的表面与孔隙中，且部分呈现出有序的环状分布。可通过调节电解液中黑液的本体浓度、电势和电流等方式来调节木质素沉积的速率，进而调控其聚集的数量。电沉积时间、烧结温度、活化时间等对芯层基体的孔隙结构、物相构成、电化学性能等具有较大影响。

③ 以聚氨酯泡沫为基材、Ni^{2+} 为催化剂，通过热固性树脂的定型来形成支撑，高温烧结后得到多孔泡沫材料，再采用 CVD 法在孔隙中生长 CNT，制备 CNT 修饰的多孔炭电极。其中 1000 ℃沉积 2 h 的聚氨酯泡沫基电极具有较好的电化学性能，其 CV 曲线呈现类矩形。在电流密度为 0.1 A/g 时，比电容可达 284.4 F/g。

④ 将石墨烯进行孔洞化处理，然后与 CNT 混合，采用静电喷涂的方式组装，烧结后得到叠层结构基体。电沉积后花瓣状的 $Co(OH)_2$ 纳米片修饰在基体的表面与孔隙中，采用聚吡咯锚定后可得到二维材料序列组装的叠层结构自支撑电极。

参考文献

[1] Ebrahimi M，Monfared H H，Javanbakht M，et al. Biomass Conversiond Biorefinery，2023，1：2357.

[2] Luo L，Lan Y，Zhang Q，et al. J Energy Storage，2022，55：105839.

[3] Bard A J，Faulkner L R. Electrochemical Methods：Fundamentals and Applications. John Wiley & Sons Inc，Hoboken，2001.

[4] Manasa P，Sambasivam S，Ran F. J Energy Storage，2022，54：105290.

[5] Ding X Y，Gu R，Shi P H，et al. J Alloy Compd Eng，2020，835：155206.

[6] 王易，霍旺晨，袁小亚，等 . 物理化学学报，2020，36：46-70.

[7] Venkatachalam V，Alsalme A，Alswieleh A，et al. Chem J，2017，321：474.

[8] Sun Y，Zhang J P，Guo F，et al. Asia-Pacific J Chem Eng，2016，11：594.

[9] Han D，Jing X，Wang J，et al. Electrochim Acta，2017，241：220.

[10] Ma Y，Yin J，Liang H，et al. J Cleaner Prod，2021，279：123786.

[11] 陈坚，李德念，袁浩然，等 . 新能源进展，2019，7：233.

[12] Xu J，Tan Z，Zeng W，et al. Adv Mater，2016，28：5222.

[13] Yue X M，PengC，Xu J，et al. Ionics，2021，27：3605.

[14] Kastuki P R，Ramasamy H，Meyrick D，et al. J Colloid Interface Sci，2019，554：142.

[15] Li Y，Ni B，Li X，et al. Nano-Micro Lett，2019，11：84.

[16] Guan L，Pan L，Peng T Y，et al. Carbon，2019，152：537.

[17] Zhu W，Wang H，Zhao R，et al. J Solid State Chem，2019，277：100.

[18] Sawant S Y，Cho M H，Kang M，et al. Chem Eng J，2019，378：122158.
[19] Xu B，Zheng D，Jia M，et al. Electrochim Acta，2013，98：176.
[20] Zhu Z H，Hatori H，Wang S B，et al. J phys chem，B，2005，109：16744.
[21] Wang G，Zhang L，Zhang J. Chem Society Rev，2012，41：797.
[22] 吴刚平，李登华，杨禹，等. 新型炭材料，2014，29：41.
[23] 孙德林，余先纯，孙德彬，等. 中国粉体技术，2017，23（5）：13.
[24] Addoun A，Dentzer J，Ehrburger P. Carbon，2002，40：1140.
[25] Wang A E，Greber I，Angus J C. J Electrostatics，2019，101：103359.
[26] Roy D，Chhowalla M，Wang H，et al. Chem Phys Lett，2003，373：52.
[27] Hu E，Yu X Y，Chen F，et al. Adv Energy Mater，2017，9：1702476.
[28] Hu Y，Feng Y，Xu C，et al. J Mater Chem A，2018，6：14103.
[29] Ahimou F，Boonaert C J P，Adriaensen Y，et al. J Colloid and Interface Sci，2007，309：49.
[30] Thubsuang U，Laebang S，Manmuanpom N，et al. J Mater Sci，2017，52：6837.
[31] Arunguvai J，Lakshmi P，Arabian J. Sci Eng，2020，14365：47.
[32] Yu X C，Sun D L，Sun D B，et al. Wood Sci Tech，2010，46：23.
[33] Zhou W，Zheng K，He L，et al. Nano Lett，2008，8：1147.
[34] Barbero G，Lelidis I. Phys Chem Chem Phys，2017，19：24934.
[35] Hu E，Yu X Y，Chen F，et al. Adv Energy Mater，2017，9：1702476.
[36] Huang，J Meng P，Liu X. J Alloys and Compd，2019，805：654.
[37] Sun D，Yu X，Ji X，et al. J Alloy and Compd，2019，805：327.
[38] Thubsuang U，Laebang S，Manmuanpom N，et al. J Mater Sci，2017，52：6837.
[39] Inoue H，Namba Y，Higuchi E，et al. J Power Sources，2010，195：6239.
[40] Xu H，Hu X，Yang H，et al. Adv Energy Mater，2014，1401882：1.
[41] Li X，Guan B Y，Gao S，et al. Energy Environ Sci，2019，12：648.
[42] Luo H M，Chen Y Z，Mu B，et al. J Appl Electrochem，2016，46：299.
[43] Wu Z Y，Fan L，Tao Y R，et al. Chinese J Inorg Chem，2018，34：1249.
[44] Zhang L U，Dearmond D，Alvarez N T，et al. J Mater Chem A，2016，4：1876.
[45] Keisuke K，Yamashita R，Satoshi S，et al. J Wood Sci，2018，64：642.
[46] Piao J，Bin D，Duan S，et al. Sci China（Chem），2018，61：538.
[47] Ye J L，Zhu Y W. J Electrochem，2017，23：548.
[48] Liu Y，Huang B，Lin X，et al. J Mater Chem A，2017，5：3009.
[49] Li K，Zhang J T. Sci China Mater，2018，61：210.
[50] Yu G H，Han Q，Qu L T. Chinese J Poly Sci，2019，37：535-547.

第4章

CHAPTER 4

叠层结构木材陶瓷自支撑电极的实木遗态芯层结构调控

遗态是指遗传保留原始生物模板的形态与结构，遗态材料是以自然界中生物的天然结构为模板，采用人工耦合的方法，遗传其物理结构并变更其化学组分，合成既有人为赋予的特性和功能，又有与自然界生物相似的精细结构新材料。

以实木为基材制备的实木基木材陶瓷作为一种新型的遗态炭基多孔结构材料，在很大程度上保留了实木的天然层级孔隙结构特征，当作为储能电极芯层基体时，不仅其自身具有一定的电化学储能性能，同时可代替金属集流体，扮演着自支撑基体与储能电极的双重角色。

石墨烯是一种以 sp^2 杂化连接的碳原子紧密堆积成单层二维蜂窝状晶格结构的新型炭基材料[1-3]，具有优异的光学、电学、力学特性，被认为是一种革命性材料[4]。具有高比表面积的石墨烯是发展高性能超级电容器的重要原料之一，将石墨烯用作储能材料时，其巨大的、离子可进入的有效比表面积以及良好的电荷传输性质，可极大提升其能量密度[5-6]。但石墨烯易于团聚与堆积而影响其储能效率，可通过组装在相关的基体材料中加以改善。

4.1 遗态结构木材陶瓷芯层材料结构构建

基体材料选用木材等生物质材料，可以充分利用其天然的层级孔隙结构特征。同时，所制备的木材陶瓷基体材料以块状为主，打破了生物质炭基材料用于电极与储能多以单一粉末状态的局面，不需要金属集流体可直接作为电极使用，具有储能与作为集流体的双重作用，这为改变生物质炭基材料电极的结构与性能提供了一个新的思路，可为木材陶瓷自支撑电极在储能方面的广泛应用打下一定的基础。但传统的实木基木材陶瓷在制备过程中容易变形与开裂，难以得到较大尺寸与形状规整的产品。

4.1.1 实木基材预处理

根据炭基木材陶瓷的特点与优势开展基体材料的结构设计：如首先使用 H_3PO_4、NaOH、Na_2CO_3 等酸碱对实木进行前期处理，将木材中的内含物溶出，为木材陶瓷基体制备过程中的热固性树脂渗透提供更多的通道。与此同时，酸碱等可以起到活化剂的作用，对孔隙调控有一定帮助。然后采用冷冻干燥的方式对其进行干燥以保持原有形态，加之使用超声波辅助浸渍，热固性树脂能更有效地渗透到木材中并起到强化作用。

4.1.2 三维网络结构形成

在烧结过程中木质基材转化为无定形炭，热固性树脂生成玻璃炭，玻璃炭强度高，并且广泛分布在无定形炭之中，这样可减少基体材料的变形与开裂，使之保持实木原有的天然结构，因此可制备具有较大尺寸与较好稳定性的实木基遗态结构木材陶瓷芯层基体。由于许多木材的管壁有横向的纹孔，烧结后纹孔膜基本上被破坏，因此也能够形成三维网络结构。其基本结构如图 4-1 所示。

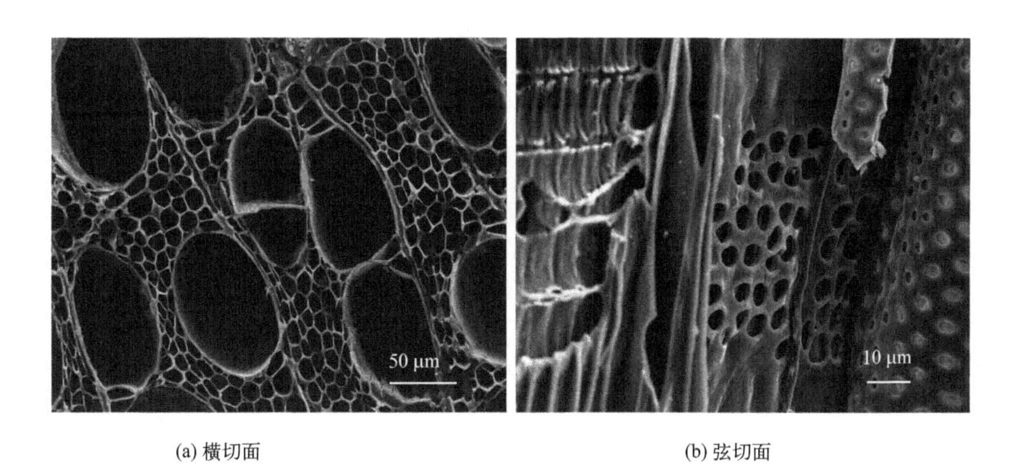

(a) 横切面　　(b) 弦切面

图 4-1　实木基遗态结构木材陶瓷芯层材料的基本结构

4.2 石墨烯序列组装与可控制备

石墨烯组装木材陶瓷自支撑电极的方法有多种，如层层自组装、电化学沉积组装等，也可以先序列组装有机质材料后再进行转化。如黑液木质素在过渡金属盐的催化作用下可转化为多层石墨烯与碳纳米片，与此同时，被还原的金属纳米颗粒嵌入在片层之间可改善结构，减少石墨烯的堆积，增加比表面积。

以无机材料的结晶体为模板，采用层层自组装的方式将黑液木质素依附于晶体的形态进行组装，也可通过电化学沉积法将黑液木质素按照一定的序列组装在木材陶瓷基体材料的表面与孔隙中。通过调节催化石墨化过程中的温度与速度等工艺参数可调控木质素的热解速度，并使其基本保持前期沉积与组装时的序列。同时合理控制保温烧结温度与时间，减少烧蚀，使石墨微晶结构进行重排，进而实现石墨烯与碳纳米片的序列组装，从而达到可控制备。此外，层层自组装与电沉积组装工艺简单，可操作性强，加之黑液木质素为造纸的剩余物和废弃物，成本低廉，这对资源的充分利用与环境保护意义重大。

4.2.1 层层自组装

当黑液木质素的碱（NaOH、KOH、Na_2CO_3 等，可作为活化剂）溶液与催化剂[$NiCl_2$、$Ni(NO_3)_2$ 等]渗入木材模板的孔隙中后，随着水分的蒸发，碱和催化剂等会以有序的结晶形式出现，在此过程中一些木质素便自组装在这些晶体表面形成薄膜。随着水分的进一步蒸发，部分木质素便依附在这些晶体的表面。当烧结过程中升温速度较缓慢（如 2 ℃/min）时，木质素的热解较平缓、变形较小。与此同时，在较低温度区间催化剂与活化剂还未分解，这部分木质素所形成的石墨烯与碳纳米片能够保持其最初所依附晶体的形态。因此，在低温烧结阶段，活化剂与催化剂［NaOH、KOH、Na_2CO_3、$NiCl_2$ 和 $Ni(NO_3)_2$ 等］主要起到模板作用。

图 4-2 为木材陶瓷自支撑基体及组装石墨烯与碳纳米片后的 SEM 照片。图 4-2(a) 为组装黑液木质素后烧结试件的端面图：端部与孔隙中附有颗粒状物质，其放大图 4-2(b) 呈现片状结构，为堆积的石墨烯与碳纳米片。图 4-2(d) 为图 4-2(c) 的局部放大图，石墨烯与碳纳米片呈有序的花瓣状排列[7]。由此可见，在该实验条件下，以 Na_2CO_3 和 $Ni(NO_3)_2$ 为模板可以实现部分碳纳米片的有序排列。

4.2.2 电化学沉积组装

以木材陶瓷基体作为自支撑电极阳极，石墨棒为阴极，采用电化学沉积法（电压 5～20 V，电流 0.1～0.5 A）可以将黑液木质素有序地沉积在木材陶瓷基体的表面与孔隙中，然后采用催化石墨化的方法，在较低的升温速度下烧结，木质素在转化为石墨烯和碳纳米片的同时可保持电化学沉积时所形成的有序形态，从而达到序列组装的目的。同样地，其它的低维活性材料也可以采用这种方式来进行有序组装。

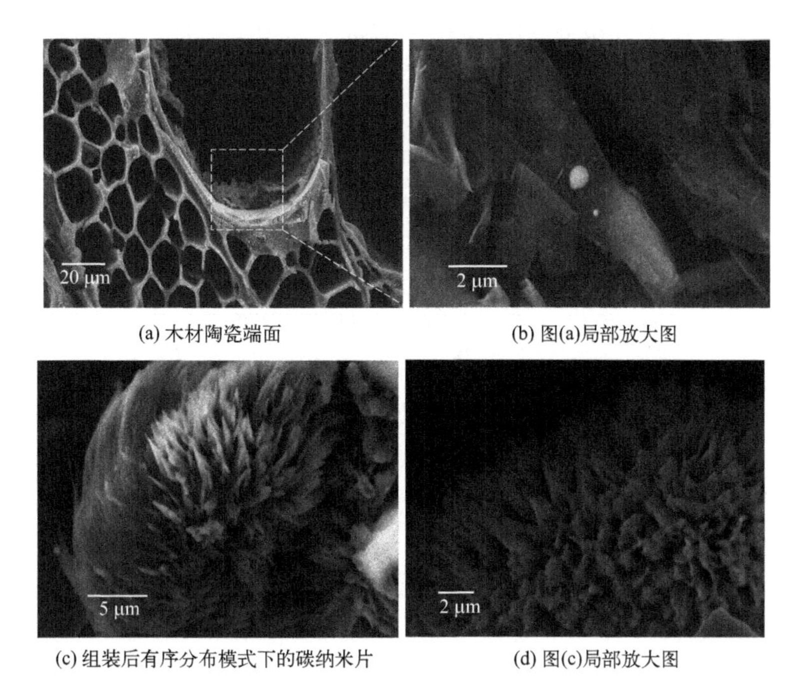

(a) 木材陶瓷端面　(b) 图(a)局部放大图

(c) 组装后有序分布模式下的碳纳米片　(d) 图(c)局部放大图

图 4-2　木材陶瓷自支撑电极芯层基体及组装石墨烯与碳纳米片后的 SEM 照片

4.2.2.1　电化学沉积机制

以碱性黑液木质素为例，其在酸性环境中析出，但采用酸沉积法对成本与环境均有较大的影响。在外电场作用下，电解质溶液中的正负离子会发生迁移而在电极上发生得失电子的氧化还原反应，这样能在阳极区形成酸性环境，有助于木质素的析出。因此，采用电沉积法可将木质素聚集在电极上，进而实现有序的组装。

电解液中含有大量的碱木质素、Na^+、OH^-，在电化学沉积时阳极会发生氧化反应，生成 O_2 和 H^+ 而导致阳极区 pH 值降低。在酸性环境和电场的作用下木质素会发生聚集与析出，因此木质素便会沉积在阳极上。与此同时，在直流电场的作用下，阳极区的 Na^+ 受到排斥向阴极移动，这样在阴极区域发生还原反应生成 OH^- 和 H_2，且 Na^+ 将与 OH^- 结合生成 NaOH。

沉积过程中发生在阴极区和阳极区的电化学反应可由式(4-1)～式(4-5)描述：

阴极区：

$$2H_2O+2e^- \longrightarrow H_2\uparrow+2OH^- \tag{4-1}$$

$$OH^-+Na^+_{迁入} \longrightarrow NaOH_{回收} \tag{4-2}$$

阳极区：

$$2H_2O-4e^- \longrightarrow O_2\uparrow+4H^+ \tag{4-3}$$

$$mH^{+}+mRCOONa \longrightarrow mNa^{+}+mRCOOH_{有机酸} \quad (4-4)$$

$$nH^{+}+nRONa \longrightarrow nNa^{+}+nROH_{木质素析出} \quad (4-5)$$

4.2.2.2 序列组装机理

通常情况下，电化学沉积主要发生在电极-电解质界面：电流从固体相的阳极（木材陶瓷）通过固-液界面进入溶液，然后穿越电解质与阴极（石墨棒）的液-固界面流出。

木材陶瓷是一种非匀质的多孔性炭基材料，虽然良好的导电性有利于电荷的存储和电解液离子快速传输，但多孔与非匀质结构易导致极化而在孔隙的边缘等尖端位置出现电荷集中。在电场的作用下，带电荷的低维活性材料会吸附在电荷集中的部位形成“生长点”，“生长点”连接在一起形成“生长线”，进而构成取向生长。随着电场强度的增加或沉积时间的延长，聚集在阳极区域的低维活性材料将依次叠加在“生长点”和“生长线”上，经过一段时间后形成了具有一定形状与序列的分布[8]。在电化学沉积中，沉积质量与沉积速度和时间等多种要素相关。图 4-3 展示了电沉积的原理及沉积木质素、碳纳米管、石墨烯的照片。

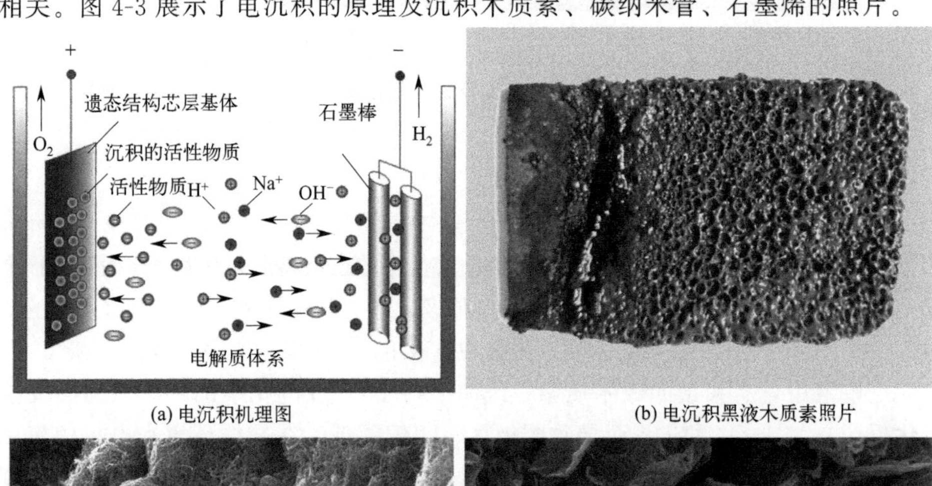

(a) 电沉积机理图　　(b) 电沉积黑液木质素照片

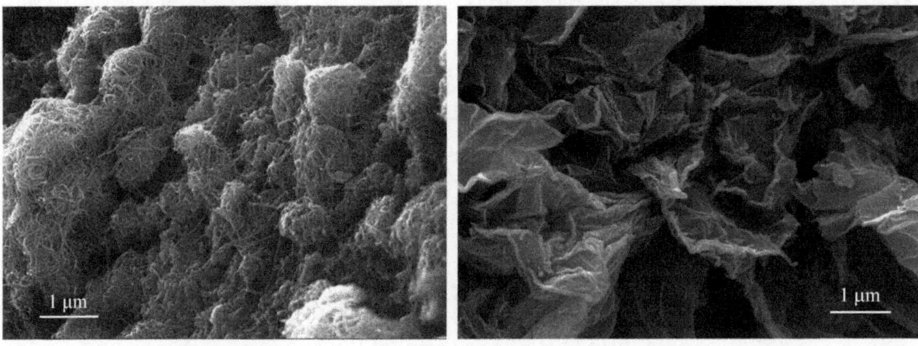

(c) 电沉积碳纳米管的SEM　　(d) 电沉积石墨烯的SEM

图 4-3 电沉积原理图与沉积试件照片

4.2.3 可控制备机制

4.2.3.1 沉积自组装

木质素在 Fe、Co、Ni 等过渡金属盐的催化作用下可生成多层石墨烯和碳纳米片，而其分布与排列方式与催化剂（金属盐）二次结晶的形状及烧结时的升温速度相关。同时，在基体材料孔隙中所形成石墨烯和碳纳米片层的分布则和孔隙结构与木质素层的厚度相关。对于过渡金属盐二次结晶的形状在一般情况下较难调整，但可通过干燥时的温度高低来控制干燥速度，这样可在一定程度上调整结晶的形状，进而调节其形态。同时，木质素属于有机物，在热解时会发生一系列物理与化学变化，其剧烈程度也会影响石墨烯和碳纳米片最后的形貌[9-11]。因此，控制升温速度也可在一定程度上减缓热解的剧烈程度，从而达到可控制备的目的。

对于沉积在基体材料孔隙内壁上的木质素，在活化剂与催化剂的作用下同样会形成石墨烯与碳纳米片，其分布主要依附在孔隙内壁。同时，金属纳米颗粒会镶嵌在石墨烯、碳纳米片和基体材料的孔壁之中，形成更多的活性位点[12-13]。因此，还可以通过改变催化剂的用量来实现对组装序列与形貌的调控。其制备、复合机理与应用如图 4-4 所示。

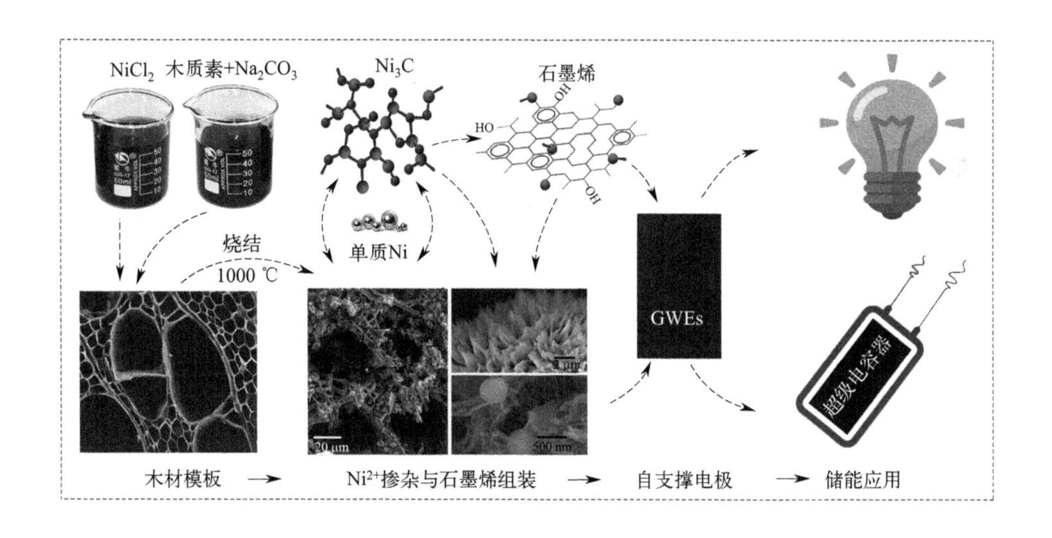

图 4-4 木质素基石墨烯与碳纳米片在基体材料中的序列组装与调控

4.2.3.2 电化学沉积组装

电化学沉积是液相中荷电粒子在电场作用下以电迁移、扩散和对流等 3 种不同的形式向电极传质的过程。从动力学的角度考虑，沉积主要包括离子扩散、离子放电、电子交换或界面反应和沉积（结晶），其快慢可通过电流的大小来调控。同时，沉积（结晶）速度还取决于吸附原子的表面浓度、扩散系数和生长点的表观密度等。

实际上，电化学沉积的过程十分复杂，在此以碱木质素的沉积为例进行分析：

在电化学沉积体系中，对于稳态沉积可用菲克第一定律来表达[14-15]，见式(4-6)：

$$J_i=\frac{dm}{dt}=-D_i\frac{dc}{dx} \tag{4-6}$$

式中，J_i 为沉积物流量，即单位时间（t）内通过单位面积沉积的碱木质素的质量（m），与扩散浓度梯度（$\frac{dc}{dx}$）成正比；D_i 为离子扩散系数，m^2/s；负号表示反应由浓向稀方向进行。

当扩散量有限时：

$$\frac{c_i-c_s}{\delta}=\frac{dc}{dx} \tag{4-7}$$

式中 c_i——溶液中碱木质素的浓度；

c_s——电极邻近表面层碱木质素浓度；

δ——扩散层厚度。

由式(4-6)、式(4-7)可得：

$$\frac{dm}{dt}=D_i\frac{c_i-c_s}{\delta} \tag{4-8}$$

由于碱木质素在电极表面附近单向沉积时产生扩散电流 I_k，其电流密度值与单位时间内向单位面积电极沉积的碱木质素粒子的量成正比。设沉积 1 mol 的 n 价离子时产生电量为 nF，则有：

$$I_k=nF\frac{dm}{dt} \tag{4-9}$$

由式(4-8)、式(4-9)可得沉积电流方程式(4-10)：

$$I_k=nFD_i\frac{c_i-c_s}{\delta} \tag{4-10}$$

由式(4-10)可知，当扩散层厚度一定时，沉积电流与溶液中碱木质素的浓度和电极邻近表面层碱木质素的浓度成正比。

同时，根据电化学沉积原理，碱木质素在电极附近的传递可由 Nernst-Planck 公式来描述[16-17]，沿着 x（水平）方向的一维传递满足方程式(4-11)：

$$J_i(x) = -D_i \frac{\partial c_i(x)}{\partial x} - \frac{z_i F}{RT} D_i c_i \frac{\partial \phi(x)}{\partial x} + c_i v(x) \tag{4-11}$$

式中 $J_i(x)$——在距离电极表面 x 处碱木质素的流量，mol/(s·cm^2)；

$\frac{\partial c_i(x)}{\partial x}$——距离电极表面 x 处的浓度梯度，mol/L；

$\frac{\partial \phi(x)}{\partial x}$——电势梯度，V/cm；

z_i——碱木质素所带电荷，C；

$v(x)$——溶液中体积单元在 x 方向移动的流速，cm/s；

R——电阻，Ω；

T——热力学温度，K；

F——法拉第常数。

这是一个发生在电极-电解质界面的异相反应，其速率除了受到通常的动力学变量的影响之外，还与木质素沉积到电极的速率以及各种表面效应相关，可用 v 来表示，即：

$$v = \frac{i}{nFA} = \frac{j}{nF} \tag{4-12}$$

式中 v——木质素沉积速率，mol/(s·cm^2)；

j——电流密度，A/cm^2。

由此可见，可通过调节溶液中黑液的浓度、电势、电流和时间等来控制木质素沉积的速率，进而可调控木质素沉积的数量与序列，在一定程度上实现序列组装。与此同时，通过添加催化剂后进行烧结与催化石墨化，可将部分木质素转化为石墨烯和碳纳米片。在此过程中，通过控制升温速度来减少木质素热解初期的变形以保持组装时原有的形貌。因此，电沉积组装的木质素所形成的石墨烯和碳纳米片的分布也就保持了一定的序列。

当然，将 CNT、Gr、氧化石墨烯（GO）等低维材料分散在溶液中，负载电荷，再采用静电吸附与电沉积不失为一种有效的组装方法。

4.3 石墨烯转化、金属离子掺杂与负载

无论是木材还是其它生物质材料，在 1800 ℃以下较难形成石墨化结构。而当使用 Fe、Co、Ni 等过渡金属及其盐作为催化剂与掺杂剂时，基体材料中的部分炭在 1200 ℃左右即可实现催化石墨化与掺杂，所形成的金属碳化物对基体具有较好的强化作用，使其具有更高的强度与更好的稳定性，进而可延长使用寿命。在烧结过程中，部分金属离子被还原成金属纳米颗粒可减少基体材料的

电阻。

揭示催化石墨化机制，不仅能够为生物质材料制备石墨烯提供一定的理论依据，还能为研究序列组装和调控电化学性能打下基础，更重要的是可为研究与制备生物质石墨材料与石墨烯做出有益的探索，这无论是在理论还是实际研究中都意义深远。

4.3.1 催化石墨化与金属离子掺杂

木质素作为农林剩余物等生物质材料的重要成分，是由 3 种苯丙烷单元通过醚键和碳碳键相互连接形成的具有三维网状结构的生物高分子，含有丰富的芳环结构、脂肪族和芳香族羟基以及醌基等活性基团。造纸黑液中含有大量的木质素，可用作催化石墨化的原料。

采用电渗析法从造纸黑液中提取黑液木质素，提纯后备用。

① 将杨木加工成 20 mm×20 mm（横截面）、厚度为 6 mm 的薄片，用 20%（质量分数，下同）K_2CO_3 溶液煮沸 30 min 去除杂质，用去离子水冲洗至中性后干燥，再置于浓度为 10%水性 PF 树脂中超声波辅助浸渍，沥干后在 135 ℃下固化并干燥 5 h。

② 按照木质素∶$Ni(NO_3)_2 \cdot 6H_2O$=2∶1 的质量比配制成前驱体溶液，将上述浸有 PF 树脂的杨木试件在该溶液中超声波辅助浸渍一段时间，取出干燥。随着水分的蒸发，木质素便自组装在杨木的导管、孔隙以及重新结晶的 K_2CO_3 和 $Ni(NO_3)_2$ 晶体的表面。

③ 使用静态 N_2 气氛保护，分别在 800 ℃、1000 ℃和 1200 ℃的温度下保温烧结 3 h，冷却后用去离子水清洗至中性，干燥后得到块状电极材料。

④ 以 6 mol/L 的 KOH 为电解质，以聚丙烯为隔膜，用上述块状自支撑电极组装对称型电容器。

4.3.2 SEM 观测

图 4-5 所示为以 $Ni(NO_3)_2 \cdot 6H_2O$ 为催化剂，添加与未添加黑液木质素试件的 SEM 照片。从图 4-5(a) 中可见：许多直径在 200～400 nm 的球形纳米颗粒分布在炭基体上，从相关的报道和试验测试中可知这是烧结时 $Ni(NO_3)_2 \cdot 6H_2O$ 被还原后所形成的 Ni 纳米颗粒[18]。同时，图 4-5(b)、(c) 中可见部分 Ni 纳米颗粒镶嵌在石墨烯片层结构之中，并形成了许多空隙，这在很大程度上减少了石墨烯的堆积，增加了有效比表面积，为电子与离子的存储提供场所，也为其高效传输提供通道。图 4-5(d) 为没有添加黑液木质素试件的照片：球形的纳米颗粒镶嵌在木材陶瓷基体材料的孔壁上，但没有絮状的石墨烯出现，这可以判断

絮状的石墨烯是由黑液木质素形成的。

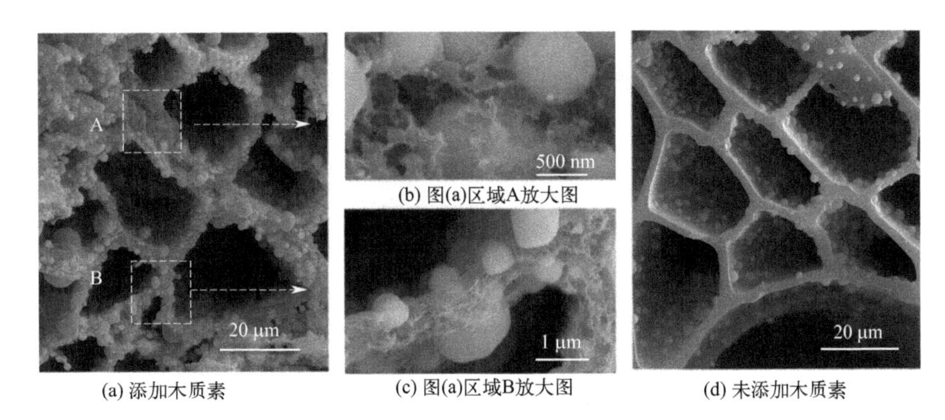

(a) 添加木质素　(b) 图(a)区域A放大图　(c) 图(a)区域B放大图　(d) 未添加木质素

图 4-5　以 $Ni(NO_3)_2 \cdot 6H_2O$ 为催化剂，添加与未添加黑液木质素实木遗态结构芯层材料的 SEM 照片

4.3.3　XRD、RS 与 XPS 分析

4.3.3.1　X 射线衍射分析

木质素中的苯环、羟基等在烧结过程中会发生复杂的裂解、缩聚和重排，使其微晶结构发生变化。同时，在催化剂的作用下部分无定形炭会向石墨化转变。

图 4-6 为 1200 ℃烧结温度，添加与未添加 Ni^{2+} 催化剂实木基木材陶瓷芯层基体的 XRD 谱图：谱线Ⅰ为添加了 Ni^{2+} 的，从中可见表征 Ni_3C 的（111）峰以及表征单质 Ni 的（113）和（200）峰高高凸起，同时在 2θ 为 25.6°附近有表征石墨化的（002）峰出现。谱线Ⅱ为用 HCl 清除单质 Ni 和 Ni_3C 后的谱线，在 2θ 为 25.6°附近有较尖锐的、表征石墨结构的（002）特征峰凸显出来，但强度比标准石墨特征峰低很多，表明所形成的石墨化结构并不十分完整。谱线Ⅲ为未添加催化剂试件的谱图，其（002）峰位于 24.5°附近，且呈弥散状态，说明是由无序的无定形炭所构成[19-20]。可见 Ni^{2+} 具有催化和掺杂的双重作用。

4.3.3.2　拉曼光谱分析

显微拉曼光谱（micro-Raman spectrum）能有效识别炭材料分子的键合和微观结构。炭材料的拉曼光谱通常在 1350 cm^{-1} 和 1580 cm^{-1} 附近有分别表征无序炭的 D 峰和石墨化炭的 G 峰。图 4-7 为 800～3000 cm^{-1} 范围内木材陶瓷及掺杂木材陶瓷的拉曼光谱。图 4-7(a) 为使用 Ni^{2+} 作为催化剂，1000 ℃烧结 2 h 试件和对比（相同烧结温度、未添加催化剂）试件的显微拉

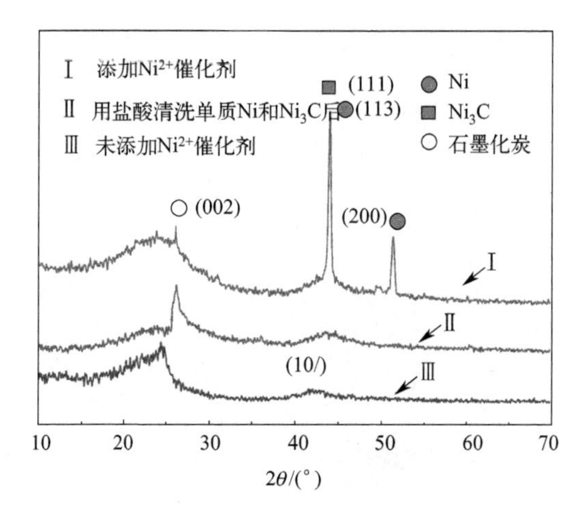

图 4-6 不同条件下 Ni^{2+} 催化实木遗态结构芯层材料的 XRD 谱图

曼光谱。从图 4-7(a) 中可见：在添加催化剂试件的光谱中，D 峰向低频偏移，这是炭层中所含的晶格缺陷所致，这一缺陷对于产生极化中心增大的高介电常数非常重要，可推测炭层中的缺陷在费米能级[21]。同时，G′峰出现在 2723 cm^{-1} 附近，但比 G 峰低，说明选区中的絮状与花瓣状物质由多层石墨烯构成。而未添加催化剂试件则没有明显的 G′峰，且 D 峰高于 G 峰，说明试件中的微晶结构呈无序状态[22-23]，这与 XRD 的测试结果一致。图 4-7 的（b）和（c）分别为 $Co(NO_3)_2 \cdot 6H_2O$ 和 $FeC_6H_5O_7$（柠檬酸铁）作为催化剂所制备木材陶瓷电极的拉曼光谱，同样地，使用了催化剂的有较高的 G 峰且有 G′峰。

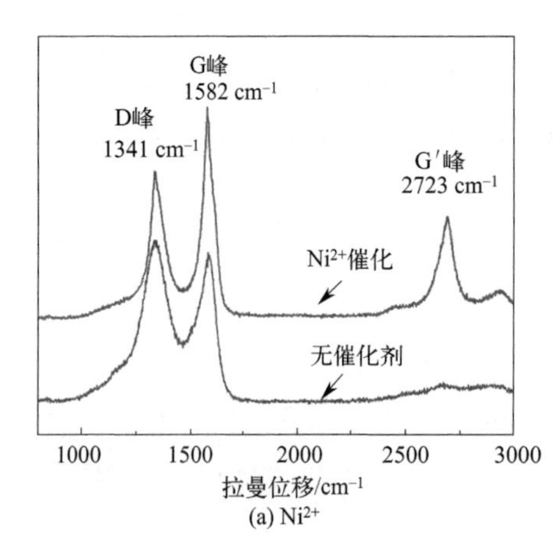

(a) Ni^{2+}

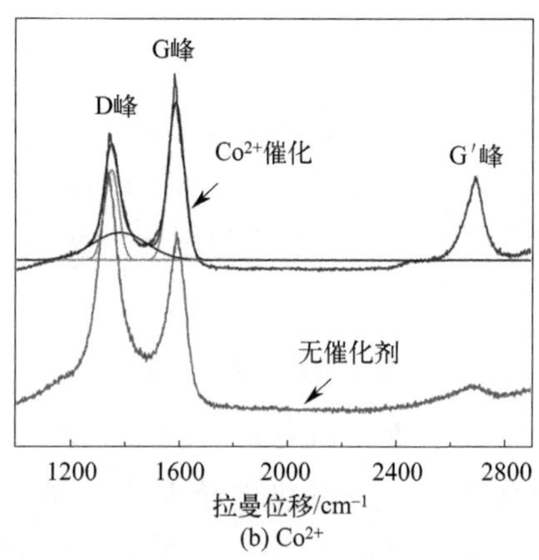

(b) Co^{2+}

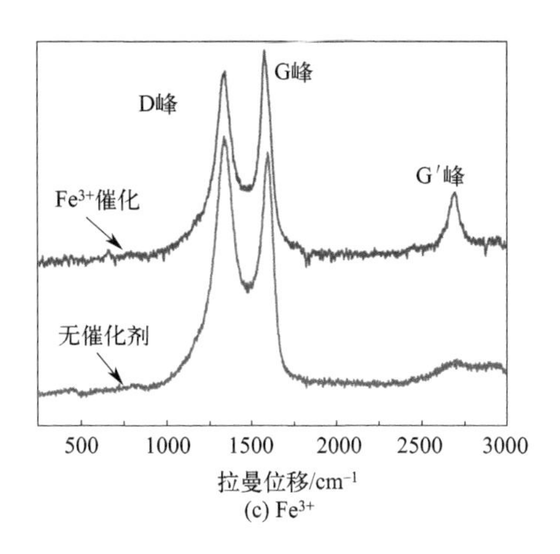

(c) Fe^{3+}

图 4-7 不同催化剂与无催化剂实木遗态结构芯层材料的拉曼谱图

D 峰和 G 峰积分强度的比值 R（$R=I_D/I_G$）可有效表征炭材料的石墨化程度，R 值较小时，其石墨化程度较好。表 4-1 为添加催化剂 $NiCl_2 \cdot 6H_2O$ 的实木基木材陶瓷自支撑电极芯层材料和普通木材陶瓷的峰位置、强度和 R 值，其中添加催化剂的 R 值小于未加催化剂的。这是因为 D 峰与 G 峰的强度比反映了 sp^2 团簇大小的变化，催化剂的加入在一定程度上使得其析出的微晶在结构上变得规整有序，故导致石墨化程度提高。

表 4-1 实木遗态结构芯层材料的峰位、强度和 R 值

样品条件	峰位置/cm^{-1}		强度/(次/s)		R 值
	D 峰	G 峰	D 峰	G 峰	
Ni^{2+},1000 ℃,2 h	1341.81	1581.69	1676.64	2059.94	0.8597
无催化剂,1000 ℃,2 h	1339.91	1587.92	1210.63	1125.83	2.0205

4.3.3.3 XPS 分析

图 4-8 为 Ni^{2+} 掺杂实木基木材陶瓷（烧结温度为 1000 ℃）的 XPS 谱图。从总谱图 4-8(a) 中可知，主要含有 C、Ni 和 O 等元素。其中图 4-8(b) 所示的 O 1s 在 530.3 eV 和 532.0 eV 处存在特征峰，表明有氧存在，可能源于试件暴露于空气中所吸附的 O_2 和 H_2O[24-25]。图 4-8(c) 中的 C 1s 谱线通过拟合得到位于 284.1 eV、284.7 eV 和 285.8 eV 附近的三个主峰，分别对应于 C—C、C—C/C═O 和 C—O 键的价态。在图 4-8(d) 中呈现五个峰，峰值出现在 858.4 eV

的归因于 Ni 2p，这是 Ni 表面氧化态的特征峰。同时，856.1 eV 和 879.9 eV 的峰分别与氧化 Ni 的 Ni $2p_{3/2}$ 和 Ni $2p_{1/2}$ 有关[26]，可见 Ni 纳米颗粒是组成基体材料的主要组分之一。

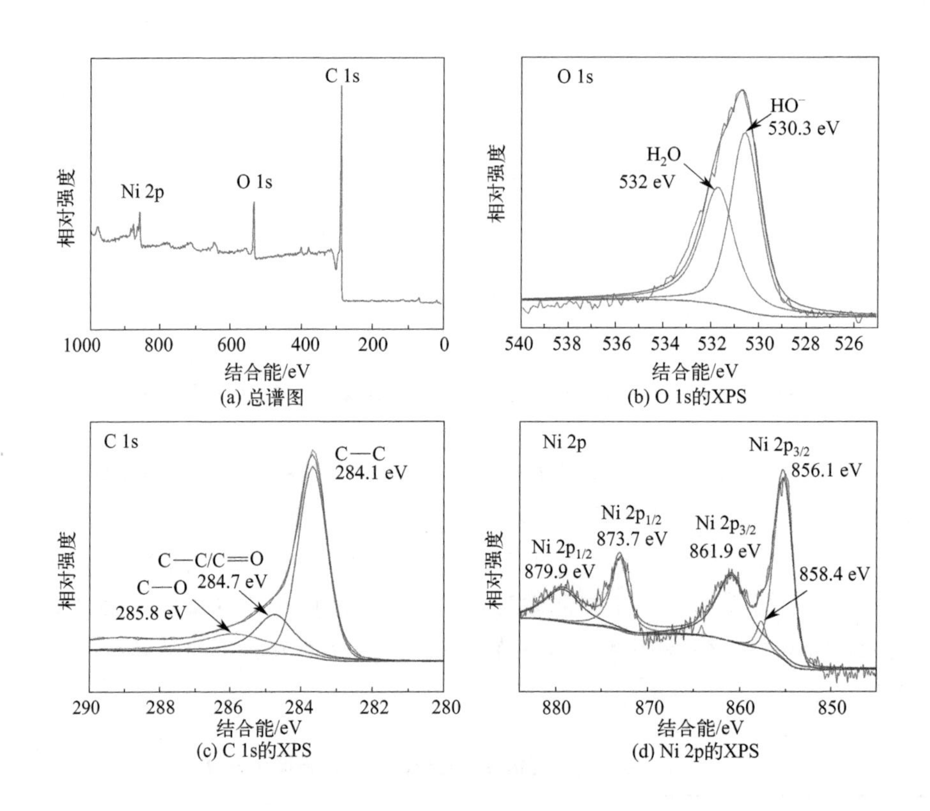

(a) 总谱图

(b) O 1s的XPS

(c) C 1s的XPS

(d) Ni 2p的XPS

图 4-8 Ni^{2+} 掺杂实木遗态结构芯层材料（烧结温度为 1000 ℃）的 XPS 谱图

4.3.4 XRD、EDS、元素映射与 TEM 分析

4.3.4.1 XRD、EDS 与元素映射分析

元素分析可以进一步确定纳米颗粒在木材陶瓷芯层材料中的分布。图 4-9 为 Ni^{2+} 掺杂与催化实木基木材陶瓷电极（烧结温度为 1000 ℃）的 XRD、EDS 与元素映射（element mapping）谱图。图 4-9(a) 的 XRD 谱图中有表征石墨化的 (002) 特征峰，以及 Ni 和 Ni_3C 的特征峰[27]。从全谱图 4-9(b) 中可见：主要由 C、Ni、O 元素组成，含量分别为 88.79%、9.21%、1.96%。图 4-9(c) 为元素映射测试区域，图 4-9(d)～(f)为试件的元素映射图，其可以进一步证实：Ni^{2+} 掺杂木材陶瓷芯层材料为由炭基体和金属碳化物——Ni_3C 组成的炭基复合材料，Ni 元素在基体材料中均匀分布，O 元素含量相对较低。

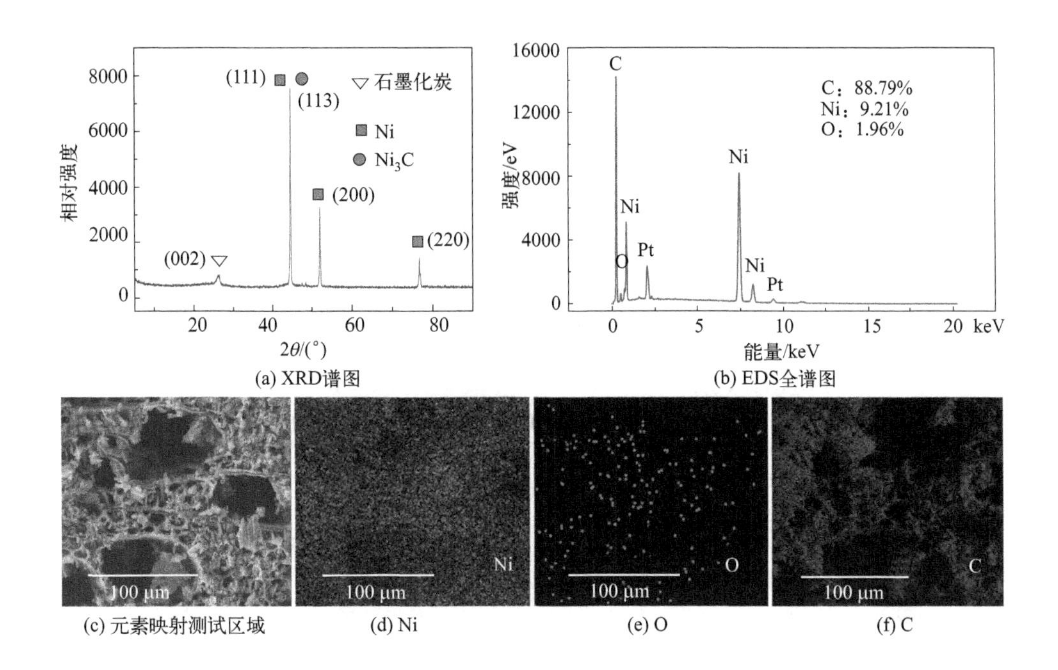

图 4-9 Ni^{2+} 掺杂与催化实木遗态结构芯层材料（烧结温度为 1000 ℃）的 XRD、EDS 与元素映射图

4.3.4.2 TEM 分析

使用 HRTEM 和选区电子衍射（SAED）模式成像技术对 Ni^{2+} 掺杂与催化实木基木材陶瓷组装石墨烯自支撑电极芯层材料进行分析，结果如图 4-10 所示：图 4-10(a) 中所显示的低倍放大图中有许多深色纳米颗粒嵌入碳纳米薄片和多层石墨烯中。图 4-10(b) 中显示晶格间距约为 0.34 nm，接近理想石墨平面间距（0.335 nm），表明晶格缺陷较少，这与拉曼光谱测试结果一致[28]。同时，在图 4-10(c) 的 SAED 图中发现表征 Ni_3C 晶面的（111）、（113）和（200）光环明显，说明基体材料中有部分 Ni_3C 生成[29-30]。图 4-10(d)～(g)为其高倍 TEM 图像：部分 Ni 纳米粒子被石墨化炭包裹，放大图像中呈现出良好分辨的晶格条纹，晶面间距约为 0.228 nm，对应于 Ni_3C 的（113）晶面，这些与 XRD 和 EDS 的测试结果吻合[7]。

图 4-10　Ni^{2+} 掺杂与催化实木遗态结构芯层材料的 TEM 照片[7]

[(d)~(g)为高倍 TEM 图]

4.4 电化学性能

4.4.1 H_3PO_4 活化 Ni^{2+} 掺杂松木遗态结构芯层材料

将松木加工成厚度为 10 mm 的片状，在质量分数为 12%的 H_3PO_4 溶液中煮沸 30 min，60 ℃干燥至含水率为 8%。然后使用超声波辅助浸渍质量分数为 20%的 $NiCl_2$ 和 PF 树脂混合溶液，再次干燥后置于烧结炉中，1000 ℃、N_2 静态气氛保护保温烧结 2 h，冷却后用去离子水清洗至中性，干燥后得到 H_3PO_4 活化 Ni^{2+} 掺杂松木遗态结构木材陶瓷自支撑电极芯层材料。

采用三电极法测试其电化学性能，得到图 4-11 所示的 CV、GCD 和 EIS 图。从图 4-11(a) 中可见，CV 曲线均为类矩形，表明属于典型的双电层电容。随着扫描速率的增加，类矩形形态的 CV 曲线范围逐步增加，达到 200 mV/s 后才出现一定的变形，这说明该电极材料在较高的循环速度下依然可保持较好的电容特性。图 4-11(b) 为在不同电流密度下的恒电流充放电曲线：曲线比较光滑，呈现类等腰三角形，表明具有较好的电容特性，充放电效率良好[31]。即使是在电流密度为 1 A/g 的条件下，曲线也只有较小的变形，预示充放电平台基本稳定，这与循环伏安法所得到的结果一致。从图 4-11(b) 中还可发现，随着电流密度的增加，充放电时间明显缩短，这可能是因为活化后所形成的介孔更有利于电解质离子扩散的缘故。

图 4-11(c) 中所示 EIS 分析的奈奎斯特（Nyquist）曲线可知，其高频区的半圆不是很明显，说明法拉第准电容较低[32]。图 4-11(d) 为使用与未使用 H_3PO_4 活化的试件在 10 mV/s 扫描频率下的伏安循环曲线：未活化木材陶瓷的曲线变形更大，接近菱形，而且面积也更小，这可能与其中的介孔、微孔和超微孔较少相关。测试结果显示，H_3PO_4 活化 Ni^{2+} 掺杂后试件的比电容是未活化与掺杂的 3.6 倍，说明 H_3PO_4 活化和 Ni^{2+} 掺杂可使实木基木材陶瓷自支撑电极芯层材料的电化学性能具有较大的改善。

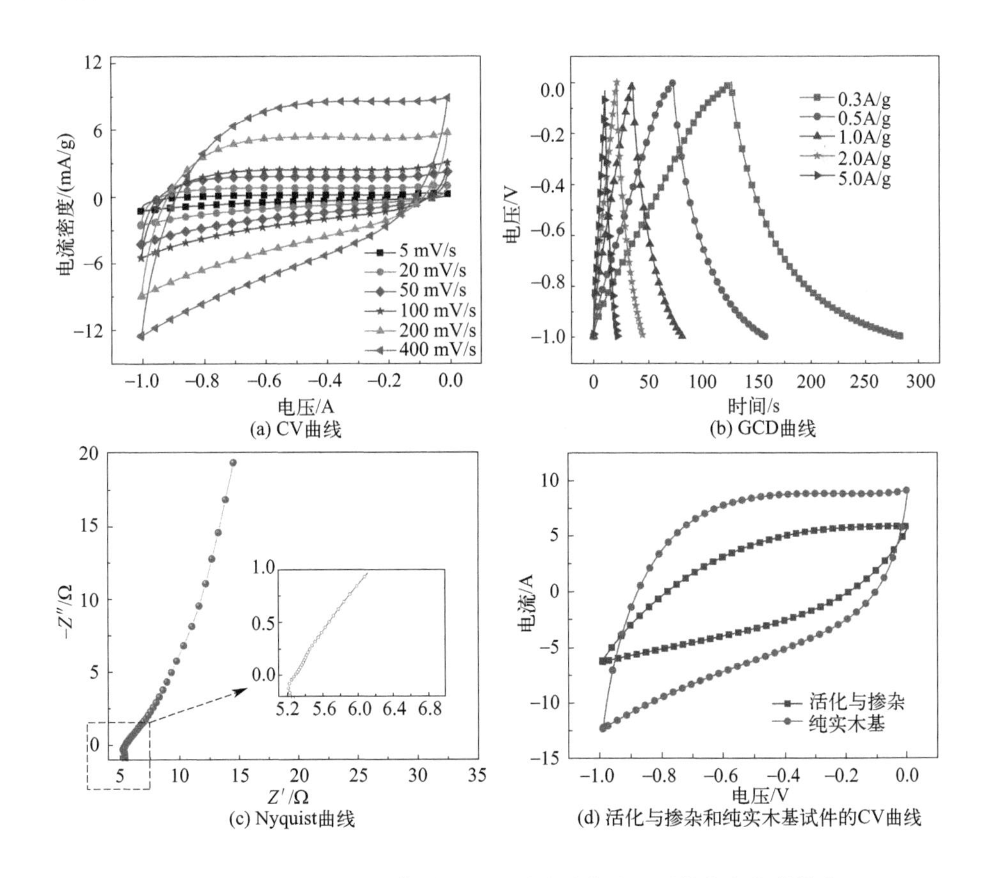

图 4-11 H_3PO_4 活化 Ni^{2+} 掺杂松木遗态结构芯层材料的电化学性能

4.4.2 Ni^{2+} 掺杂石墨烯组装实木芯层材料

图 4-12 为 Ni^{2+} 掺杂木质素基石墨烯组装实木基（杨木）木材陶瓷自支撑电极芯层与未掺杂试件的电化学性能曲线。如图 4-12(a) 所示：在 200 mV/s 的扫描速率下，试件的 CV 曲线形状接近矩形，表明电极材料具有双电层电容器的理想性能，而对比试件的 CV 曲线则似菱形。同时，图中也显示出不同试件之间存在较大的差异，这种差异可能是由于芯层基体中孔结构以及比表面积的不同所致。

图 4-12(b) 是在电流密度为 0.4 A/g、电压为 0～1.0 V 条件下试件的 GCD 曲线。充放电曲线平滑，呈类等腰三角形，*iR* 电压降很低，表明具有良好的电容性和放电效率。其中掺杂试件（烧结温度为 1000 ℃）的充放电时间最长，说明有大量的电子和电解质离子参与充放电过程。1000 ℃、1200 ℃和 800 ℃以及未掺杂（AC，烧结温度为 1000 ℃）的比电容分别为 167.3 F/g、135.5 F/g、113.7 F/g 和 76.5 F/g。其中，虽然掺杂与未掺杂试件的烧结温度相同（1000 ℃），但比电容值存在较大差异，表明掺杂与石墨烯组装有利于提高存储容量[33]。同时，Ni 纳米颗粒、石墨烯和碳纳米片的形成也可改善电化学性能。试件的 EIS 图[图 4-12(c)]显示其具有 Nyquist 曲线的典型特征。800 ℃、1000 ℃和 1200 ℃的等效串联电阻（ESR）值分别为 0.444 Ω、0.395 Ω 和 0.432 Ω，均小于未掺杂的（0.535 Ω）。表明 Ni 纳米颗粒、多层石墨烯、碳纳米片的存在可以减少能量损耗。同时，如图 4-12（c）中插图所示：Warburg 阻抗的曲线几乎是垂直的，表明扩散阻力很低。这可能是因为中孔、Ni^{2+} 掺杂、碳纳米板和多层石墨烯的存在导致了这种低扩散阻力。

图 4-12(d) 为各试件在不同电流密度下的比电容值：电流密度越大，比电容衰减越快。这是因为在高电流密度下充放电过程多发生在外层所致。进一步分析发现，虽然掺杂试件的烧结温度（1000 ℃）高于 800 ℃的，但降幅却最大，这可以解释为与碱的活化和 Ni^{2+} 的催化作用有关：一方面，活化产生许多介孔，催化作用将黑液木质素转化为石墨烯和碳纳米片，可在一定程度上增加导电性；另一方面，Ni 纳米颗粒插入石墨化的碳纳米片和多层石墨烯之间，可防止石墨烯的堆叠与团聚，产生更多的微间隙，所有这些都可以提供更大的比表面积，增加电解质在反应位点的可达性，促进整个储存过程的高效渗透，提高能量密度。

图 4-13 展示了掺杂自支撑电极芯层材料（1000 ℃）的电化学性能。由图 4-13(a) 可知，所有 CV 曲线近似为矩形，说明电化学反应属于典型的双电层电容[34]。当扫描速率从 10 mV/s 增加到 400 mV/s 时，CV 曲线的矩形范围逐渐减小，但即使扫描速率达到 400 mV/s 时也没有发生大的变形，说明在高速循

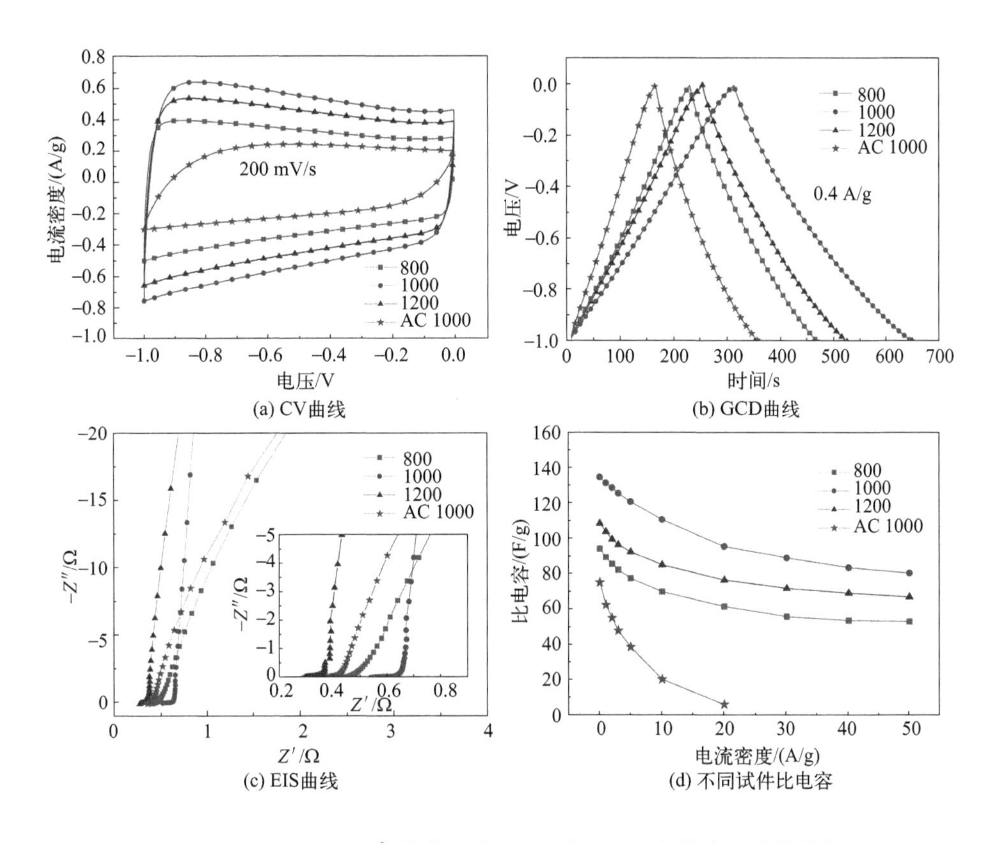

图 4-12　H_3PO_4 活化 Ni^{2+} 掺杂松木遗态结构芯层材料的电化学性能曲线

环下仍具有良好的电容特性。图 4-13(b) 为其在不同电流密度下的恒电流充放电曲线：平滑，呈类等腰三角形，说明具有良好的充放电效率。即使在电流密度为 1 A/g 的情况下，曲线也只是轻微变形，说明充放电平台基本稳定，这是活化和催化石墨化共同作用的结果。图 4-13(c) 为掺杂与未掺杂试件（1000 ℃）2000 次充放电循环前后的 EIS 曲线，其中的 EIS 曲线斜率减小，电阻增大，表明电极的电容相关性能降低，这与电化学腐蚀有关。图 4-13(d) 展示了掺杂试件（1000 ℃）在 200 mV/s 的扫描速率下循环充放电情况：随着充放电循环次数的增加，比电容衰减相对稳定，经过 2000 次循环后，比电容保持率为 89.37%，循环稳定性良好。图 4-13(e) 呈现了掺杂试件（1000 ℃）的能量与功率密度与相关报道的对比情况：当功率密度为 124.6 W/kg 时，能量密度达到 26.2 Wh/kg，优于一些已报道的不对称超级电容器[35-38]。图 4-13(f) 为组装电容器点亮 LED 灯的照片，表明其具有一定的实用价值。

为了研究试件在长期循环后的结构变化情况，用 SEM 和 TEM 对试件进行

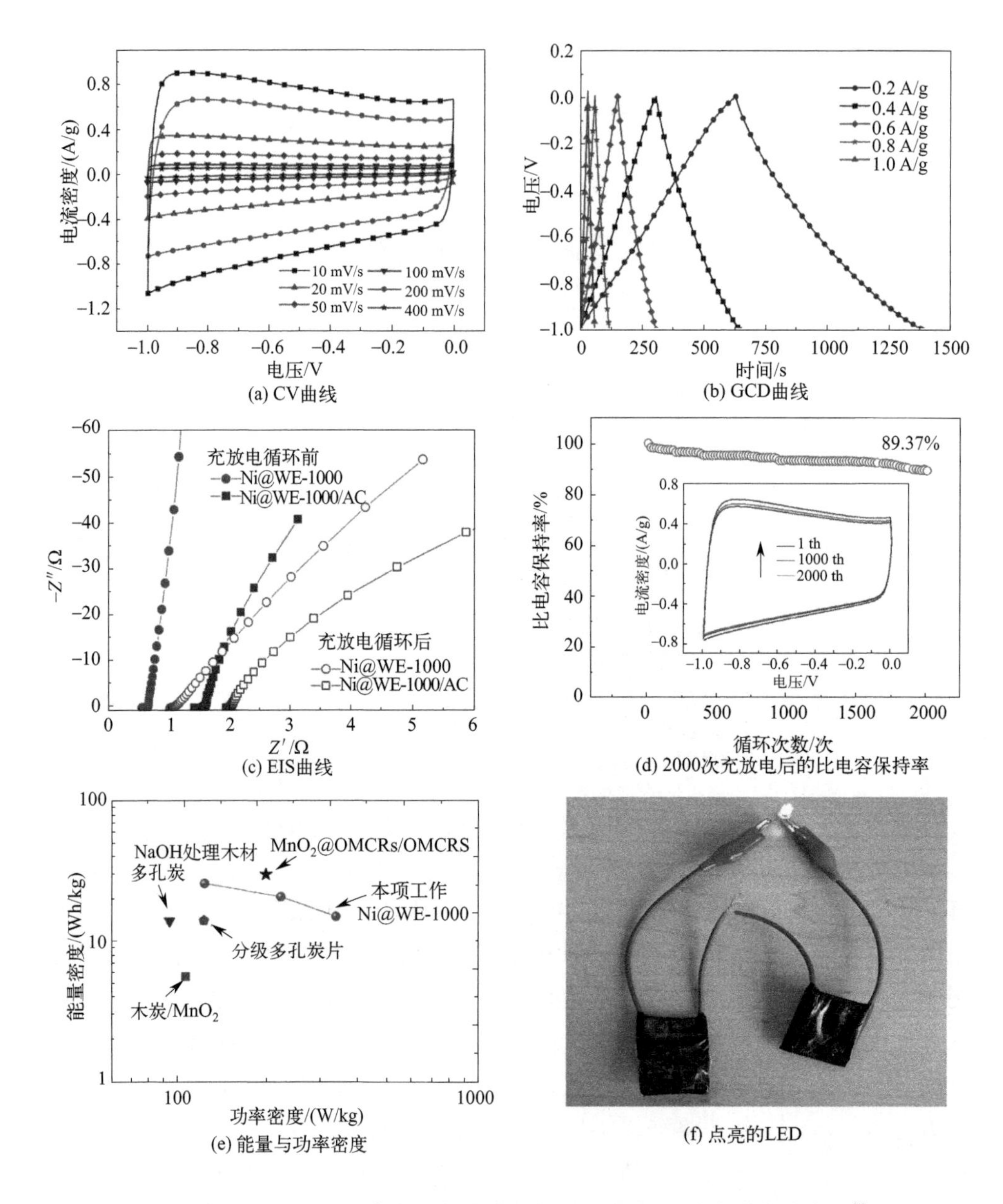

(a) CV曲线
(b) GCD曲线
(c) EIS曲线
(d) 2000次充放电后的比电容保持率
(e) 能量与功率密度
(f) 点亮的LED

图 4-13 H_3PO_4 活化 Ni^{2+} 掺杂松木遗态结构芯层材料的电化学性能曲线[7]

对比分析，结果如图 4-14 所示。图 4-14(a) 为未进行循环充放电的试件：许多 Ni 纳米粒子附着在电极的表面。但在 2000 次循环后，一些已经剥落，且内壁出现一些裂纹[如图 4-14(b)中箭头所指]，这在一定程度上会减少活性位点。图 4-14(c) 中的 TEM 结果显示：Ni 纳米颗粒的数量降低，并出现大量小孔，这可能是因为电化学腐蚀引起的。虽然纳米 Ni 颗粒减少，但新增加的小孔可以增加比表面积并提供活性位点，这也是即使经过 2000 次循比偶环后比电容仍然较高的原因所在。

(a) 充放电前的SEM

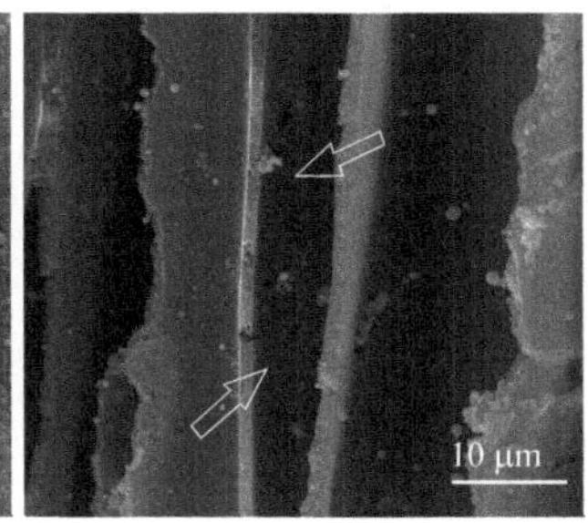

(b) 充放电后的SEM

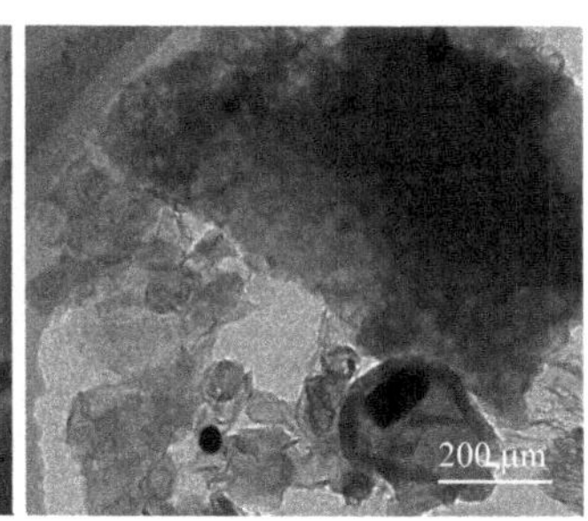

(c) 充放电后的TEM

图 4-14　2000 次充放电前后 H_3PO_4 活化 Ni^{2+} 掺杂松木遗态结构芯层材料的变化情况

4.5　针状 MnO_2 组装对电化学性能的提升

将轻木热解得到天然多孔的木基炭导电基材（pore wood carbon，PWC），然后沉积 MnO_2 和石墨烯量子点（graphene quantum dots，GQDs），通过水热法制造 PWC/MnO_2/GQDs 复合电极。GQDs 可显著促进离子传输，并保护 MnO_2 不会从 PWC 的外表面和内部脱落。与仅单独沉积 MnO_2 的电极 PWC/MnO_2 相比，添加 GQDs 形成的独特针状纳米结构，为超级电容器电极带来了更好的电化学性能[39]。

4.5.1　制备工艺过程

① 木质基材　将天然轻木（巴尔沙木）切成尺寸为 20 mm×20 mm×1 mm 的薄片，用蒸馏水反复洗涤后在 60 ℃真空中干燥 24 h。

② 高温烧结　在 N_2 保护下，将木材样品放入烧结炉中，升温速率设定为 5 ℃/min，在 500 ℃保温 1 h，然后升温至 1000 ℃，烧结 2 h，自然降至室温后得到 PWC。

③ 电极合成　将 GQDs（15 mg）加入含有 0.1 mol $KMnO_4$ 和 0.1 mol Na_2SO_4 的混合前驱体溶液（50 mL）中，室温下磁力搅拌 8 h。然后浸入木炭片，并将混合溶液与前驱体转移到 100 mL 带有聚四氟乙烯内衬的高压反应釜中，150 ℃水热处理 1.5 h，洗涤、干燥后得到复合电极——PWC/MnO_2/

GQDs。

④ 对比试件　按上述相同工艺制备不同 GQDs 含量（0 mg、5 mg、10 mg、20 mg）的复合材料作为对比试件。

在此过程中，MnO_2 纳米颗粒生长在 PWC 通道内，碳与 MnO_4^- 发生氧化还原反应[40]：

$$4MnO_4^- + 3C + H_2O \longrightarrow 4MnO_2 + CO_3^{2-} + 2HCO_3^-$$

4.5.2 微观形貌与结构

图 4-15 为不同 GQDs 含量的 PWC/MnO_2/GQDs 的 SEM 图像和元素映射图。图 4-15(a) 和 (b) 中显示，在 $KMnO_4$ 溶液中加入 GQDs 后，MnO_2 颗粒光滑的表面出现凸起。随着 GQDs 用量的增加，这些凸起进一步生长与分化，当添加量达到 15 mg 时（记作 PWC/MnO_2/GQDs-15mg），在 PWC 表面和内部形成独特的针状纳米结构，如图 4-15(c) 和 (d) 所示；但当添加量达到 20 mg 时，图 4-15(e) 和 (f) 中显示 MnO_2 表面凸起消失，表明针状结构被破坏。图 4-15(g) 和 (h) 为图 4-15(c) 选区 A 的元素映射图，从中可见，O 和 Mn 元素存在于针状纳米结构中，且 Mn 将碳骨架覆盖。

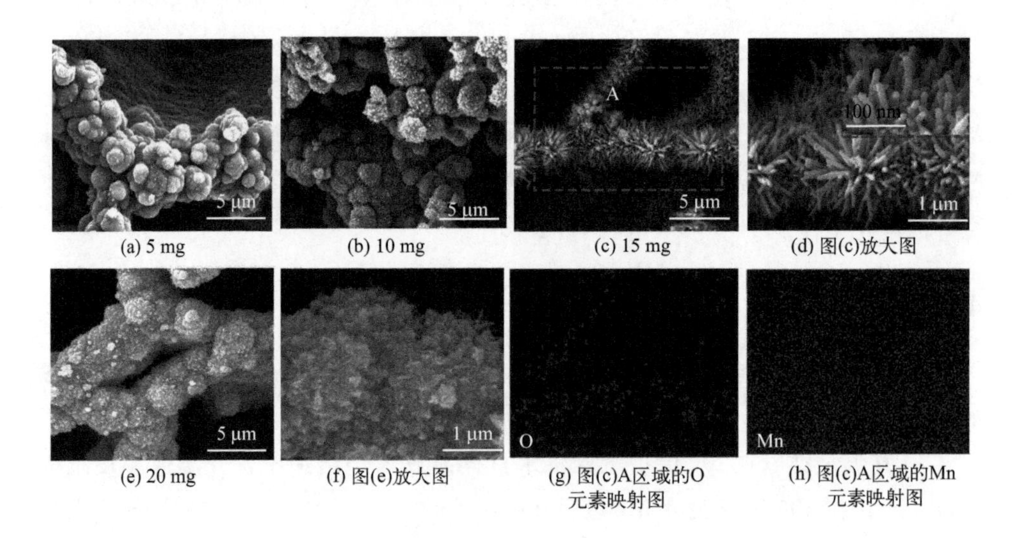

图 4-15　不同 GQDs 添加量 PWC/MnO_2/GQDs 的 SEM 图像和元素映射图[39]

采用 HRTEM 对 PWC/MnO_2/GQDs-15mg 自支撑电极的晶体结构进行表征，结果如图 4-16 所示。从图 4-16(a) 和 (b) 的低倍率图像中可见呈针状和片状的 MnO_2，在其高倍率的图像[图 4-16(c)]中显示其具有规整的点阵条纹，图

4-16(d) 中显示了点阵条纹晶面间距为 0.25 nm，可以指向水钠锰矿型（birnessite-type）MnO_2 的（002）晶面。同时，图 4-16(d) 中还显示了几个 GQDs（箭头所指）附着在 MnO_2 表面形成杂化网络结构。

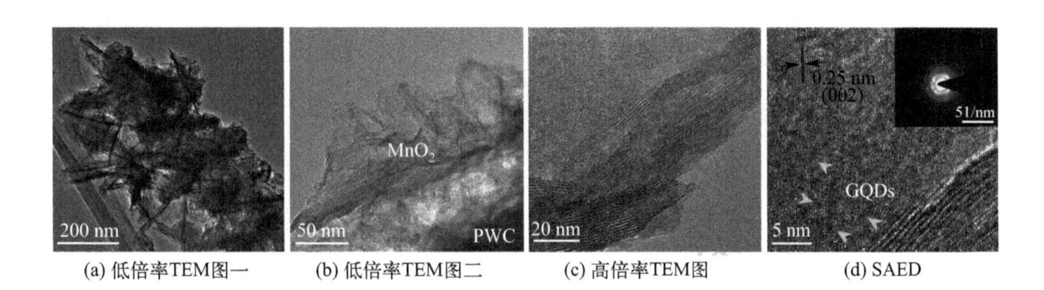

(a) 低倍率TEM图一　(b) 低倍率TEM图二　(c) 高倍率TEM图　(d) SAED

图 4-16　PWC/MnO_2/GQDs-15mg 自支撑电极芯层材料的 HRTEM

由于水钠锰矿型 MnO_2 具有含有许多水分子的层状结构[39]，因此 GQDs 在 MnO_2 表面的锚定主要归因于 GQDs 和含水 MnO_2 的含氧官能团之间的氢键[41]。且含水 MnO_2 能与含氧官能团形成电荷转移相互作用，因此 GQDs 能有效抑制 MnO_2 的团聚，甚至抑制更大颗粒的形成，进而促进充放电过程中电子和离子的快速移动[42]。

4.5.3　电化学性能

以 1 mol Na_2SO_4 为电解液，使用电化学工作站对 PWC/MnO_2/GQDs-15mg 及对比试件进行电化学性能分析，结果如图 4-17 所示。图 4-17(a) 中比较了相同电流密度（1 mA/cm^2）下不同 GQDs 含量试件的 GCD 曲线，对应的面积比电容和质量比电容如图 4-17(b) 所示。图 4-17 中显示：当 GQDs 的添加量分别为 5 mg 和 10 mg 时，电容性能得到改善；当 GQDs 添加量为 15 mg 时，电极的电化学性能最好，相应的面积比电容为 2712 mF/cm^2。但当添加量为 20 mg 时，比电容反而降低。这表明，适量添加 GQDs 有利于针状 MnO_2 纳米颗粒的生成，可提供更多的反应活性位点，能显著加速离子的扩散和电子传递，促进氧化还原反应的完成[43]。但加入过量的 GQDs 后，由于针状结构的坍塌，反而导致比电容的降低。当 GQDs 含量为 15 mg 时，其具有独特的针状纳米结构。因此，PWC/MnO_2/GQDs-15mg 的比电容显著提高。

为了更进一步比较 PWC/MnO_2 和 PWC/MnO_2/GQDs-15mg 的性能，在电位 0～0.8 V 范围内，以 1 mol Na_2SO_4 水溶液为电解液，研究三电极配置下的电化学性能，结果如图 4-18 所示。在不同扫描速率下，两个电极的 CV 曲线

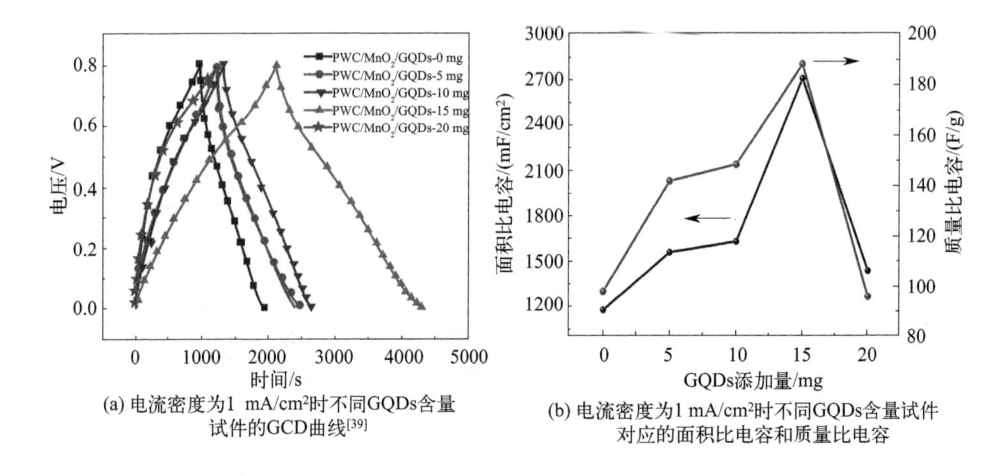

(a) 电流密度为1 mA/cm²时不同GQDs含量试件的GCD曲线[39]
(b) 电流密度为1 mA/cm²时不同GQDs含量试件对应的面积比电容和质量比电容

图 4-17 不同 GQDs 含量试件电化学性能对比分析

呈现出近似矩形形状，如图 4-18(a) 和 (d) 所示。其中 PWC/MnO_2/GQDs-15mg 的 CV 曲线电流密度和积分面积远大于 PWC/MnO_2，说明添加 GQDs 后电化学的性能得到了明显改善[44]，这可以归因于 GQDs 独特的针状纳米结构。图 4-18(b) 和 (e) 中显示：GCD 曲线呈现三角形和对称形状，但 PWC/MnO_2/GQDs-15mg 的 GCD 曲线明显优于 PWC/MnO_2，显示出更优异的电化学可逆性。

图 4-18(c) 和 (f) 分别呈现了 2 个试件的面积比电容和质量比电容。对于 PWC/MnO_2，在 1 mA/cm^2 时拥有 1180 mF/cm^2 的面积比电容；当电流密度增加到 20 mA/cm^2 时，面积比电容衰减到 14.5 mF/cm^2。当电流密度从 1 mA/cm^2 增加到 20 mA/cm^2 时，其质量比电容从最大值 98.3F/g 缓慢下降到 2.42 F/g。然而，PWC/MnO_2/GQDs-15mg 在 1 mA/cm^2、2 mA/cm^2、5 mA/cm^2 和 10 mA/cm^2 下的面积比电容为 2712 mF/cm^2、2495 mF/cm^2、2056 mF/cm^2 和 1637 mF/cm^2，即使在电流密度为 20 mA/cm^2 时，也可以保持 1075 mF/cm^2 的面积比电容，显然远高于 PWC/MnO_2。

图 4-18(g) 为 2 个试件的 EIS 图。其中，PWC/MnO_2/GQDs-15mg 的内阻 (internal resistance)R_s 值为 5.72 Ω，小于 PWC/MnO_2 的 R_s 值 (6.78 Ω)。同时，PWC/MnO_2/GQDs-15mg 的电荷输送电阻 (charge transport resistance) R_{ct} 值 (0.4 Ω) 也低于 PWC/MnO_2 电极 (1.5 Ω)。这些结果表明 PWC/MnO_2/GQDs-15mg 具有比 PWC/MnO_2 电极更低的电阻和更快的电子转移。在恒电流密度为 10 mA/cm^2 的条件下，通过重复充放电测量，评估 PWC/MnO_2

和 PWC/MnO_2/GQDs-15mg 的循环性能，结果如图 4-18(h) 和 (i) 所示：经过 2000 次循环后，PWC/MnO_2 的比电容保持率有所下降，为初始比电容的 87.4%。相反，PWC/MnO_2/GQDs-15mg 表现出良好的长期循环稳定性，在 2000 次循环后仍保持约 95.3%。

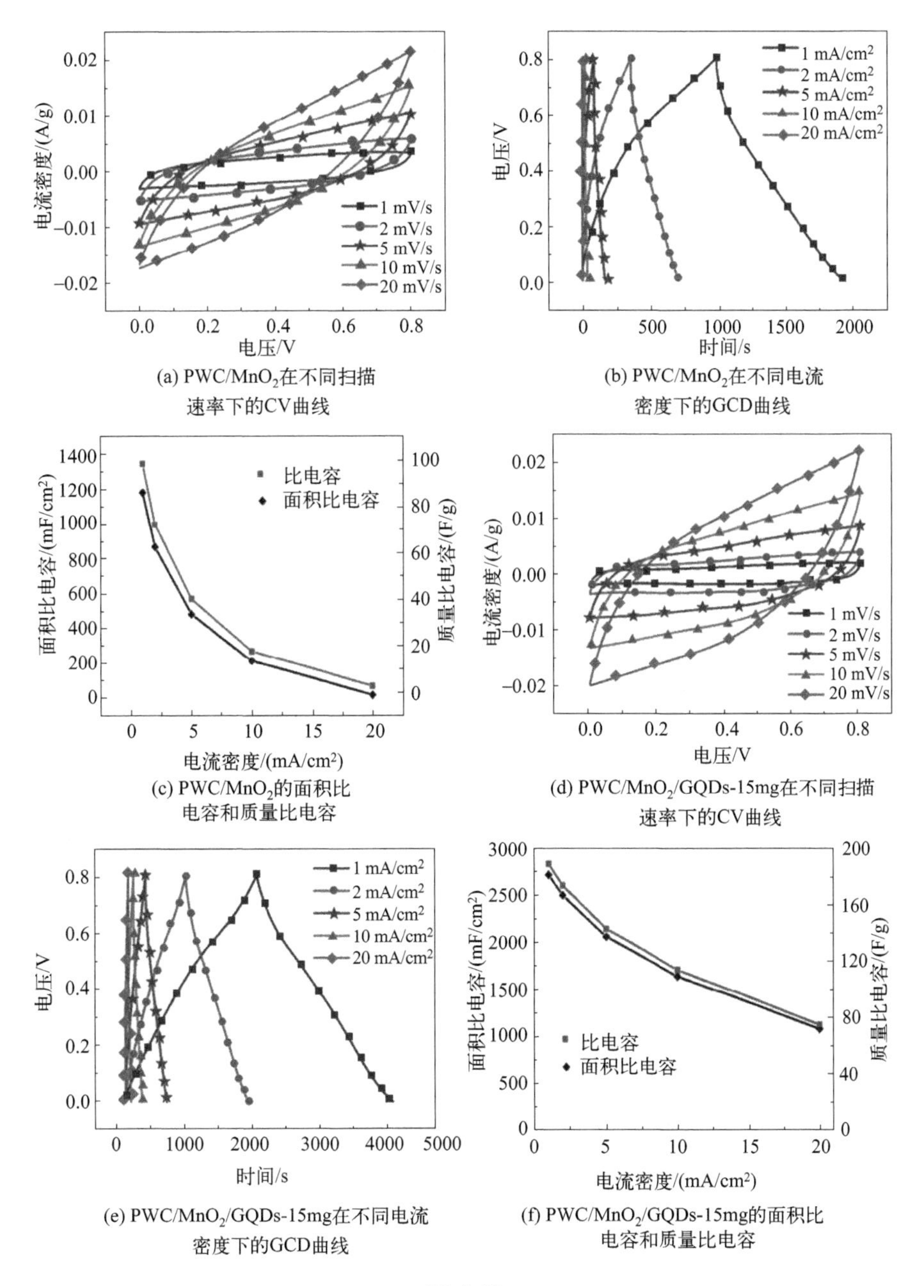

(a) PWC/MnO_2在不同扫描速率下的CV曲线

(b) PWC/MnO_2在不同电流密度下的GCD曲线

(c) PWC/MnO_2的面积比电容和质量比电容

(d) PWC/MnO_2/GQDs-15mg在不同扫描速率下的CV曲线

(e) PWC/MnO_2/GQDs-15mg在不同电流密度下的GCD曲线

(f) PWC/MnO_2/GQDs-15mg的面积比电容和质量比电容

图 4-18

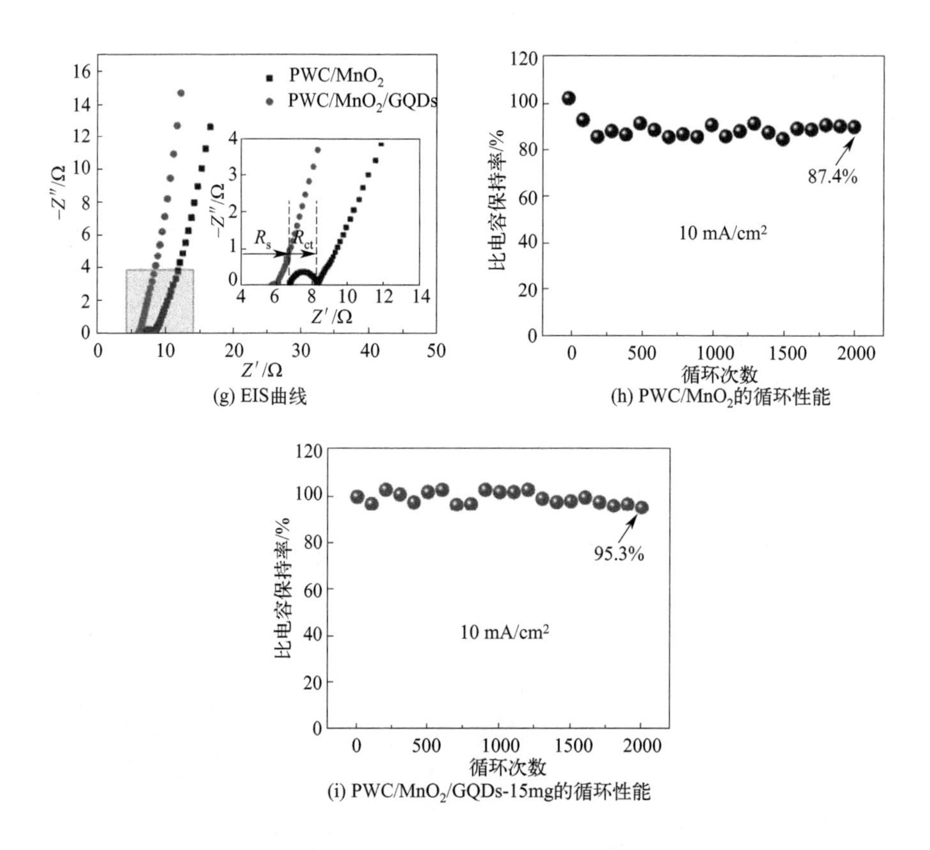

图 4-18 PWC/MnO_2 和 PWC/MnO_2/GQDs-15mg 的电化学性能[39]

上述现象表明，添加 GQDs 后所形成的自支撑电极芯层材料的电化学性能远优于未添加的，这可以解释为：

① 由于巴尔沙木质地很轻，烧结后所形成的炭质基体质量比更小，因此，在保持或提高单位质量或体积的活性物质的电池性能的同时，可将非活性组分的比例降到最低[45]。

② GQDs 的加入，改善了自支撑电极表面的功能性[46]，而 MnO_2 独特的针状纳米结构可以减轻循环过程中体积膨胀对结构的破坏。与此同时，GQDs 分散在 MnO_2 中形成混合网络结构，减少了 MnO_2 纳米颗粒的团聚，因此可促进整个氧化还原反应。最重要的是，独特的针状纳米结构可以增加电极与电解质之间的接触面积，这有利于电子和离子的快速传递和转移。

由此可见，PWC/MnO_2/GQDs-15mg 电极倍率性能的提高可归因于其独特的三维针状结构和 GQDs 与 MnO_2 的有效结合。三维针状纳米结构提供了更大的比表面积，改善了电极与电解质之间的接触。同时，具有不同氧化还原反应电位的

MnO_2 和 GQDs 的结合为法拉第氧化还原反应创造了更多的电活性位点[47]。

4.6 本章小结

以实木为基体，充分遗传保留其原始生物模板的形态与结构，借助电化学与储能的基本原理，采用电化学沉积组装和自组装的方式将木质素有序地组装在基体材料中，在高温和催化剂的作用下制备 Gr 序列组装木材陶瓷芯层材料。同时，采用水热法将石墨烯量子点-针状 MnO_2 组装到以轻木为基材的炭基模板中，并对其结构与性能进行表征。对实木基遗态结构基体构建、孔隙结构的活化与调控、石墨烯的转化、金属离子掺杂与负载，以及组装序列的调控和催化石墨化与结构演变机制进行了探讨。

① 基于遗态材料的基本概念，介绍了层层自组装、电化学沉积组装在实木基芯层基体序列组装 Gr 的一些基本方法。同时分析了序列组装机理与可控制备机制，推导了电极表面电流方程以及沉积速率方程。

② 使用过渡金属元素进行催化石墨化，通过调控烧结温度、升温速度、保温时间等工艺参数减轻黑液木质素在向 Gr 与碳纳米片转化过程中的变形，最终实现了 Gr 在实木基芯层基体上的序列组装。

③ 以轻木炭为基材，在水热处理过程中添加 GQDs，构建具有针状纳米结构的 MnO_2 自支撑电极，其在保持或提高单位质量或体积活性物质的同时，可将非活性组分的比例降到最低。且 GQDs 分散在 MnO_2 中形成混合网络结构，能够减少 MnO_2 纳米颗粒的团聚，加快氧化还原反应。尤其是其独特的针状纳米结构在电化学储能方面更具有优势。

参考文献

[1] Zhou Q，Wang L，Ju W，et al. Electrochim Acta，2023，461：142655.

[2] Chen W，Xiao H，Hou L，et al. Mater Sci Eng：B，2023，297：116724.

[3] Liu T，Zhang L，Cheng B，et al. Cell Rep Phys Sci，2020，1：100215.

[4] Jia Y，Zhang J，Kong D，et al. Adv Funct Mater，2022，32：2204272.

[5] Liu T，Zhang L，Cheng B，et al. Cell Rep Phys Sci，2022，1：100215.

[6] Li B，Zhang S，Cui C，et al. Energy Fuels，2023，37：902.

[7] Yu X，Sun D，Ji X. J Mater Sci，2020，55：7760.

[8] 余先纯，孙德林，计晓琴，等．材料导报，2021，35：02012.

[9] Wang J，Kaskel S. J Mater Chem，2012，22：23710.

[10] Chen C，Jiang J C，Sun K，et al. Chem Ind Forest Prod，2017，37：30.

[11] Zhou Q，Gong Y，Tao K. Appl Surf Sci，2019，478：75.

［12］ Sun D L，Yu X C，Ji X Q. J Inorg Mater，2018，33：289.
［13］ Ji X Q，Sun D L，Yu X C，et al. Mater Rep，2019，33：3390.
［14］ Erdélyi Z，Beke D L. Scr Mater，2003，49：613.
［15］ 郑丁源，岳金权，岳大然，等．生物质化学工程，2019，53：1.
［16］ Lee H C，Liu W W，Chai S P，et al. RSC Adv，2017，26：15644.
［17］ Oya A，Mochizuki M，Otani S，et al. Carbon，1979，17：71.
［18］ Yaddanapudi H S，Tian K，Teng S A. Tiwari Sci Rep，2016，6：109.
［19］ Bai Y J，Zhang H J，Li X. Nanoscale，2015，7：1446.
［20］ Moseenkov S I，Kuznetsov V L，Zolotarev N A，et al. Mater，2023，16：1112.
［21］ Otakar F，Marcel M，Janina M，et al. ACS Nano，2011，5：2231.
［22］ Jung S，Myung Y，Kim B N，et al. Sci Rep，2018，8：1.
［23］ Ma X，Yuan C，Liu X. Materials，2013，7：7.
［24］ Feng Y，Xu C，Hu E，et al. J Mater Chem A，2018，6 ：14103.
［25］ Xu H，Hu X，Yang H，et al. Adv Energy Mater，2014，5：1401882.
［26］ Li Z，Zhao D，Xu C，et al. Electrochim Acta，2018，278：33.
［27］ Bai Y J，Zhang H J，Li X，et al. Nanoscale，2015，7：1446.
［28］ Zhou W，Zheng K，He L，et al. Nano Letters，2008，8：1147.
［29］ Wang J，Kaskel S. J Mater Chem，2012，22：23710.
［30］ Wang A E，Greber I，Angus J C. J Electrost，2019，101（103）：359.
［31］ Lyu J，Mayyas M，Salim O，et al. Mater Today Energy，2019，13：277.
［32］ Li Y，Fan X，Zhang M，et al. J Energy Storage，2019，24：100744.
［33］ Li Y，Wu F，Jin X，et al. Inorg Chem Commun，2020，112：107718.
［34］ Pant B，Ojha G P，Acharya J，et al. Diamond Related Mater，2023，136：110040.
［35］ Thubsuang U，Laebang S，Manmuanpom N，et al. J Mater Sci，2017，52：6837.
［36］ Shang P，Zhang J，Tang W，et al. Adv Funct Mater，2016，26：7766.
［37］ Wang C，Wu D，Wang H，et al. J Mater Chem，2018，6：1244.
［38］ Chen C，Zhang Y，Li Y，et al. Energy Environ Sci，2017，10：538e.
［39］ Zhang W，Yang Y，Xia R，et al. Carbon，2020，162：114.
［40］ He S J，Hu C X，Hou H Q，et al. J Power Sources，2014，246：754.
［41］ Xin F E，Jia Y F，Sun J，et al. Appl Mater Interfaces，2018，10，3：2192.
［42］ Huang Y Y，Shi T L，Zhong Y，et al. Electrochim Acta，2018，269：45.
［43］ Zhang Q，Han K H，Li S J，et al. Nanoscale，2018，5：2427.
［44］ Zhu Y R，Ji X B. Energy Environ Sci，2013，6：665.
［45］ Kuang Y D，Chen C J，Dylan K，et al. Adv Energy Mater，2019：1901457.
［46］ Wan C C，Jiao Y，Li J. RSC Adv，2016，6：64811.
［47］ Wang L，Zheng Y L，Chen S L，et al. Electrochim Acta，2014，135：380.

CHAPTER 5

第5章 金属/非金属元素复合掺杂对不同基体电化学性能的影响

常用于木材陶瓷掺杂的金属元素主要有 Fe、Co、Ni、Mn 等，可采用烧结、水热沉积、电沉积掺杂等多种方式。其中 Co 的烧结掺杂、Ni 的水热沉积掺杂等在前几章中有所涉及，在此不再重复。非金属元素与过渡金属元素的共掺杂对炭基电极的电化学性能也有较大的影响[1-2]，故在此主要讨论 Mn、Ni 等元素的烧结掺杂以及碳纳米片、非金属元素（N、P、S）的掺杂，及其对电化学性能的影响与改善。

5.1 Mn/MnO_x 负载对芯层基体电化学性能的改善

生物质炭基电极材料虽然具有许多优势，但能量与功率密度偏低，在一定程度上制约了其应用。根据能量密度计算公式 $E=CV^2/2$ 可知，超级电容器的能量密度与电极材料的比电容成正比例关系。研究发现，赝电容超级电容器因其电极材料能进行快速的法拉第反应产生赝电容，比炭基材料具有更高的比电容。

MnO_2 作为一种高理论比电容（可达 1370 F/g）的赝电容材料，储锂或储钠的特性使其成为二次电池最具发展前景的负极材料之一，同时也是制作超级电容器电极的优异材料。MnO_2 单独作为超级电容器电极材料时，会存在比电容衰减快、循环特性差等问题[3-4]，难以充分发挥其最佳性能。木材陶瓷具有多层级孔隙结构、高导电率，可以作为基体材料负载多种活性物质。将 MnO_2 引入木材陶瓷中，两者相互结合、优势互补，可以充分发挥复合电极的电化学性能，从而提高超级电容器的能量密度。

将第 3 章中制备的松木基木材陶瓷芯层材料（WM-3：7-180-6，在本节中简称 PWE）作为基体材料，采用一步水热法将纳米 MnO_2、Mn_3O_4 和 Mn_2O_3 负载在其表面与孔隙中，制备木材陶瓷/MnO_x 复合芯层材料（以下简称 PWE@MnO_x）作为自支撑电极，并组装超级电容器。通过探析 MnO_x 的负载形式、分布状态以及电化学性能之间的对应关系，分析 MnO_x 对电化学性能的贡献，减少对金属集流体的依赖，为木材陶瓷自支撑电极芯层材料的制备提供一种新的方法[5]。

5.1.1 MnO_x 负载工艺过程

① MnO_x 负载：用 1.0 mol/L 的 HCl 溶液调节去离子水的 pH 值至 2，量取 75 mL，分别加入不同质量（2.0 g、3.0 g、4.0 g、5.0 g）的 $KMnO_4$，溶解后将松木基木材陶瓷自支撑电极基体材料浸泡在 $KMnO_4$ 溶液中，超声波辅助浸渍 20 min 后将 PWE 连同溶液转移至高温反应釜中，在 180 ℃温度下水热处理 10 h。冷却后用去离子水洗涤至中性，60 ℃烘干，即可得到木材陶瓷/MnO_2 复合自支撑电极材料，记作 PWE@MnO_x-Y（其中 Y 表示 $KMnO_4$ 的质量分数）。

② 对比试件制备：采用与步骤①相同的方法，将未加入 $KMnO_4$ 的对比试件置于去离子水中 180 ℃条件下水热处理 10 h，得到对比试件，记为 PWE_0。

使用 SEM、TEM、XRD、XPS 以及电化学工作站等进行测试与表征。

5.1.2 微观形貌

图 5-1 为 PWE@MnO_x 的 SEM 照片，其中图 5-1(a)、(b)、(c)、(d) 分别对应 $KMnO_4$ 质量为 2.0 g、3.0 g、4.0 g、5.0 g 的样品，分别标记为 PWE@MnO_x-2、PWE@MnO_x-3、PWE@MnO_x-4、PWE@MnO_x-5。

从图 5-1(a) 中可以看出，当 $KMnO_4$ 的添加量为 2.0 g 时，在木材陶瓷自支撑电极的表面只附着了少量的 MnO_x 结晶，且多为短小的棒状结构。当添加量增加为 3.0 g 时，MnO_x 增多，有棒状的晶体呈簇状出现[图 5-1(b)]。从图 5-1(c) 中观察到：当 $KMnO_4$ 的用量为 4.0 g 时，MnO_x 在木材陶瓷表面呈现出多维状态，不仅有棒状的 MnO_x 晶体，同时还有花簇球状的，两者相互交织、较有序地生长在木材陶瓷表面。当 $KMnO_4$ 的添加量继续增加到 5.0 g 时，花簇球状 MnO_x 出现堆积[图 5-1(d)]。在电化学性能预实验测试中发现 PWE@MnO_x-4 具有相对较好的比电容，因此将其作为重点进行分析。

为了进一步探究 MnO_x 的组装对木材陶瓷基体微观结构的影响，以 PWE@MnO_x-4 为对象进行 SEM 观测，结果如图 5-2 所示。从图 5-2(a) 中可发现：PWE@MnO_x-4 端面呈现出多孔结构，表面与孔隙中被颗粒状物质覆盖与填

图 5-1 PWE@MnO_x 的 SEM 图像

充。图 5-2(b) 和 (c) 为图 5-2(a) 中区域 A 的 SEM 放大图，从其高倍率照片中可以清晰地观察到木材陶瓷基体内壁上负载着短棒状的 MnO_x 和八面体状的 MnO_2 单元晶体。图 5-2(d)和(e)为图 5-2 (a) 中区域 B 的局部放大图：棒状的 MnO_x 规整生长在孔壁表面。图 5-2(f)、(g)、(h)为图 5-2(a) 中区域 C 的局部放大图：大量花簇球状与部分棒状的 MnO_x 相互交织，附着在木材陶瓷基体的表面和孔隙中。

图 5-2 PWE@MnO_x-4 的 SEM 图像

根据上述观察发现：采用水热活化所得到的 PWE@MnO_x 自支撑电极中含有大量不同形貌的 MnO_x，且以棒状和花簇球状为主，其中花簇球状体的直径大约在 1100～3500 nm 之间。这些花簇球状体可提供更大的比表面积和活性位点[5-6]。

5.1.3 孔结构与比表面积

采用 N_2 吸附-脱附法测试试件的孔隙结构，结果如图 5-3 所示。从图 5-3(a) 中可以看出 PWE_0 的 N_2 吸附-脱附等温曲线属于典型的Ⅰ型等温线，表明以微孔结构为主。相比之下，PWE@MnO_x-4 的 N_2 吸附-脱附等温曲线属于典型的带有 H3 回滞环的Ⅳ型等温线，表明材料中含有大量介孔结构[7]。与此同时，从图 5-3(b) 的孔径分布图中可以发现：PWE@MnO_x-4 中的介孔明显比 PWE_0 多。

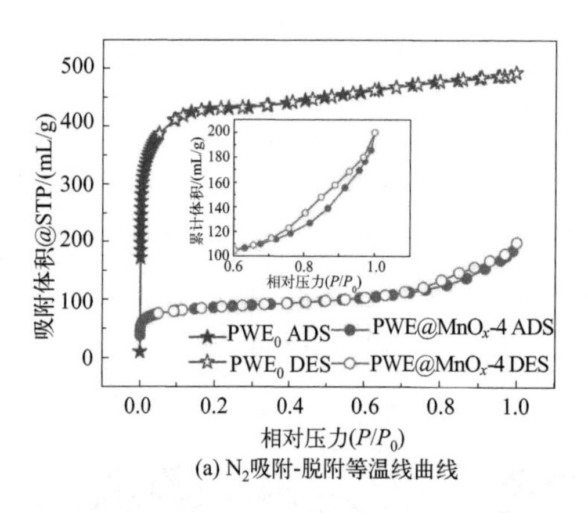

(a) N_2吸附-脱附等温线曲线

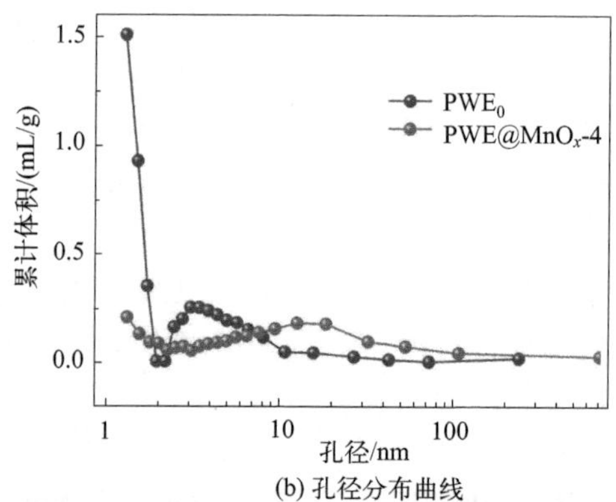

(b) 孔径分布曲线

图 5-3 N_2 吸附-脱附等温线和孔径分布曲线

表 5-1 列出了试件 PWE_0 和 PWE@MnO_x-4 的比表面积和平均孔径：负载前自支撑电极（PWE_0）的比表面积高达 1672.0 m^2/g，负载后，比表面积降低到 330.9 m^2/g，这可能是由于 MnO_x 的生长使得部分孔隙结构改变（填充甚至堵塞），同时也形成了更多的介孔[8]。表 5-1 中显示 PWE@MnO_x-4 的平均孔径为 3.7544 nm，属于介孔的范畴。虽然 PWE_0 具有较大的比表面积，但这主要是微孔的贡献，而微孔对于电化学性能的贡献率要小于介孔[9-10]。因此，虽然 PWE@MnO_x-4 的比表面积减少了，但增加的介孔有利于改善电化学性能，加之 MnO_x 本身所具有的高理论比电容，在与木材陶瓷基体复合后可发挥协同效应，因此电化学性能可以得到进一步提升。

表 5-1 PWE_0 和 PWE@MnO_x-4 的孔隙特征分析

样品	比表面积(BET)/(m^2/g)	平均孔径/nm
PWE_0	1672.0	0.7648
PWE@MnO_x-4	330.9	3.7544

5.1.4 化学构成

5.1.4.1 XRD分析

图5-4是PWE_0和PWE@MnO_x-4的XRD谱图。从图5-4中发现：两者在23°和43.5°附近均出现了鼓包峰，分别对应于石墨的（002）和（100）无序微晶面[11]。在$2\theta=24.3°$附近，PWE@MnO_x-4谱图中有类石墨特征的（110）特征峰，说明存在较少的比较完整的石墨微晶结构[12]。这也表明经高温高压活化负载MnO_x后，其石墨化程度有所改善。但与纯石墨的衍射峰相比相对较弱，说明仍然是以无定形炭为主[13]。

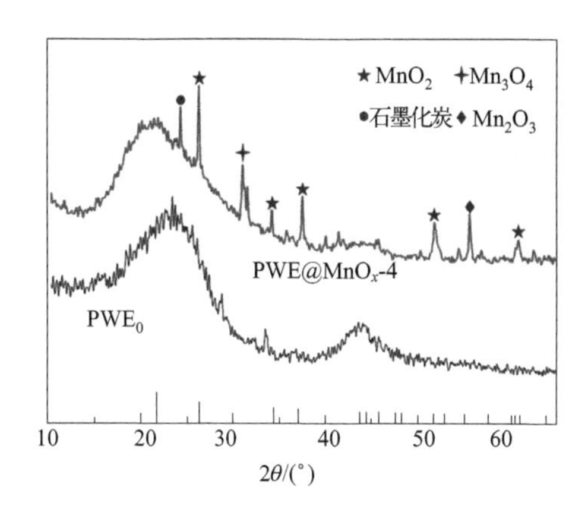

图5-4 PWE_0和PWE@MnO_x-4的XRD谱图

与此同时，在PWE@MnO_x-4的XRD谱图中的27.3°、34.8°、37.5°和60.3°附近有较尖锐的特征峰，与标准谱α-MnO_2晶体的特征峰相对应，表明水热合成的MnO_x为α-MnO_2，与相关报道基本一致[14]。此外，在$2\theta=31°$、55.1°分别出现了表征Mn_3O_4和Mn_2O_3的特征峰，表明所生成的MnO_x是由α-MnO_2、Mn_3O_4和Mn_2O_3组成的混合物，Mn元素在此呈现出多种价态。由此可预测，基于木材陶瓷基体材料良好的导电性，加之多种价态Mn元素的协同效应[15]，可使得PWE@MnO_x-4的赝电容性能得到有效发挥。

5.1.4.2 TEM观测

TEM可用来进一步分析材料的物相构成，图5-5为PWE@MnO_x-4的TEM照片及其选区电子衍射图。从图5-5(a)中可以观察到棒状和片层状结构的MnO_x，与SEM中的结果相一致。图5-5(b)和(c)是高倍率下的TEM图，清晰显示出规整的晶格条纹。两种晶面间距分别为0.208 nm和0.313 nm，与

XRD 中 MnO_2 的（101）和（312）晶面相对应。图 5-5(d) 为 PWE@MnO_x-4 选区电子衍射图，可观察到 MnO_2 的（101）（301）以及 C 的（002）晶面。以上结构从多方面印证了 MnO_2 可有效负载在木材陶瓷基体的表面与孔隙中。

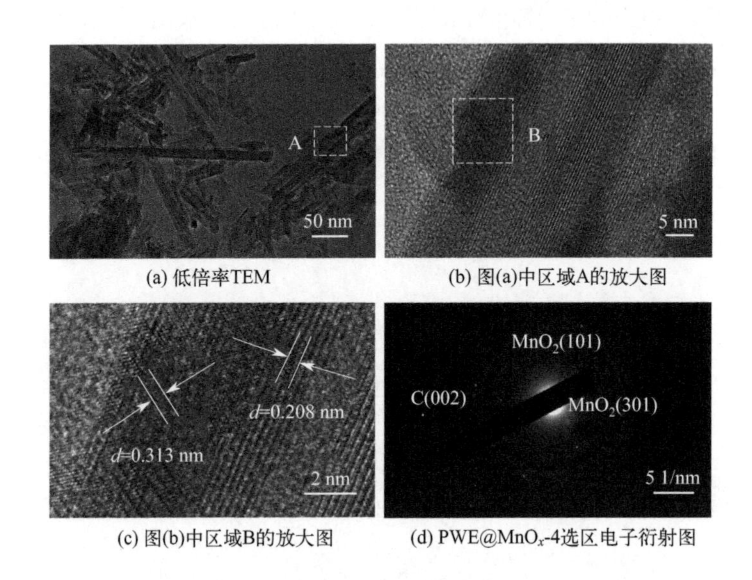

(a) 低倍率TEM　(b) 图(a)中区域A的放大图　(c) 图(b)中区域B的放大图　(d) PWE@MnO_x-4选区电子衍射图

图 5-5　PWE@MnO_x-4 的 TEM 图及其选区电子衍射图[5]

5.1.4.3　XPS 表征

为了更清楚地了解自支撑电极的化学组成以及化学态，对 PWE@MnO_x-4 进行 XPS 分析。其中，图 5-6(a) 为样品的全谱图，图中 C、O、Mn 元素的特征峰十分明显，在结合能为 280～297 eV、525～535 eV 和 635～660 eV 范围内存在不同强度的吸收峰，分别归属于 C 1s 峰、O 1s 峰、Mn 2p 峰。图 5-6(b) 为 Mn 元素的分谱图，分别对应 Mn $2p_{3/2}$ 和 Mn $2p_{1/2}$ 的两个特征峰十分明显，拟合后分别位于 641.8 eV 和 653.4 eV 处，相距约 11.6 eV，证明 Mn 元素主要以＋4 价形式存在[16-17]。与此同时，还有少量 Mn 元素以＋2、＋3 价的形式存在，而这种多种化学态的存在能够使电化学反应快速高效进行，使赝电容性能得以充分发挥。图 5-6(c) 和 (d) 分别为 C 和 O 元素的分谱图，分别对应着 C 1s 能级和 O 1s 能级。从图 5-6(c) 和 (d) 中可以发现 PWE@MnO_x-4 中含有丰富的 C═O、O—C═O、O═C—OH、—COOH、Mn—O—Mn 等，其中位于 529.7 eV 的强峰对应于 MnO_2 中的 O 原子[18]。大量含氧基团的存在有利于提高电极材料的亲水性[19]，改善其与电解液之间的润湿性，进而有利于电化学性能提升。

5.1.4.4　EDS 和元素映射分析

为了进一步确定 PWE@MnO_x-4 的组成成分及各元素分布情况，对其进行

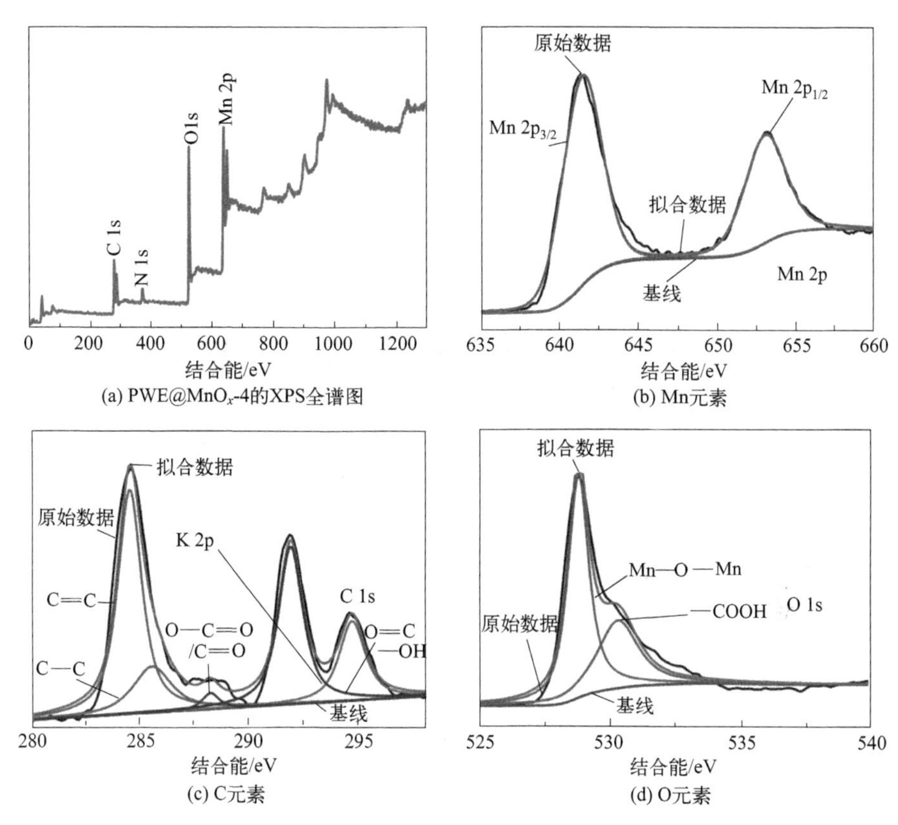

图 5-6　PWE@MnO$_x$-4 XPS 全谱图及样品中各元素的能谱图

EDS 和元素映射分析，图 5-7 所示为 PWE@MnO$_x$-4 的 EDS 和元素映射图。由图 5-7(a) 中的 EDS 分析发现 C、N、O、K、Mn 元素的含量分别为 17.7%、2.12%、42.17%、6.01%、31.99%，可见 O、Mn 元素的占有很大的比例。图 5-7(b) 为元素映射测试区域，图 5-7(c)～(e)为 PWE@MnO$_x$-4 的元素映射图：C、O、Mn 等几种最主要元素分布都比较均匀。同样地，通过元素映射图可以更加确定 PWE@MnO$_x$-4 主要由 C、O、Mn 元素构成。其中，C 元素来自于生物质材料（松木）本身，而 Mn 则来源于水热处理负载生成的纳米 MnO$_x$。O 元素可能来自于高温高压下基材、空气和水中 O 元素以及氧化剂 $KMnO_4$。

5.1.5　电化学性能

电化学性能是电极材料的重要性能，通过对 PWE$_0$ 和 PWE@MnO$_x$ 进行 CV、GCD 和 EIS 测试来加以表征。

5.1.5.1　线性循环伏安

循环伏安曲线可以直观地反映充放电过程中电极表面的电化学行为。图 5-8

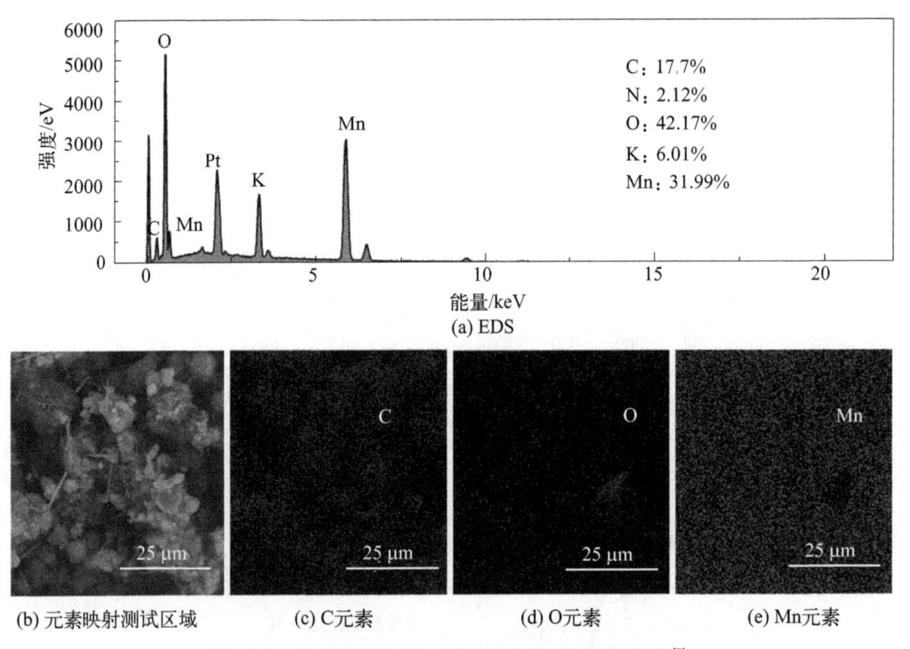

(a) EDS

(b) 元素映射测试区域　(c) C元素　(d) O元素　(e) Mn元素

图 5-7　PWE@MnO_x-4 的 EDS 和元素映射图[5]

为 PWE_0 和不同负载比例下所获得 PWE@MnO_x 的 CV 图。由图 5-8(a) 可知：测试电压在－1～0 V、扫描速率在 5～400 mV/s 范围内，PWE_0 的 CV 曲线呈现出梭状形态，虽然具有良好的对称性，但曲线所围成的面积偏窄，属于双电层电容[20]；图 5-8(b)～(e)分别为 PWE@MnO_x-2、PWE@MnO_x-3、PWE@MnO_x-4、PWE@MnO_x-5 的 CV 曲线，图中显示：随着 MnO_2 负载量增加，CV 曲线中有氧化还原峰出现，其对应 Mn(Ⅳ)/Mn(Ⅲ)氧化态之间的转变以及在纳米 MnO_x 表面发生的电荷转移。这也说明在充放电过程中，电解液中的 OH^- 能够在含纳米 MnO_x 的电极材料表面吸附/解吸，及在基体中嵌入/脱出，进行快速的法拉第反应而形成赝电容[21-22]。

循环伏安曲线围成的积分面积大小可以间接体现材料比电容的大小。从图 5-8(f) 中可以看出，在相同扫描速率下（200 mV/s），PWE@MnO_x 所围成的面积先是随着 $KMnO_4$ 用量的增加而增加，但高于 4.0 g 后反而降低。WE@MnO_x-2 与 PWE_0 则相差无几，但 PWE@MnO_x-5 的则小于 PWE_0，表明合适的 $KMnO_4$ 用量可拥有较好的循环伏安性能。这主要是由于高浓度的 $KMnO_4$ 可以生成更多的 MnO_x，虽然 MnO_x 可以提供更多的赝电容，但大量 MnO_x 的堆叠易堵塞孔隙，影响传播速度，且过量的 MnO_x 还会增加电阻。而低浓度的 $KMnO_4$ 由于生成的 MnO_x 较少，故影响不明显。

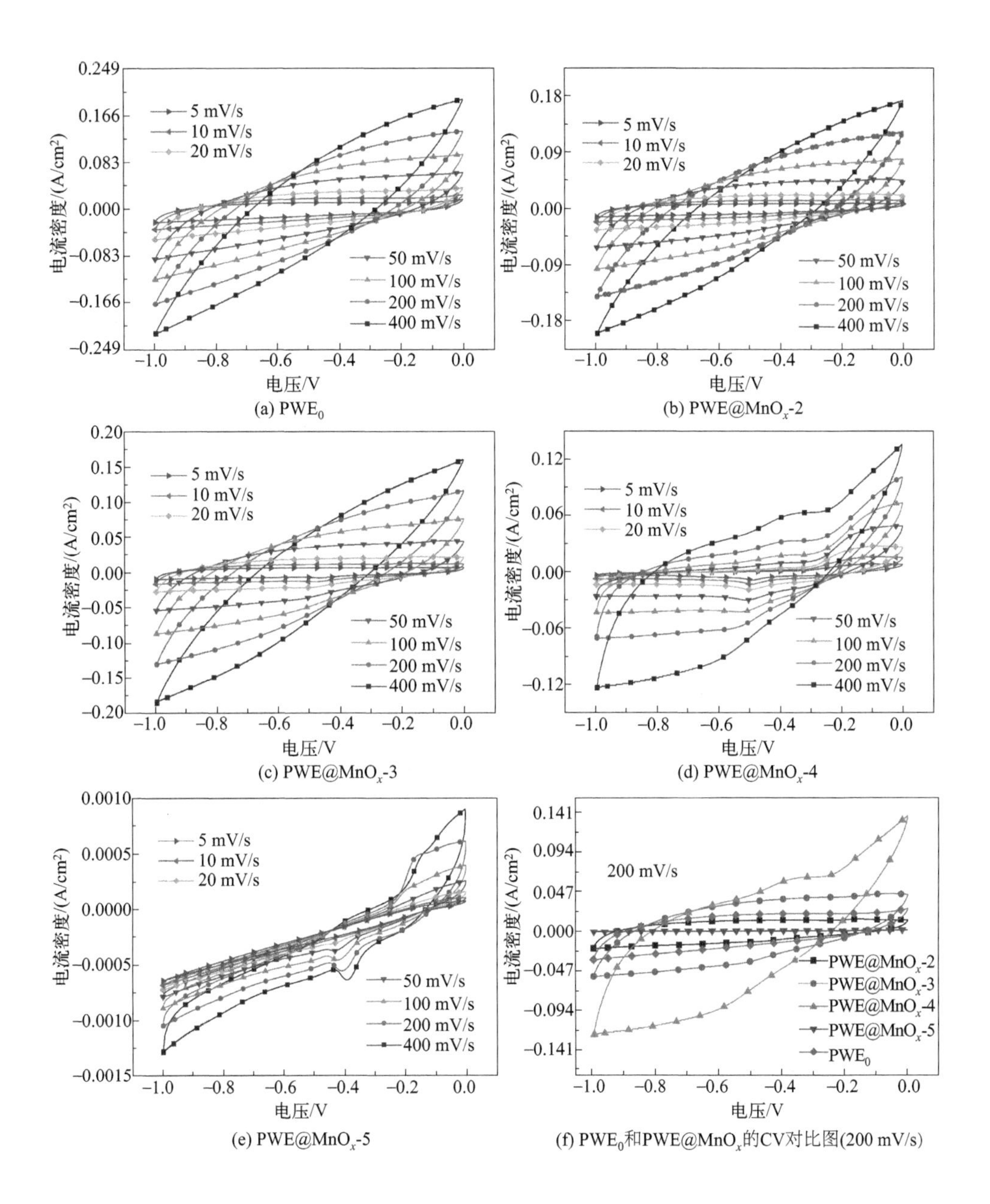

图 5-8 自支撑电极在不同扫描速率下的 CV 图

5.1.5.2 恒电流充放电

图 5-9 是不同 Mn 掺杂比例自支撑电极的 GCD 图。由式(2-3)计算可得，当电流密度为 0.1 A/g 时，PWE_0、PWE@MnO_x-2、PWE@MnO_x-3、PWE@

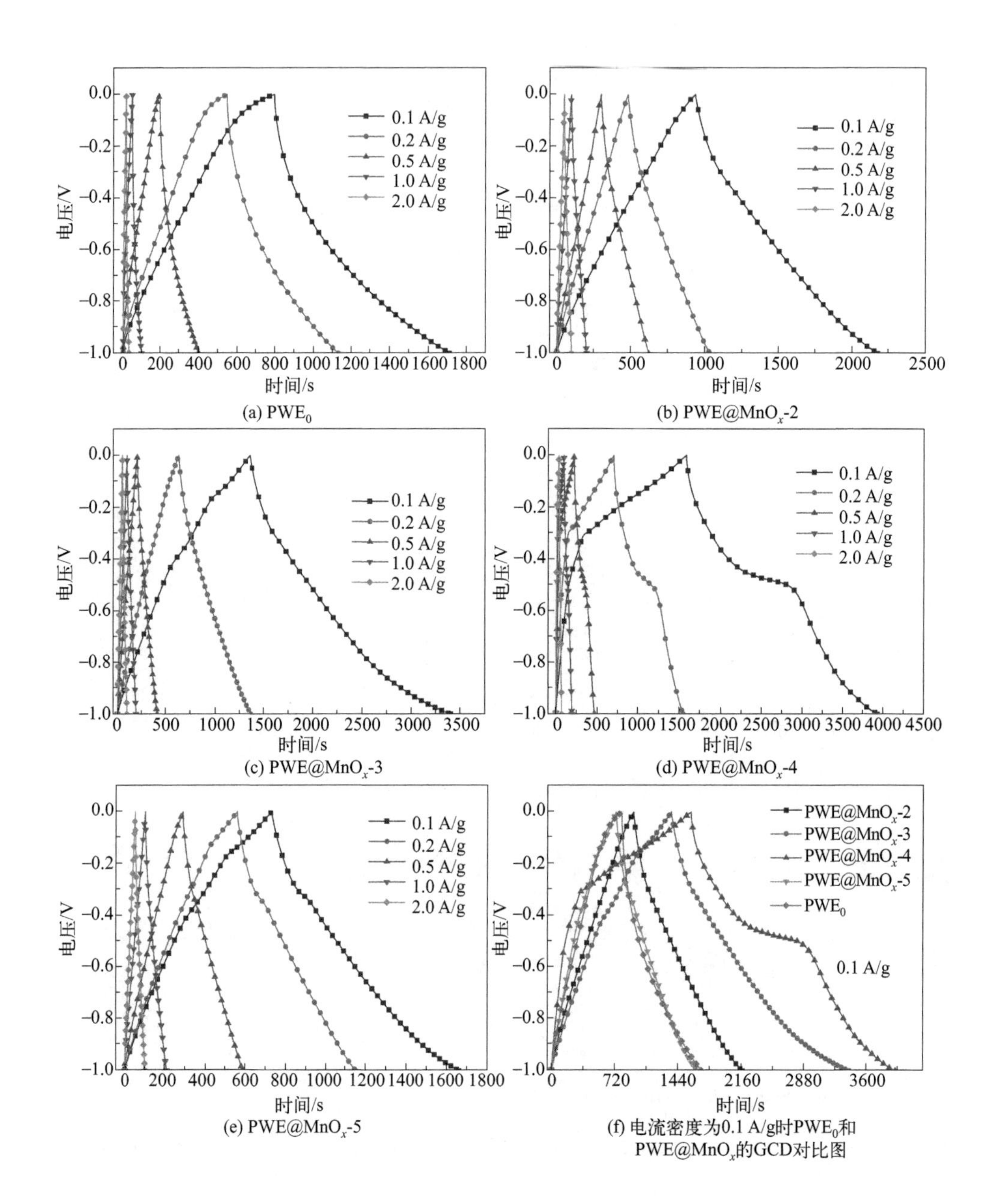

图 5-9 不同 Mn 掺杂比例自支撑电极在不同电流密度下的 GCD 图

MnO_x-4 和 PWE@MnO_x-5 作为超级电容器自支撑电极时其比电容分别为 83.2 F/g、124.3 F/g、178.4 F/g、293.7 F/g 和 88.5 F/g。很显然，木材陶瓷负载 MnO_x 后可以拥有更高的比电容，在本实验条件下，当 $KMnO_4$ 用量为 4.0 g 时的比电容最大。这可以解释为：当 $KMnO_4$ 用量适中时，在水热负载过程中所生

成的不同形状的 MnO_x 呈均匀分布状态附着在木材陶瓷基体的表面和孔径中，同时花簇球状结构的 MnO_x 可提供更大的比表面积和更多的活性位点，可存储更大的电荷，而作为良好赝电容材料的 MnO_x 在充放电过程中所发生的快速法拉第反应可更进一步增强自支撑电极的储能性能。从图 5-9(a)～(e)中可以发现：随着电流密度的增大，PWE_0 和 PWE@MnO_x 的比电容均显示出逐渐降低。这是由于当电流密度较大时，电极与电解质界面会吸附大量的离子，导致界面处电解质离子浓度迅速下降，当离子不能得到及时补充时，法拉第反应速度将减慢且不充分[23]。与此同时，从图 5-9(f)中发现：当 $KMnO_4$ 的用量为 5.0 g 时，PWE@MnO_x 的比电容减小，这与 CV 结果一致。

表 5-2 列出了 PWE@MnO_x-4 与其他材料所制备自支撑电极的比电容，可见其比电容位于前列[24-30]。由于木材陶瓷基体可耐酸碱，因此可在多种环境下使用。

表 5-2 各种锰类材料作为超级电容器电极的性能比较

名称	电解液	比电容	参考文献
Ti_3C_2/MnO_2 复合材料	—	160 F/g(0.5 A/g)	[24]
纳米纤维/MnO_2/CNT 柔性电极	Na_2SO_4(1 mol/L)	97.02 F/g(0.1 A/g)	[25]
Gr/MnO_2/纳米纤维素柔性电极	Na_2SO_4(1 mol/L)	117.5 F/g(10 mV/s)	[26]
Nd_2O_3/Mn_3O_4 电极	KOH(3 mol/L)	205.29 F/g(5 mV/s)	[27]
MnO_2-沉积炭纳米纤维电极	Na_2SO_4(1 mol/L)	171.6 F/g(5 mV/s)	[28]
3D-石墨烯/MnO_2	Na_2SO_4(1 mol/L)	333.4 F/g(0.2 A/g)	[29]
MnO_2 纳米球	Na_2SO_4(1 mol/L)	110 F/g(0.5 A/g)	[30]
PWE@MnO_x-4	KOH(6 mol/L)	293.7 F/g(0.1 A/g)	本工作

5.1.5.3 交流阻抗

图 5-10 是 PWE_0 和不同负载比例下 PWE@MnO_x 的交流阻抗曲线。EIS 曲线主要由高频区的半圆弧线与低频区的直线组成：在高频区域内，半圆结构主要反映电极材料与电解质界面处的界面电荷转移电阻；在低频区域内，垂直曲线代表电解质离子在电极材料中快速转移所表现出的理想电容行为，斜率越大，电极材料自身的电容性越好[31-32]。

图 5-10(a)为不同 $KMnO_4$ 用量所得 PWE@MnO_x 电极材料的交流阻抗曲线，从图中可以观察到 PWE@MnO_x-2、PWE@MnO_x-3、PWE@MnO_x-4 和 PWE@MnO_x-5 的交流阻抗值分别为 1.34 Ω、1.46 Ω、0.87 Ω 和 1.52 Ω。其中，PWE@MnO_x-4 的阻抗值最小，其他 3 组的相差不大，这与恒电流充放电的结果相一致。图 5-10(b)为 PWE_0 和 PWE@MnO_x-4 的 EIS 对比图：PWE_0 的

阻抗值（1.33 Ω）远大于 PWE@MnO_x-4（0.87 Ω）。这是因为：理论上 MnO_2 的电导率较低，电荷转移电阻较大[33]。但在水热处理时，不同形貌的纳米 MnO_x 较均匀地分布在木材陶瓷基体的表面与孔隙中，借助炭基体良好的导电性与多孔性可以在一定程度上改善复合电极材料的导电率[34]，而 MnO_x 所重构的介孔可能降低离子扩散和电子迁移的阻值。因此，适量负载 MnO_x 后的自支撑电极表现出更小的阻抗值。图 5-10(b)中 PWE@MnO_x-4 交流阻抗曲线的斜率较 PWE_0 更接近 90°，表明其具有更优异的导电性能和更高的比电容。

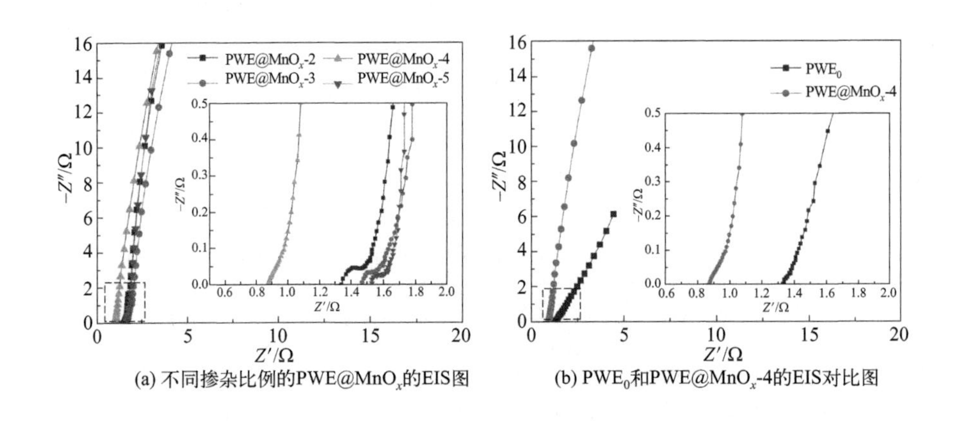

(a) 不同掺杂比例的PWE@MnO_x的EIS图　(b) PWE_0和PWE@MnO_x-4的EIS对比图

图 5-10　PWE_0 和 PWE@MnO_x 的 EIS 图

5.1.5.4　循环稳定性、能量密度与功率密度

良好的循环稳定性是评价超级电容器性能的重要指标[35]。图 5-11 为 PWE@MnO_x-4 的循环稳定性曲线和能量与功率密度对比图。从图 5-11（a）中的循环稳定性曲线可以看出：在电流密度为 0.1 A/g 的条件下，在循环充放电前 50 圈比电容衰减较为明显。这是因为在测试初期，充放电产生的热能和电流冲击易导致部分负载在木材陶瓷基体上较松散的 MnO_x 脱落所致。随着循环充放电时间的延长，电极的结构趋于平稳，因此比电容的衰减也趋于平缓。经过 5000 次循环充放电后，PWE@MnO_x-4 的比电容保持率为 81.9%，表明该电极的循环稳定性良好。

为进一步探讨 PWE@MnO_x-4 的实际储能情况，以其为电极组装成简易的超级电容器，在 6 mol/L 的 KOH 电解质中测试其能量密度与功率密度。图 5-11(b) 为超级电容器的能量与功率密度及对比图：当能量密度为 24.65 Wh/kg 时，其功率密度达到 125 W/kg；当能量密度为 18.6 Wh/kg 时，其功率密度提高至 1249.8 W/kg，表明掺杂 MnO_x 后所获得的电极 PWE@MnO_x-4 具有较好的赝电容储能，这得益于花簇球状和棒状等独特形状 MnO_x 所构成的三维网状结构。

此外，从图 5-11(b)可以看出，PWE@MnO_x 的能量和功率密度优于大多数报道[36-45]，这也表明通过负载适量 MnO_x 可有效改善木材陶瓷自支撑电极的储能性能。

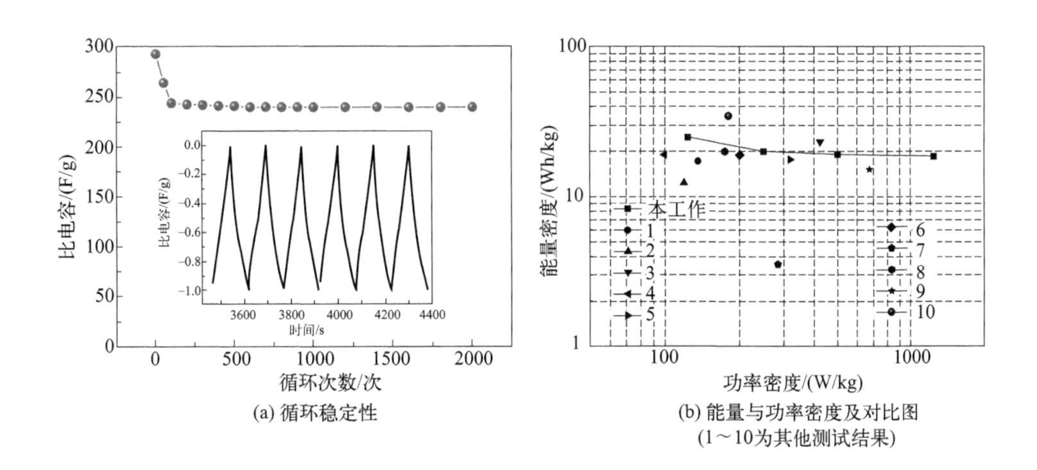

(a) 循环稳定性

(b) 能量与功率密度及对比图
(1～10为其他测试结果)

图 5-11 PWE@MnO_x-4 电极的循环性能、能量与功率密度

5.2 Co/CoO 复合木基遗态结构锌空气电池电极

锌空气电池（ZAB）具有高能量密度和电解质安全性等优点，含有 Co/CoO 纳米颗粒和 N 掺杂木材炭基模板（NWC）组装的整体空气电极（Co/CoO@NWC）具有双催化功能。以 Co/CoO@NWC 为阴极的液态锌空气电池具有高达 800 mAh/g 的放电比容量、0.84 V 的低充放电间隙和 270 h 长期循环稳定性。即使是在全固态 ZAB 中也表现出优异的催化活性和稳定性[46]。

木材即使是在炭化后其固有的多层次孔隙结构依然可得到很好的保存，由于基材与 Co/CoO 的亲水性不同，可提供丰富的三相界面（triple phase boundaries，TPBs），而位于三相界面上的 Co/CoO 是析氧反应的主要活性位点，其与木材炭基模板管状结构的相互配合可有效地阻止纳米颗粒的聚集，这种单片电催化剂的设计和制备有助于其广泛应用并推动下一代生物质存储设备的发展。

5.2.1 Co、N 共掺杂电极构建

整体 Co/CoO@NWC 电极的构建包括炭化、电沉积和活化等 3 个步骤：

① 木质炭质基材制备：以泡桐木为基材，加工成 1.5 cm×1.5 cm×3 mm 的薄片，干燥后在真空环境下浸泡 28%的 NH_4Cl 水溶液、60 ℃干燥。然后在 N_2 保护下、500 ℃烧结 1 h 后升温至 900 ℃，烧结 2 h，得到掺杂 N 的炭基模

板[47]。以同样尺寸泡桐木薄片，经同样工艺烧结，制得未掺杂炭基模板。

② 电沉积：将炭基模板在 1.0 mol $Co(NO_3)_2 \cdot 6H_2O$ 和 0.10 mol $NaNO_3$ 的混合溶液中浸泡 24 h，使用电化学工作站以 0.5 mA/cm^2 恒电流电沉积 2 h。清洗后在 60 ℃真空烘箱中干燥 24 h，所得掺杂 N 试件标记为 $Co(OH)_2$@NWC、未掺杂 N 试件标记为 $Co(OH)_2$@WC。

③ 活化：使用 Ar 气氛保护，在 500 ℃温度下处理 2 h，最终得到具有块状结构的 Co/Co@NWC 和 Co/CoO@WC。

5.2.2 基本性能

SEM 图像显示：泡桐木炭质基材完好地保存了其本身所具有的天然形态[图 5-12(a)～(g)]，其固有的孔隙为固体催化剂中的气体扩散和电解质传质提供了通道。N 掺杂前试件表面光滑，浸渍 NH_4Cl 并烧结后，内壁出现了诸多小孔[图 5-12(b),(f)]，并呈现出多级孔隙结构，可见形成了三维网络通道，这可提供更多的有效比表面积，进而导致活性组分的负载和分散程度的增加。

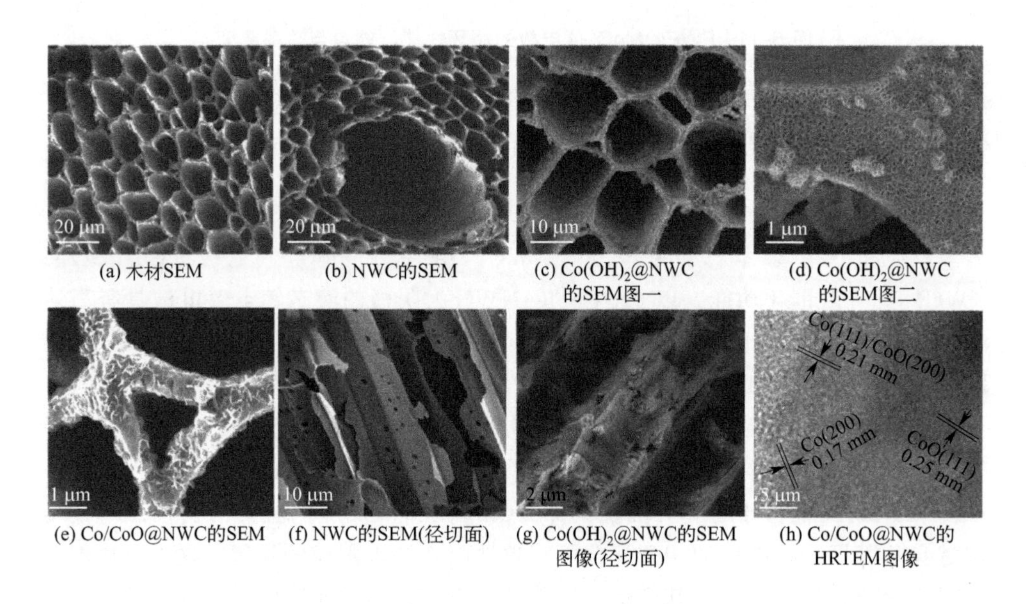

图 5-12 泡桐、木炭基体及掺杂 N 和 $Co(OH)_2$ 后的 SEM 和 TEM 图像

从图 5-12(c)和(d)中发现：$Co(OH)_2$ 均匀沉积在木炭的外表面和孔隙的内表面，由图 5-12(e)可见炭基模板的管壁负载了均匀的 Co 元素薄片。而图 5-12(f)和(g) 中显示木基炭的内表面比沉积前更加粗糙。HRTEM 图像[图 5-12(h)]表明，在 Co/CoO@NWC 中，Co 元素以单质 Co 和 CoO 的形式存在于基体表面，0.17 nm

和 0.25 nm 的晶格间距可以确定为 Co（200）和 CoO（111）的晶格间距[48]。

试件 WC、NWC、$Co(OH)_2$@NWC 和 Co/CoO@NWC 的 XRD 谱图见图 5-13(a)。图 5-13(a)中显示：WC 和 NWC 的 XRD 谱图中位于约 23°和 43°的两个宽峰对应于碳的（002）和（101）衍射峰[49]。$Co(OH)_2$@NWC 的 XRD 谱

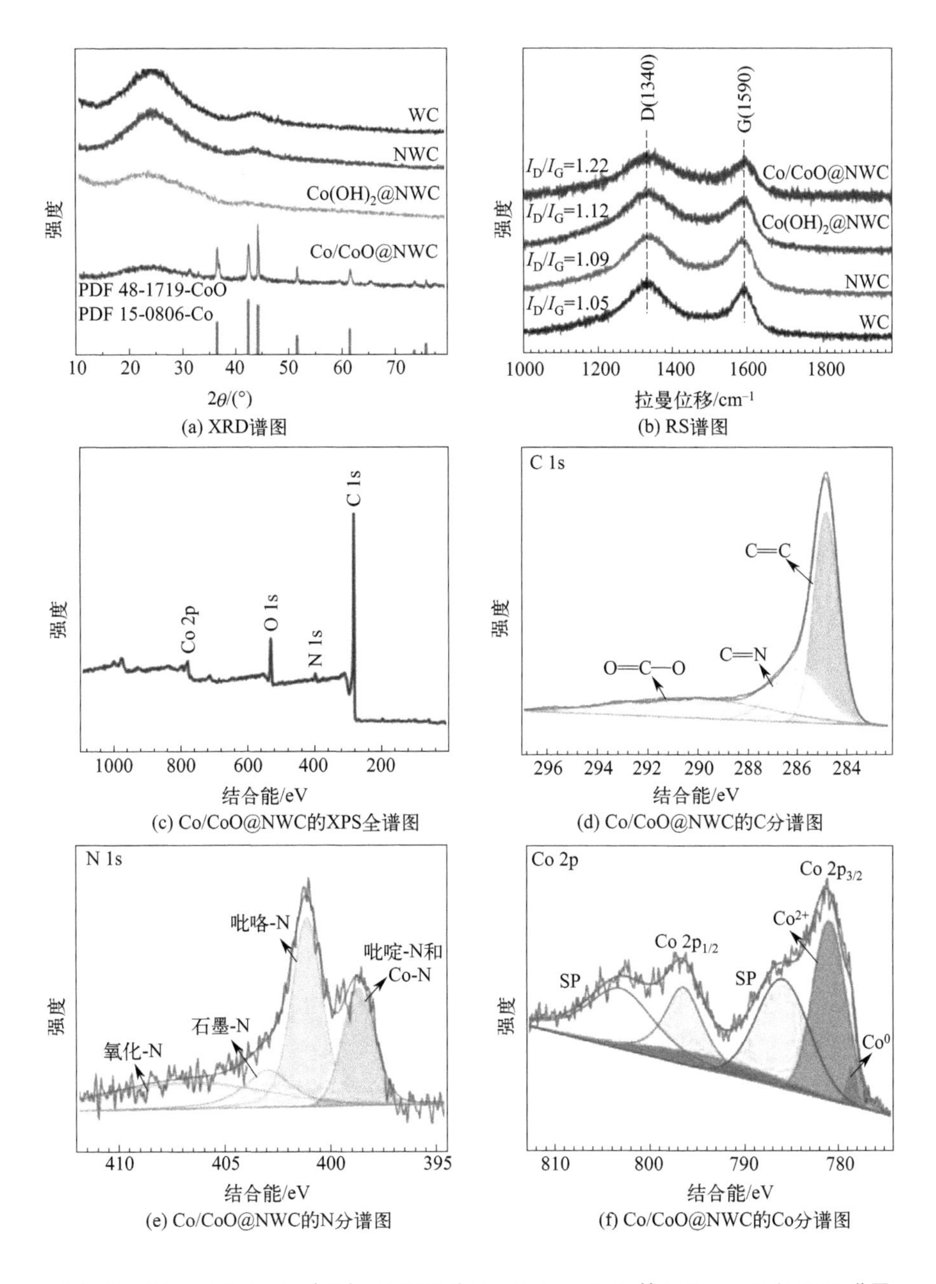

图 5-13 WC、NWC、$Co(OH)_2$@NWC 和 Co/CoO@NWC 的 XRD、RS 和 XPS 谱图

图中没有出现新的衍射峰，说明NWC上的$Co(OH)_2$是无定形的，这与前人报道的研究结果一致[50]。在Co/CoO@NWC的XRD谱图中，约44.2°和51.5°处的衍射峰属于Co（111）和Co（200）晶面，位于36.5°、42.4°和61.5°的衍射峰分别属于CoO的（111）、（200）和（220）晶面[51]。由此可见，NWC孔隙与表面的无定形$Co(OH)_2$纳米片成功转化为Co/CoO异质结构。

WC、NWC、$Co(OH)_2$@NWC和Co/CoO@NWC的LRS谱图[图5-13(b)]在1340 cm^{-1}（D峰）和1590 cm^{-1}（G峰）处显示出两个明确的峰带，代表无序碳原子或缺陷碳原子sp^3杂化位点和sp^2杂化位点。强度比通常被认为是表征碳原子状态的关键参数，WC掺杂N后，其强度比由1.05提高到1.09，说明NWC中碳的无序程度略高于WC。$Co(OH)_2$@NWC和Co/CoO@NWC的强度比分别为1.12和1.22，说明Co/Co@NWC的无序程度更高，碳缺陷较多，表明N掺杂和相变过程产生了更多的碳缺陷。

XPS谱[图5-13(c)～(f)]显示了C、N、O和Co元素的存在，与元素映射结果一致。C 1s的分谱图显示在284.8 eV、285.9 eV和290.1 eV处有三个峰值，分别指向C═C、C═N和C═O[图5-12(d)]。在图5-13(e) N 1s的分谱图中，398.7 eV、401.1 eV、402.9 eV和406.8 eV处的峰分别属于吡啶-N和Co-N、吡咯-N、石墨-N和氧化-N[52]。吡啶-N和石墨-N有利于氧化还原反应。在图5-13（f）中，Co 2p分谱图显示两个以780.9 eV和778.5 eV为中心的主峰指向Co^{2+}和Co。不同价态Co的共存进一步证实了Co/CoO异质结构的存在[53]。

5.2.3 电化学性能分析

在三电极系统中对Co/CoO复合木质炭基整体锌空气电池电极的电化学性能和催化性能进行评价，以推测其潜在的应用。将循环伏安法用于初步检测材料的析氧/氧还原反应性能[54]，结果如图5-14所示。线性扫描伏安法[图5-14(a)]显示：Co/CoO@NWC上氧还原反应（oxygen reduction reaction）的起始电位和半波电位分别为0.96 V和0.85 V［相对于可逆氢电极（RHE)］，与20% Pt/C的商用电位相同。WC、NWC、Co/CoO@WC、$Co(OH)_2$@NWC、Co/CoO@NWC和20% Pt/C的曲线的Tafel斜率[图5-14(b)]分别为189 mV/dec、175 mV/dec、131 mV/dec、177 mV/dec、96 mV/dec和123 mV/dec（dec表示电流变化十倍）。Co/CoO@NWC的曲线的Tafel斜率最小，表示O_2和H_2O在其上的吸附和活化步骤最快[55]。

采用旋转环盘电极（rotating ring-disk electrode，RRDE）技术可分析氧化还原反应在Co/Co@NWC上的反应机理。如图5-14(c)所示：在0.2～0.9 V

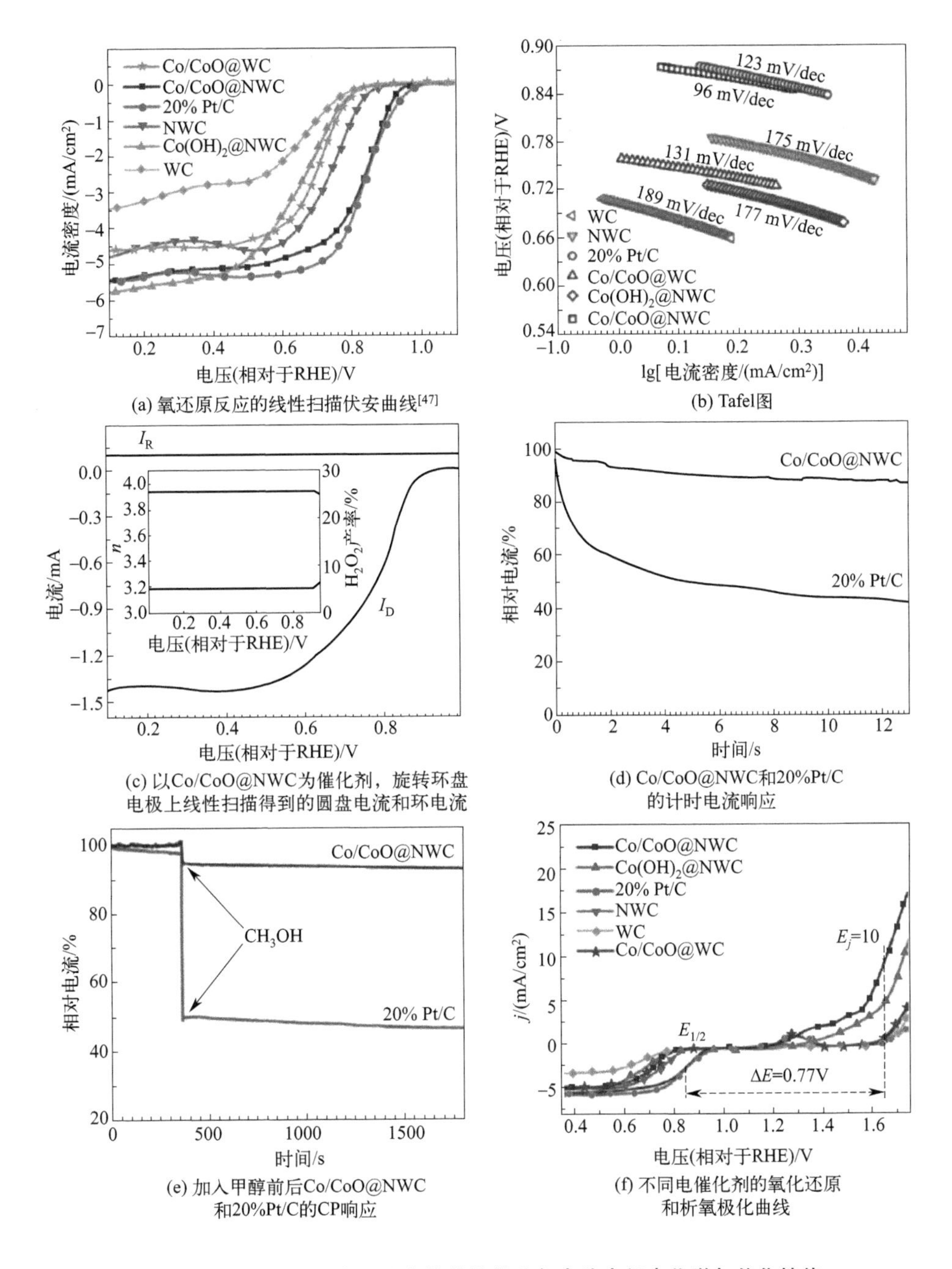

图 5-14 Co/CoO 复合木质炭基整体锌空气电池电极电化学与催化性能

范围内，转移电子数（n）在 3.90～3.95 之间变化，H_2O_2 产率低于 5%。这表明四电子氧化还原反应过程在 Co/CoO@NWC 上占主导地位。计时安培测试显示，在 0.80 V 下运行 13 h 后，Co/CoO@NWC 和 20% Pt/C 上的相对电流分别约为 90%和 40%[图 5-14(d)]。在 KOH 溶液中加入甲醇后，Co/CoO@NWC 和 Pt/C 的相对电流分别下降约 5%和 20%，表明 Co/CoO@NWC 对甲醇的抗性相对更强[图 5-14(e)]。Co/CoO@NWC 氧化还原-析氧的电位为 0.77 V[图 5-14(f)]，性能优于同类电催化剂。这些特性揭示了 Co/CoO@NWC 在可充电锌空气电池中的巨大应用潜力。

5.3 $Co(OH)_2$ 修饰木基遗态结构超级电容器自支撑电极

充分利用木材陶瓷所具有的遗态结构，以杨木炭质基材（poplar carbon）、纤维素纸隔膜和 $Co(OH)_2$ 修饰后木炭质基材为电极，以聚乙烯醇-氢氧化钾（PVA-KOH）凝胶为电解质，组装成不对称超级电容器，可获得令人满意的高比电容、高能量/功率密度和较长的使用寿命。这些优异性能主要归功于生物质炭基材料的多孔性和分层三维结构[56]。

5.3.1 负载 $Co(OH)_2$ 电极制备

（1） PCW 基体的制备

将杨木沿径向切成厚度为 0.9 mm 的木片，用 HCl 溶液浸泡后再用去离子水洗涤直至 pH≈7.0，60 ℃真空干燥 12 h 得到通道完全开放的结构。然后，在 500 ℃的温度下热处理 1 h，再在 N_2 保护下，1000 ℃烧结 2 h。冷却至室温后得到杨木遗态结构的基体 PCW。

（2） $Co(OH)_2$@PCW 复合电极合成

在电化学工作站的三电极系统中，以 PCW 基体为工作电极，AgCl 电极为参比电极，Pt 箔为对电极，以 1.0 mol $Co(NO_3)_2$ 和 0.1 mol $NaNO_3$ 的混合溶液为电解液，在不同电流密度下电沉积 2 h，所得试件标记为 $Co(OH)_2$@PCW-x，其中 x 表示电流密度。所得试件分别标记为：$Co(OH)_2$@PCW-0.05、$Co(OH)_2$@PCW-0.1、$Co(OH)_2$@PCW-0.2 和 $Co(OH)_2$@PCW-0.5。

在此过程中，可通过调整电沉积的时间或电流密度，调节 $Co(OH)_2$ 的质量负载。

5.3.2 性能与表征

5.3.2.1 显微结构

图 5-15 为 PCW 基体电极的 SEM 图像。如图 5-15(a)～(d)所示：PCW 基体的端面存在很多宏孔、中孔与微孔，同时在旋切面上留有横向的纳米孔，这些均

为木材所保留下来的遗态结构。这些分层多孔结构有利于电解质的渗透，直线形通道不仅允许离子的快速传输，而且为活性材料的高负载提供了大的表面[56-57]。采用电沉积工艺在 PCW 基体表面（包括通道内壁）原位生长 $Co(OH)_2$ 纳米片，结构如图 5-15(e)～(g)所示：电沉积后，PCW 基体中原有木材的 3D 框架结构依然保存，且在基体的表面和孔隙内部被一层薄、致密且分布均匀的 $Co(OH)_2$ 纳米片覆盖，并且在 PCW 基体和 $Co(OH)_2$ 纳米片之间显示出紧密的界面接触。同时，$Co(OH)_2$ 纳米片呈现出超薄、多孔、花瓣状的形貌，导致通道壁变厚、孔隙直径变小、表面更粗糙，这为电子与离子的存储提供了更多的场所[58]。

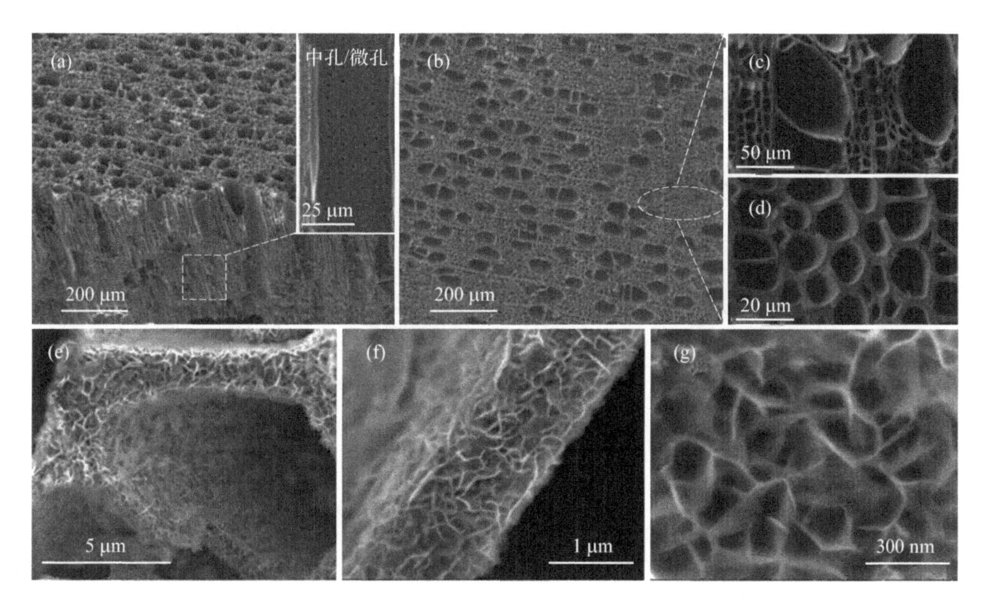

图 5-15　PCW 基体与 $Co(OH)_2$@PCW 电极的 SEM 图像

[(a)～(d)为 PCW 基体,(e)～(g)为 $Co(OH)_2$@PCW 电极]

5.3.2.2　物相构成

图 5-16 为 $Co(OH)_2$@PCW 的 TEM、HRTEM 和 SAED 图像，从图 5-16(a)～(c)中可以清楚地看到，连续的 $Co(OH)_2$ 纳米薄片在 PCW 基体表面和孔隙内紧密结合的同时具有众多的介孔。众所周知，$Co(OH)_2$ 纳米片的介孔结构对于促进电极内的质量传递以进行快速氧化还原反应和增加电极/电解质接触面积、提高电化学性能尤为重要[59]。为了更清楚地阐明 $Co(OH)_2$@PCW 复合材料的晶体结构，进一步进行 HRTEM 观察和选区电子衍射分析（SAED）。从图 5-16(d)～(f)中发现：$Co(OH)_2$@PCW 的晶格条纹清晰可见，对应于 $Co(OH)_2$ 晶体（100）、（102）和（002）晶格平面的面间距离分别为 0.248 nm、0.239 nm 和 0.483 nm。同时，

SAED 图[图 5-16(g)]中三个定义明确的环分别指向 α-$Co(OH)_2$ 纳米薄片的（002）面、（102）面和（110）面。

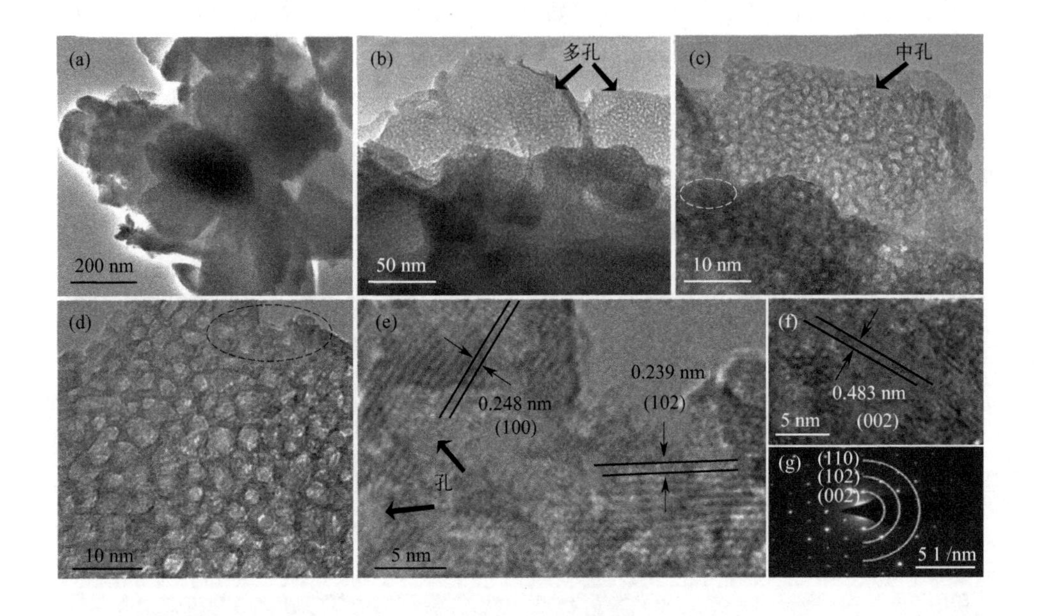

图 5-16　$Co(OH)_2$@PCW 复合电极的 TEM、HRTEM 和 SAED 图像

[(a)～(d)纳米片结构，(e)～(f)局部的高倍率图像，(g)$Co(OH)_2$@PCW 电极的 SAED 图像]

5.3.3　电化学性能评价

在 2.0 mol/L 的 KOH 电解液三电极体系中，分别测试与评价 PCW 基体和 $Co(OH)_2$@PCW 作为电极时的电化学性能，结果如图 5-17 所示。图 5-17(a)为 PCW 基体在－1～0 V 的电位窗口中，扫描速率为 1～20 mV/s 时的 CV 曲线，显示出高效和快速的电荷传输[60]。在电流密度为 1.0～20 mA/cm^2 的条件下，PCW 基体电极的 GCD 曲线[图 5-17(b)]呈近似对称三角形。在电流密度为 20 mA/cm^2 时，面积比电容为 1.934 F/cm^2，表明 PCW 基体电极具有优异的倍率能力[图 5-17(c)]。这些均远高于大多数先前报道的炭基电极，包括弹性碳膜（0.1 F/cm^2）[61]、碳化物衍生碳膜（0.044 F/cm^2）[62]、碳纳米管膜（0.481 F/cm^2）[63] 和石墨烯-纤维素纸电极（0.081 F/cm^2）[64]。这些优越的电化学性能可归因于其分层多孔的 3D 结构使电解质能够有效渗透、允许离子快速传输且高导电性的 3D 碳框架确保了有效的电流收集。

图 5-17(d)～(f) 显示了 $Co(OH)_2$@PCW 作为电极时的电化学性能：在－0.1～0.5 V 电位范围内不同扫描速率下的 CV 曲线[图 5-17(d)]显示，有一对

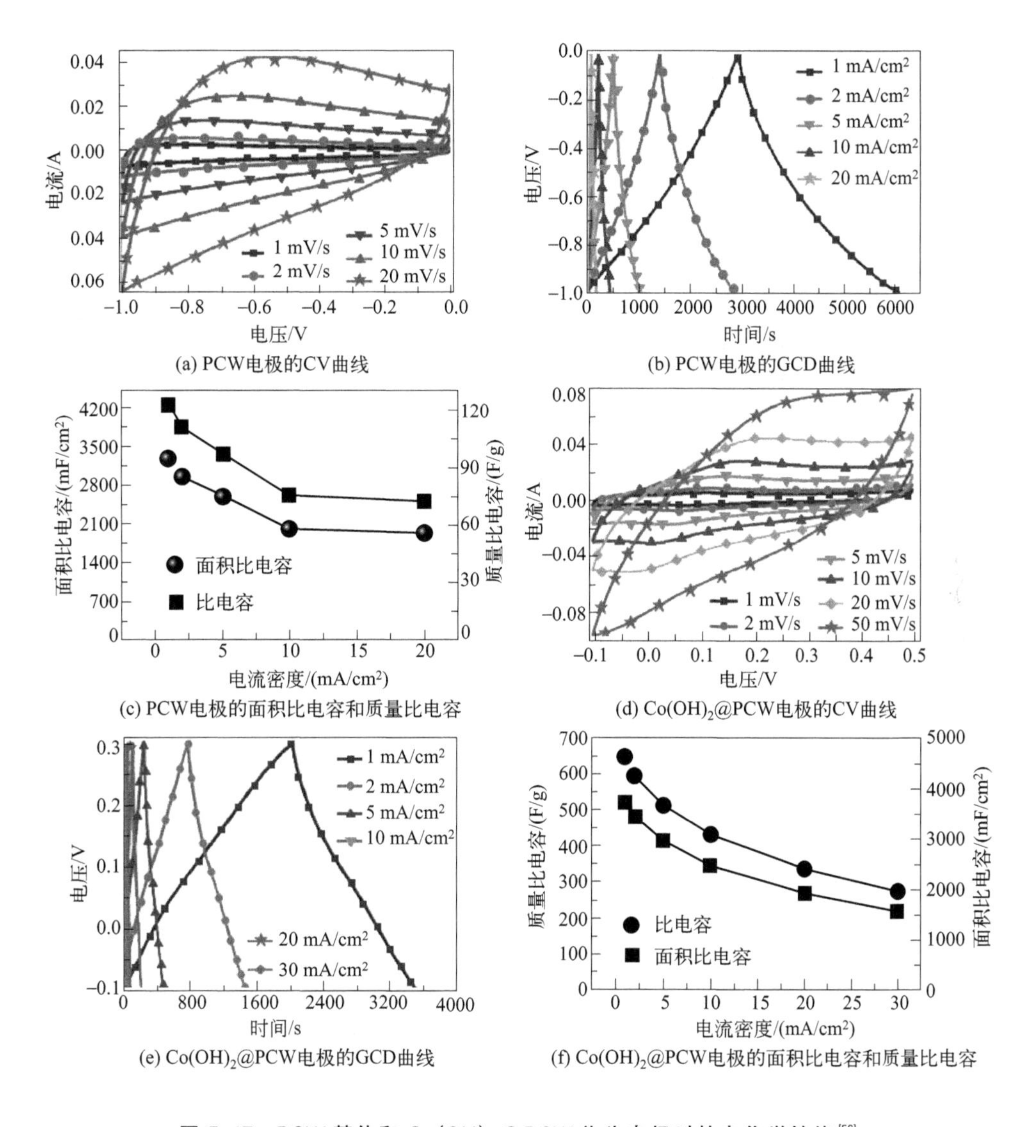

(a) PCW电极的CV曲线　(b) PCW电极的GCD曲线

(c) PCW电极的面积比电容和质量比电容　(d) $Co(OH)_2$@PCW电极的CV曲线

(e) $Co(OH)_2$@PCW电极的GCD曲线　(f) $Co(OH)_2$@PCW电极的面积比电容和质量比电容

图 5-17　PCW 基体和 $Co(OH)_2$@PCW 作为电极时的电化学性能[56]

弱氧化还原峰，这是 Co-O/Co-OH 的法拉第氧化还原反应所致。图 5-17(e)给出了不同电流密度下的典型 GCD 曲线，具有三角形和对称形状的近线性 GCD 曲线表明了理想的电容特性。图 5-17(f)显示：在电流密度为 1.0 mA/cm^2 时，面积比电容约为 3723 mF/cm^2；在电流密度为 20 mA/cm^2 时，面积比电容约为 1930 mF/cm^2，远远高于迄今为止报道的大多数 $Co(OH)_2$ 电极的比电容[65]；即使在 30 mA/cm^2 的高电流密度下，仍然可以实现 1568 mF/cm^2 的高面积比电容，这表明 $Co(OH)_2$@PCW 电极具有出色的倍率性能。同时，其在电流密度为

1.0 mA/cm² 和 20 mA/cm² 时的比电容分别为 648.6 F/g 和 336.2 F/g，超过了大多数 $Co(OH)_2$ 基超级电容器电极[66]。

将 PCW 电极、纤维素纸隔膜和 $Co(OH)_2$@PCW 电极叠置成夹层结构，以 PVA-KOH 凝胶作为电解质，组装全固态非对称超级电容器（ASC），其电化学性能如图 5-18 所示。图 5-18(a)显示：在三电极体系中，当扫描速率为 5.0 mV/s 时，$Co(OH)_2$@PCW 容量和电位窗口的要大很多。图 5-18(b)为扫描速率为 20 mV/s 时，不同电位窗口（0.8～1.5 V）下的 CV 曲线。图 5-18(c)显示在不同扫描速率下获得的 CV 曲线呈现出相似的形状，表明优异的电容行为和快速的响应能力。在不同电流密度下 GCD 曲线如图 5-18(d)所示：几乎是线性和对称的，说明其具有出色的电容性。在不同电流密度下获得的比电容如图 5-18(e)所示：在电流密度为 1.0 mA/cm² 时，面积比电容和质量比电容分别为 2.2 F/cm² 和 34.8 F/g；即使是在 20 mA/cm² 时，也可以分别达到 1.3 F/cm² 和 20.8 F/g。如图 5-18(f) 所示，制备的全固态 ASC 表现出优异的电容保持性能，在 10000 次循环后保持 85%的初始值，串联两个可为 LED（2.5 V，1.0 W）供电 30 min。

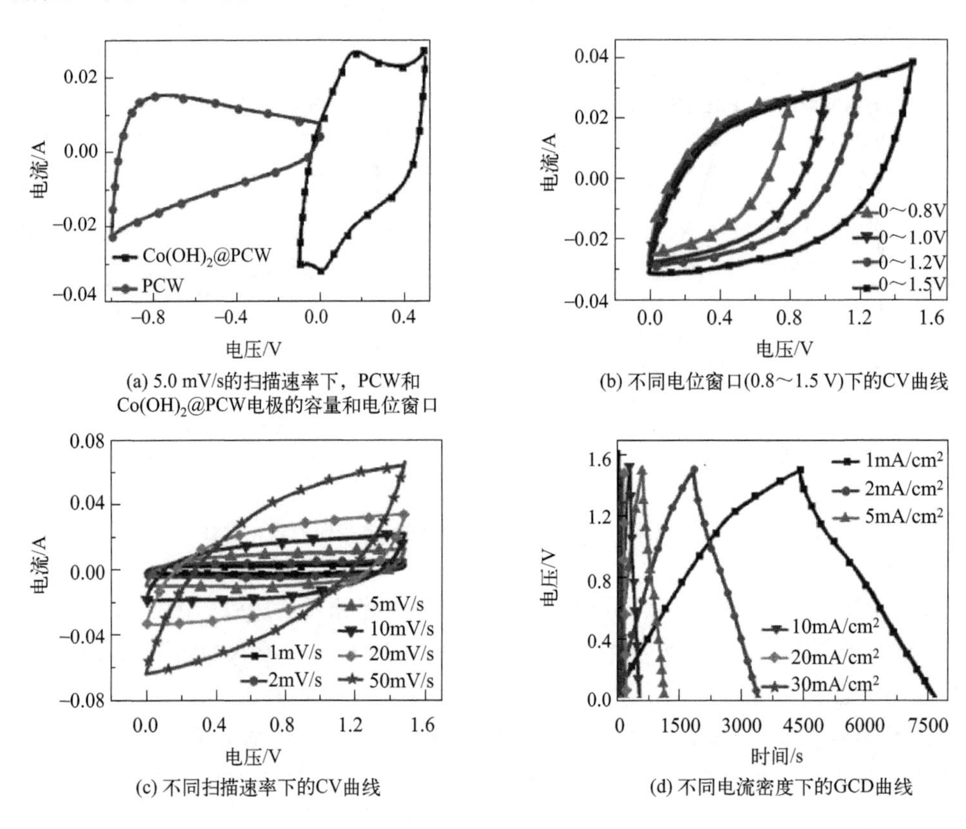

(a) 5.0 mV/s的扫描速率下，PCW和 $Co(OH)_2$@PCW电极的容量和电位窗口

(b) 不同电位窗口(0.8～1.5 V)下的CV曲线

(c) 不同扫描速率下的CV曲线

(d) 不同电流密度下的GCD曲线

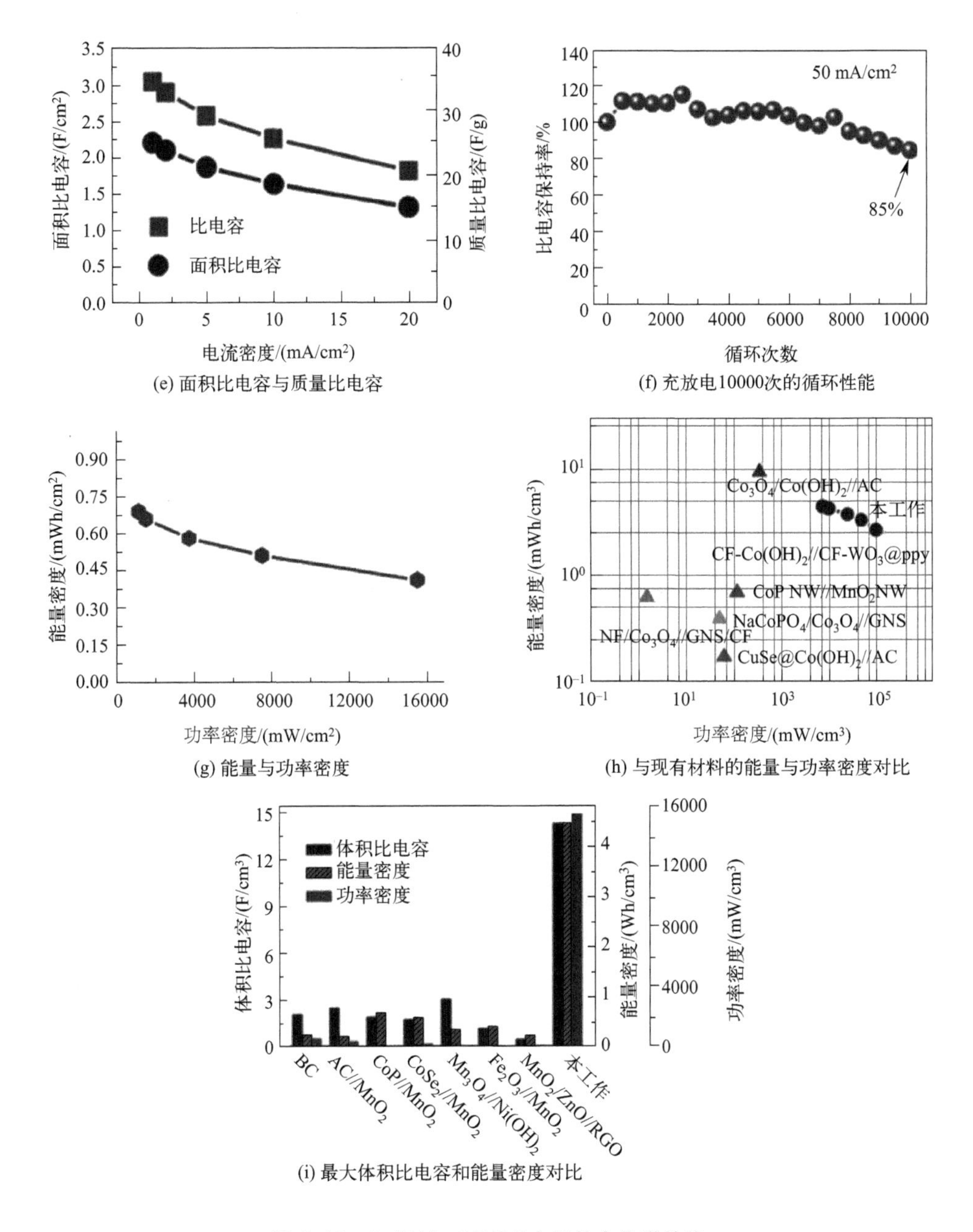

图 5-18　$Co(OH)_2$@PCW 电极的电化学性能

与此同时，图 5-18(g)～(h)中显示：全固态 ASC 在 1.126 W/cm^2 功率密度下的能量密度为 0.69 mWh/cm^2，在 15.447 W/cm^2 功率密度下的能量密度为 0.41 mWh/cm^2，比相关报道更具有优势[67-72]。此外，当电流密度为 1.0

mA/cm^2 时，最大体积比电容和能量密度分别为 14.19 F/cm^3 和 4.45 mWh/cm^3[图 5-18(i)]，这比最近报道的大多数炭基和金属氧化物基 ASC 更具有优势。

由此可见，保持木材遗态结构的多孔炭基网络不仅可以作为高性能的载体来提高 $Co(OH)_2$ 纳米片的负载，还可以实现快速的电子传导和离子扩散。当用作独立电极组装全固态 ASC 器件时，它显示出显著提高的电化学性能、高面积比容量、出色的倍率性能以及出色的循环稳定性。这些性能远远优于大多数金属氧化物基电极，可适用于广泛应用的其他杂化材料的研发。

5.4 N、P 共掺杂 Ni^{2+} 催化夹层结构自支撑电极

对生物质炭基储能材料在杂原子掺杂、夹层结构设计和孔隙调节等方面开展研究具有重要的现实意义。杂原子如 P、S 等也能够引入赝电容。P 原子能够增大碳骨架上电荷的离域程度，提高氧化还原反应的活性[73]；S 元素的加入会改变 C 元素之间的层间距，从而改变电子结构，提高材料的导电性、表面活性及亲水性[74]。

在掺杂方面：可使用木质素制备 Ni/MnO_2 掺杂木质素基多孔炭作为超级电容器电极材料[75]，也可使用镍催化木质素组装木材陶瓷制备块状电极[76]；同时，利用生态环保的桉树叶掺杂 N 制备多孔碳纳米片可作为超级电容器和锂离子电池的高性能电极材料[77-78]。此外，很多生物质基 N、P、S 自掺杂多孔炭基材料可用于高性能超级电容器[78]。

在夹层结构方面：使用纤维可增强木材陶瓷，并可通过调控增强纤维与基体之间的界面来调控结构与性能[79]；而利用松针和薄木制备的夹层结构木材陶瓷具有优异的循环稳定性[80]；同样地，将夹层的超薄 TiS_2 纳米片限制在 N，S 共掺杂的多孔炭中，以及使用夹层结构的石墨烯空心球体限制 Mn_2SnO_4/SnO_2 异质结构均可用于锂离子电池中[81-82]。

在结构调节方面：低温水热活化、催化是最常用的调控方法，被用于调控多种复合电极材料的储能性能[83-84]。

由此可见，以生物质材料为基材，将金属与非金属元素掺杂、夹层结构、水热活化等调控方法相结合不失为设计与制备高性能电极的有效方法。因此，可基于夹层结构的仿生设计原理，以竹薄木为夹层材料、竹纤维为芯层材料，以 Ni^{2+} 为催化剂设计与制备夹层结构木材陶瓷复合电极。然后采用一步水热法进行 N、P 双掺杂及对孔隙结构的活化调控，制备适合负载活性物质、用于超级电容器电极的自支撑基体材料[85]。

5.4.1 水热共掺杂实验设计与优化

5.4.1.1 试件制备

① 将竹木加工剩余物用20%的NaOH溶液蒸煮脱去木质素，清洗、干燥后得到竹纤维。然后将竹纤维和竹薄木一起浸泡在质量比为5∶1的PF树脂与$Ni(NO_3)_2$浸渍液中，超声辅助处理30 min后取出沥干，60 ℃干燥4 h。

② 将竹纤维平铺作为芯层、竹薄木作为外覆层组坯，加入Ni催化剂，热压后得到竹纤维-竹薄木夹层复合材料。然后置于高温烧结炉中，以2 ℃/min的升温速度在1000 ℃保温烧结2 h，冷却后得到具有夹层结构的竹夹层木材陶瓷电极(BSWE)。

③ 将基体材料置于100 mL的高压反应釜中，加入70 mL一定浓度的$(NH_4)_3PO_4$溶液和少量的锚定剂（如三聚氰胺、聚苯胺、聚吡咯等），既可以提升N元素的含量，又可以实现锚定、减少脱落。在设定的温度下处理一定的时间，得到N、P共掺杂的BSWE，标记为BSWE-x（其中x表示试验序号），以BSWE-0表示未掺杂试件。

④ 将所制备的电极组装成对称超级电容器，以实现能量的存储与转换。

基本原理与构思如图5-19所示。

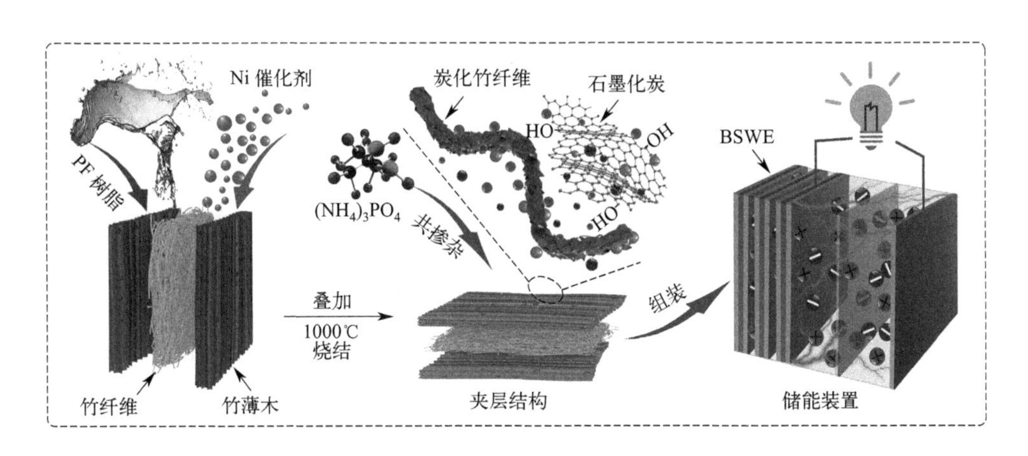

图5-19 基本原理与构思

5.4.1.2 活化试验设计与结果

以4%、6%、8%、10%、12%（质量分数）的$(NH_4)_3PO_4$溶液作为活化与掺杂剂液，选取活化温度分别为130 ℃、140 ℃、150 ℃、160 ℃、170 ℃，活化时间分别为3 h、4 h、5 h、6 h、7 h等3因素、5水平，以面积比电容为考察指标，选择 $U_5(5^3)$ 试验表进行 5 次试验[86-87]。同时以未掺杂与活化的夹层结构木材陶瓷在相同条件下进行对比试验。

5.4.1.3 制备工艺优化探析

根据均匀试验方案进行试验和测试，结果如表 5-3 所示。其中，BSWE-1～BSWE-5 在扫描速率为 0.1 A/g 时其面积比电容分别为 88.0 F/cm^2、35.3 F/cm^2、98.2 F/cm^2、49.9 F/cm^2、399.1 F/cm^2，显然 BSWE-5 的最大，即选用 12%（质量分数）的 $(NH_4)_3PO_4$ 溶液、在 170℃条件下活化 7 h 所得到的试件。

表 5-3 均匀试验设计、对比试验和补充试验结果

项目	$(NH_4)_3PO_4$ 质量分数/%	活化温度/℃	活化时间/h	面积比电容/(F/cm^2)	备注
BSWE-1	4	130	6	88.0	
BSWE-2	6	140	5	35.3	
BSWE-3	8	150	4	98.2	
BSWE-4	10	160	3	49.9	
BSWE-5	12	170	7	399.1	
BSWE-0	—	—	—	94.1	
BSWE-6	14	180	8	157.6	补充试验

鉴于 BSWE-5 的实验条件均为实验参数中的最高值，为了更进一步验证最佳工艺条件，以实验设计时所使用的递增梯度（2%、10 min 和 1 h）进行补充实验，即以 $(NH_4)_3PO_4$ 质量分数 14%的溶液为活化、掺杂液，在活化温度 180 ℃与活化时间 8 h 的条件下进行 5 次试验，面积比电容的平均值为 157.6 F/cm^2，远小于 BSWE-5 的 399.1 F/cm^2，因此以 BSWE-5 试件为主展开分析。这可以解释为：$(NH_4)_3PO_4$ 属于酸性物质，对材料具有一定的侵蚀性。低浓度的 $(NH_4)_3PO_4$ 溶液在较短的时间内对基体材料的侵蚀与活化作用有限，而且 N、P 的掺杂量也相对较少，故活性位点也相对较少。而当 $(NH_4)_3PO_4$ 浓度较高和活化掺杂时间较长时，过量 N、P 离子所形成的活性位点会影响电子的脱离，这也会在一定程度上导致电子与离子存储与传输的速度降低。与此同时，N、P 是非金属元素，导电性差，掺杂量较多也会影响木材陶瓷基体的导电性，这些均会导致面积比电容下降。

5.4.2 形貌与孔隙构造特征

使用 SEM 能够较好地观测试件的微观结构。图 5-20 为 BSWE-5 和 BSWE-0 的 SEM 图像和 EDS 图。从 BSWE-5 的端面图[图 5-20(a)]中可见相互缠绕的竹纤维所形成的竹炭与 PF 树脂所形成的玻璃炭夹在 2 层竹薄木炭层之间构成了夹层结构，

且竹材的孔隙结构在夹层材料中依然保持。同时，由夹层材料的局部放大图[图5-20(b)]可发现：竹薄木所形成的竹炭，其孔隙中附着了大量的纳米颗粒。图5-20(c)为芯层材料的局部放大图，可见存在许多微孔结构，这些均将为N、P的负载提供场所。图5-20(d)为BSWE-0中由竹薄木所形成炭的孔隙结构，几乎没有附着物，由此可推测图5-20(b)中的纳米颗粒与Ni、N、P等的掺杂有关。

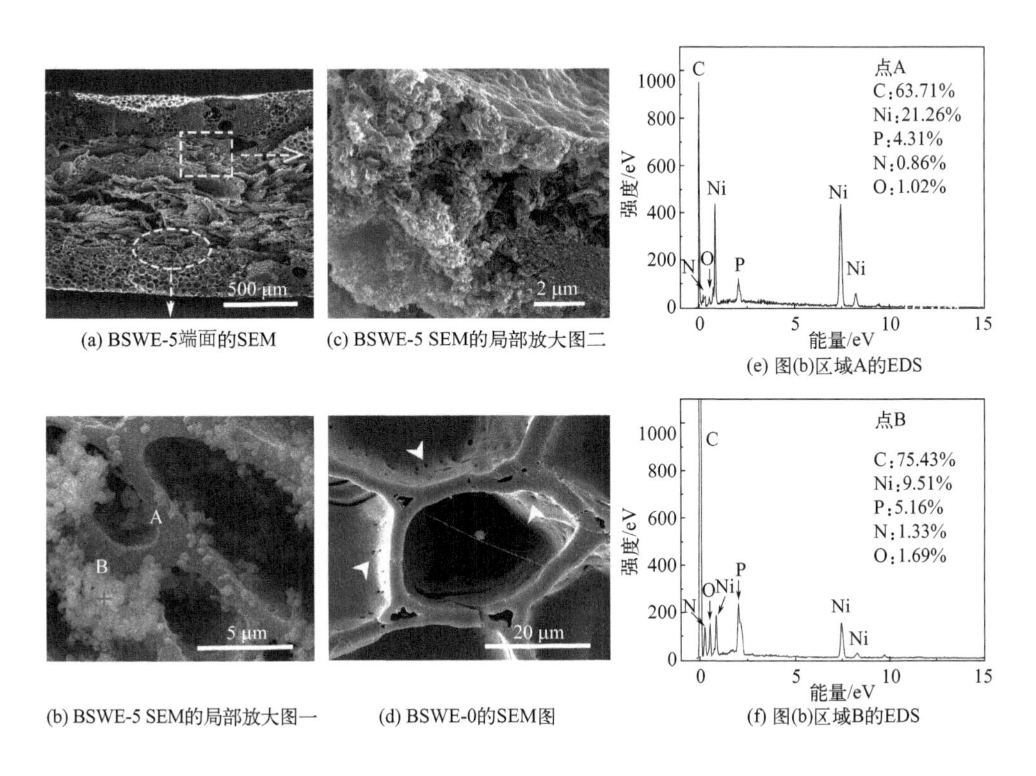

图5-20 BSWE-5和BSWE-0的SEM图像和EDS图

为了确定这些纳米颗粒的组成，分别对图5-20（b）中的A点和B点进行EDS分析，结果如图5-20(e)和图5-20(f)所示。从图5-20(e)[图5-20(b)中A点附近]可以看出，C和Ni的特征衍射峰较强，说明纳米颗粒的主要成分是C和Ni（分别为53.71%、21.26%），N、P、O的含量较低（分别为0.86%、4.31%、1.02%）。这是因为Ni^{2+}在烧结过程中与基体中的C发生反应，部分被还原为单质Ni[88]。图5-20(f)为图5-20(b)(竹炭基体）中B点附近的EDS谱图，主要由C、Ni、P、N和O组成，N和P的表面浓度分别为1.33%和5.16%，说明夹层基体材料中掺杂了N和P原子。

上述现象表明，通过催化石墨化、活化与掺杂处理可将Ni、N、P等负载在基体材料上，而N、O、P等杂原子提供丰富的反应活性位点，可改善对电解质的吸附性能。

图 5-21 为 BSWE-0 和 BSWE-5 的 N_2 吸附-脱附等温曲线和孔径分布图。从图 5-21(a)中的等温曲线中可见：两者均在低 P/P_0 区等温线向上凸起，在较高 P/P_0 区等温线迅速上升，并因为脱附滞后而产生滞后环，属于典型的Ⅳ型曲线，表明材料中有多层次孔隙结构，且介孔结构居多[89-90]。同时，BET 分析结果显示两者的比表面积分别为 372.18 m^2/g 和 736.83 m^2/g，显然 BSWE-5 的大很多，这除了与竹材本身的结构相关外，还与掺杂和活化工艺有关。在本实验条件下，活化主要是高温高压水蒸气和酸性 PO_4^{3-} 共同发挥作用的结果：一方面，高温、高压、水蒸气可疏通炭材料内部的孔隙与通道而形成更多的微孔和超微孔，而 $(NH_4)_3PO_4$ 分解出来的 NH_3 也具有膨胀作用，可在基体材料中形成微裂纹；另一方面，PO_4^{3-} 在高温高压作用下对炭材料具有一定的刻蚀作用而形成新的孔隙。由此可见，可通过优化掺杂与活化工艺来调节。

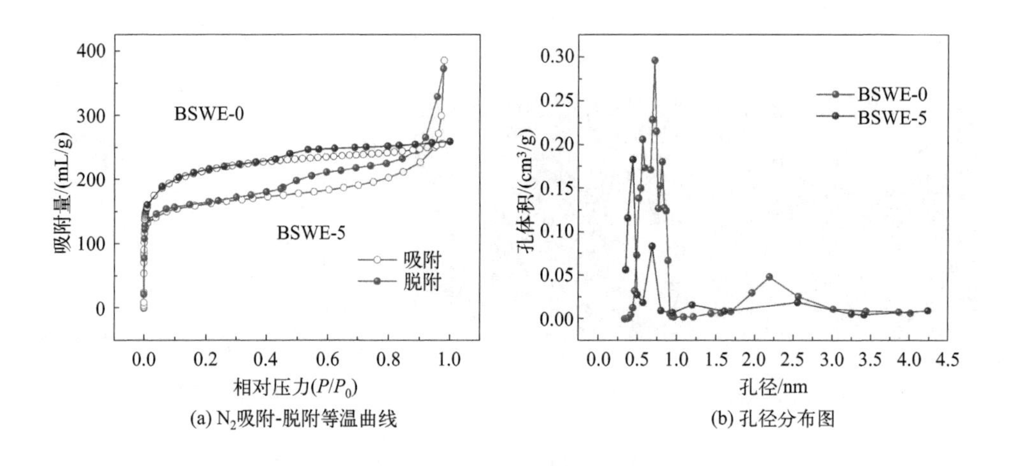

(a) N_2吸附-脱附等温曲线　(b) 孔径分布图

图 5-21　N_2 吸附-脱附等温曲线和孔径分布图

孔径分布图[图 5-21(b)]显示：BSWE-0 的孔径主要分布在 0.2～1.6 nm 区间，而 BSWE-5 的孔径则多分布在 0.5～1.0 nm，表明两者均以微孔为主，但 BSWE-5 中的数量更多一些。这是由活化与掺杂造成的：首先，高温水蒸气与 PO_4^{3-} 的刻蚀可以形成更多的微孔与介孔；其次，PO_4^{3-} 也会堵塞与填充部分微孔。而对于炭基电极来说，介孔更加适合电解液的浸润与电子和离子的存储与高速传输[91]，因此 BSWE-5 将具有更好的电化学性能。

5.4.3　表面化学构成

使用 EDS 面扫描可以分析各元素在材料表面的分布状况。BSWE-5 的 XPS

谱图和元素映射图如图 5-22 所示。

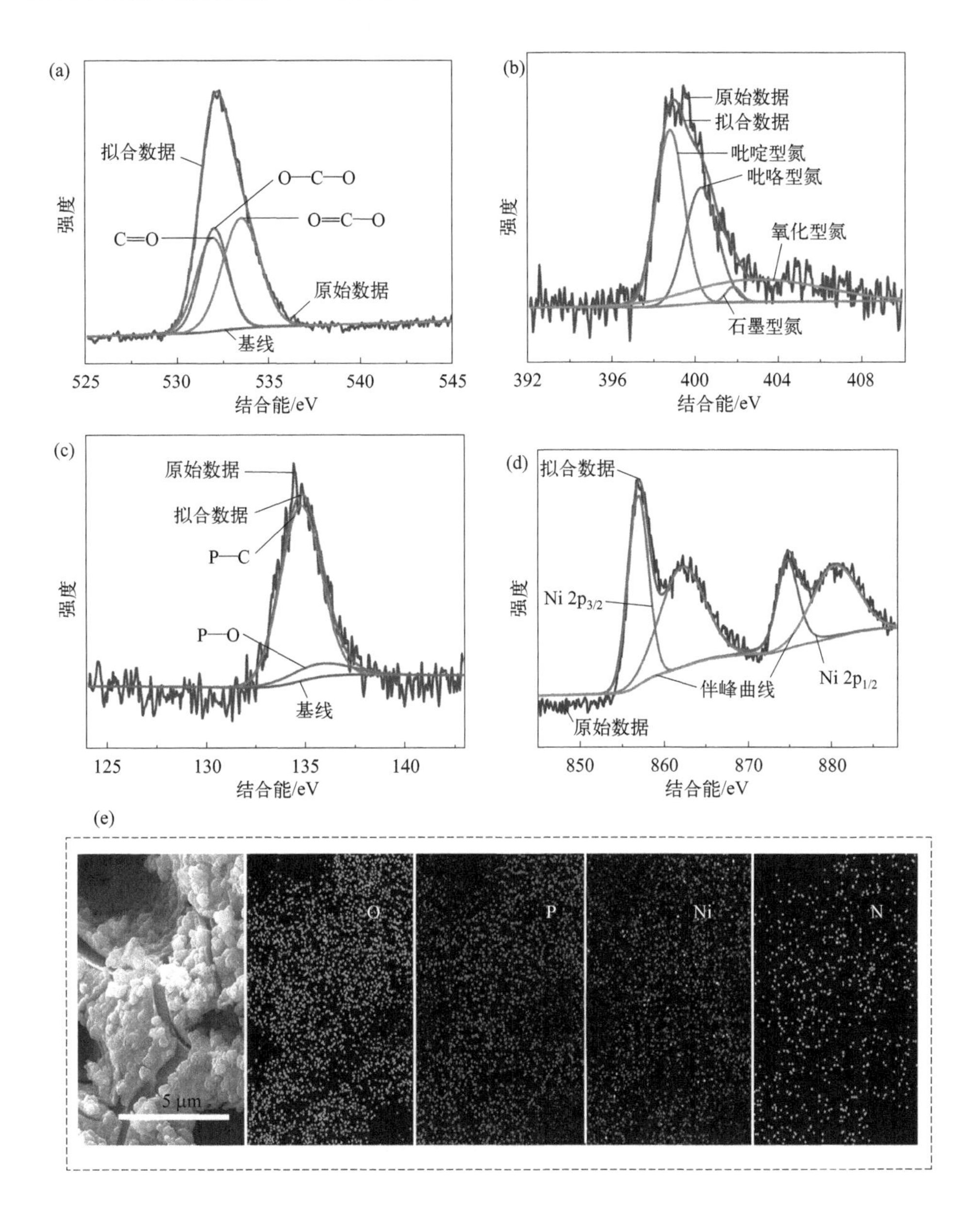

图 5-22　BSWE-5 的 XPS 谱图和元素映射图

(a) O 1s 的 XPS 谱图；(b) N 1s 的 XPS 谱图；(c) P 2p 的 XPS 谱图；

(d) Ni 2p 的 XPS 谱图；(e) 元素映射图

图 5-22(a)～(d)为 BSWE-5 中 O、N、P、Ni 元素的 XPS 谱图。图 5-22(a)为 O 1s 的 XPS 谱图。531.9 eV、532.4 eV 和 533.5 eV 处的三个峰分别属于

C═O 、O—C—O 和 O═C—O ，说明存在有利于电解质渗透的含氧官能团。在图 5-22（b）中，从 N 1s 的 XPS 谱图中可以观察到吡啶型氮（398.8 eV）、吡咯型氮（400.3 eV）、石墨型氮（401.8 eV）和氧化型氮（403.0 eV）[92]。N 掺杂可以增强电解质的吸附和固着能力，有效抑制穿梭效应[93]，从而显著提高电化学性能。在图 5-22(c)中，P 2p 在 134.8 eV 和 135.7 eV 左右分为两个峰，分别对应P—C 键和P—O 键[94]，证明 N 和 P 成功掺杂到基体材料中，形成了稳定的结构。含磷酸基团可以有效调节和控制炭材料的表面电子结构，增强材料对电解质的渗透，从而提高活性位点的利用率和循环稳定性[95]。同时，Ni $2p_{3/2}$（855.6 eV）和 Ni $2p_{1/2}$（873.2 eV）之间的能隙为 17.6 eV，存在两个结合能分别为 861.5 eV 和 879.8 eV 的振荡卫星峰[图 5-22(d)]，表明 Ni^{2+} 的存在[96-97]。

图 5-22(e)显示，试件表面被许多小颗粒覆盖，其主要含有 O、N、P、Ni 等元素，其中 O、P、Ni 元素丰富且分布均匀，与 XRD 和 EDS 分析结果一致。而 N 的相对含量较低，这可能与（NH_4）$_3PO_4$ 分解后部分 NH_3 逸出相关。O 和 P 主要来自（NH_4）$_3PO_4$ 溶液，与基体中的 C 形成含氧活性基团，Ni 归因于 $Ni(NO_3)_2 \cdot 6H_2O$ 催化剂。

此外，Ni^{2+} 除了具有催化作用之外，同样也具有掺杂功能[98]。其一方面可被还原为单质 Ni 发挥催化石墨化作用，将部分炭催化成石墨化炭[99]，使基体材料的导电性增加。另一方面单质 Ni 在高温作用下又能够与基体材料中的 C 发生反应，生成 Ni_3C，这在掺杂的同时也对基体材料起到了强化作用。所以，在本工艺过程较好地实现了无机非金属元素 N、P 和金属元素 Ni 的共掺杂。

5.4.4 基本物相构成

图 5-23 为 BSWE-5 的 XRD 谱图、TEM 图像以及电子选区衍射图。在 XRD 谱图[图 5-23(a)]中：(002) 峰凸起，表明有石墨化炭存在，这与 Ni^{2+} 的催化作用有关；表征单质 Ni 的（111）、(113)、(200) 等峰较强，说明部分 Ni^{2+} 被还原，这与 EDS 的结果一致；与此同时，还有表征 Ni_3C 的特征峰出现。图 5-23(b)～(d)为 BSWE-5 的 TEM 图像：直径约 200 nm 的纳米颗粒生长在炭基体中，其芯层晶格间距约为 0.203 nm 图 5-23(d)，与 Ni 的晶格间距吻合；外层的晶格间距约 0.344 nm，与石墨化炭的接近，表明纳米颗粒为 Ni，外面被类石墨化炭所包裹而形成核壳结构。这可以解释为：$Ni(NO_3)_2$ 在高温作用下被基体中的碳还原成单质 Ni，而单质 Ni 具有催化石墨化功能而导致生成类石墨化炭，这种结构有利于增加基体材料的导电性。

单质 Ni 为面心立方结构，对应的衍射面族指数为（331）、(111) 和（420）。图 5-23(e)为图 5-23(c)中纳米颗粒的电子选区衍射图，呈现出规则的单晶结构，这更进一步证明了部分纳米颗粒为 Ni 单质。

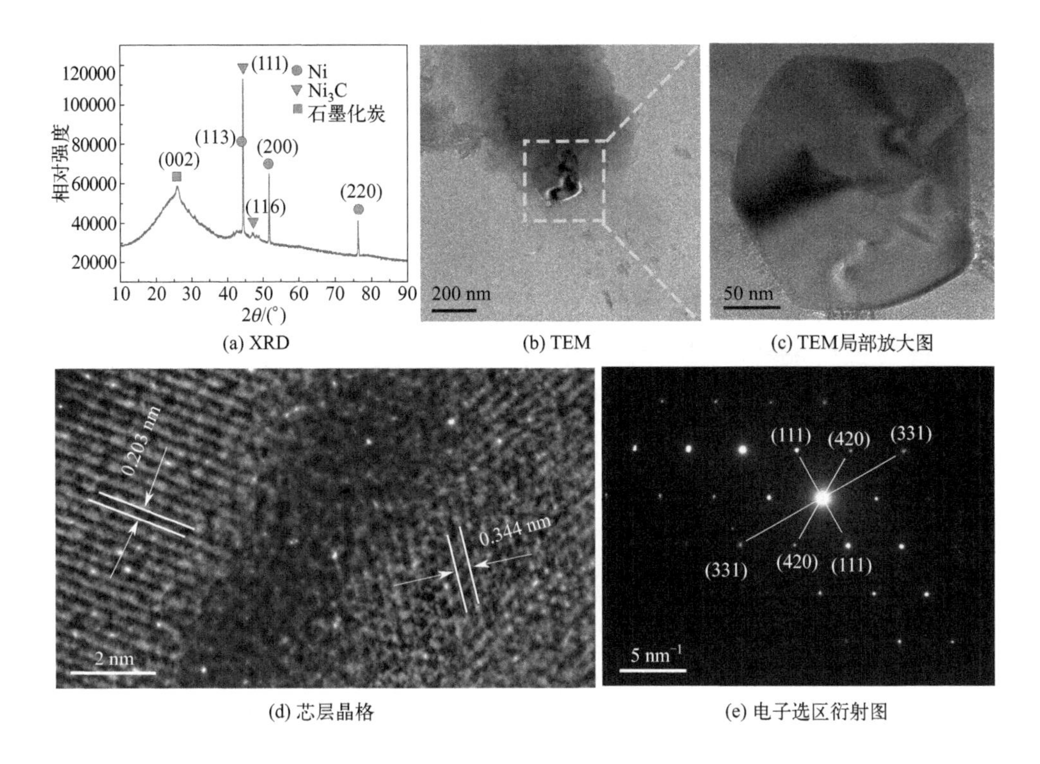

(a) XRD　(b) TEM　(c) TEM局部放大图

(d) 芯层晶格　(e) 电子选区衍射图

图 5-23 BSWE-5 的 XRD 谱图、TEM 图像以及电子选区衍射图

5.4.5 电化学性能综合分析

5.4.5.1 综合性能比较

图 5-24 为 7 个试样在不同电流密度下作为自支撑电极的 CV、GCD、比电容和 EIS 图。图 5-24(a)为扫描速率为 5 mV/s 时的 CV 曲线，曲线呈矩形，具有双电层电容特性[100]。其中，BSWE-5 的面积最大，预示比电容最高，这与表 5-3 的结果一致。图 5-24(b)显示了电流密度为 0.1 A/g 时的 GCD 曲线，该曲线类似于等腰三角形。同时，在放电过程中，电压降几乎不可见，表明电极材料具有可逆的双电层电容行为。

图 5-24(c)为不同电流密度下试样的比电容，BSWE-5 始终最高。这是因为适量的 N 和 P 掺杂可以提供更多的活性位点，使电解质更容易渗透，夹层结构的应用在电子转移和电极反应动力学方面具有独特的优势[101]，可以发挥协同效应。同时还可以发现，随着扫描电流密度的增大，比电容降低，这可能是因为在大电流密度下化学反应非常快，电解质离子没有得到及时补充。这与目前大多数

研究结果一致[102-103]。

从图 5-24(d)可以看出，BSWE-5 的等效串联电阻为 1.91 Ω，大于 BSWE-2、BSWE-3 和 BSWE-4。然而，BSWE-5 具有其他试件所没有的典型 EIS 图特征，如高频区、中频区、低频区明显区分。此外，低频区的倾角接近 90°，说明电解液离子更容易在 BSWE-5 的孔隙中扩散，具有更好的电容特性[104]。

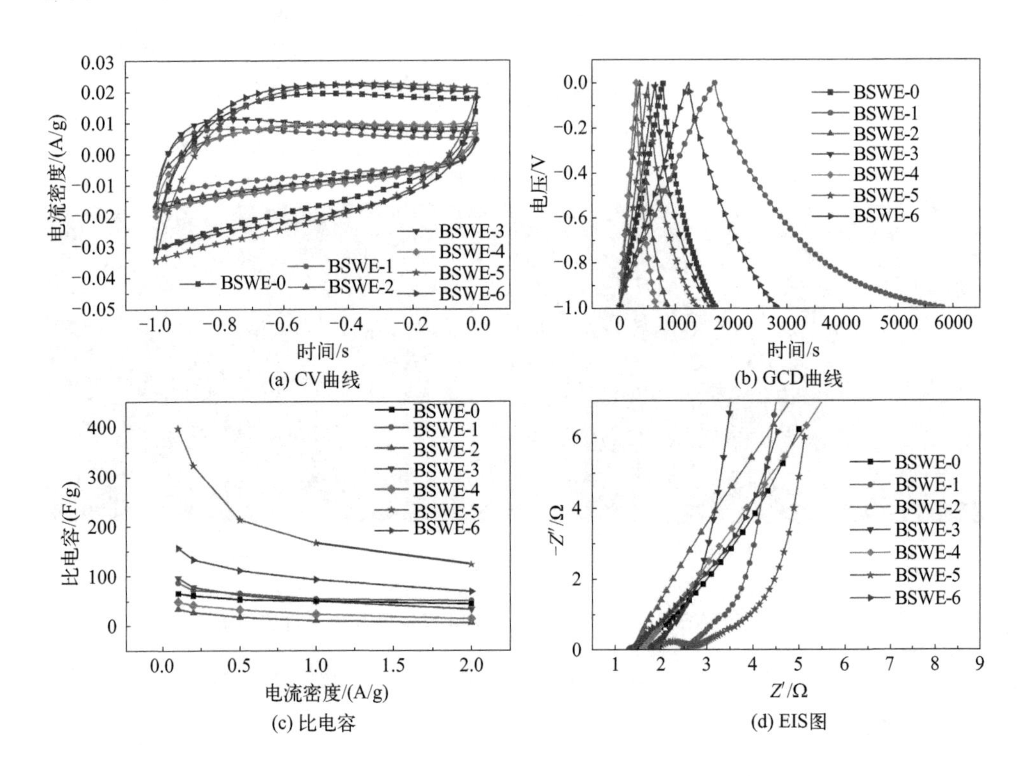

图 5-24　BSWE-0～BSWE-6 的电化学性能

5.4.5.2　电化学性能

为了分析 BSWE-5 的电化学性能，在不同扫描速率和电流密度下测试了 BSWE-5 的 CV 和 GCD 曲线，并对其循环性能进行表征，结果如图 5-25 所示。图 5-25(a)为 5～400 mV/s 扫描速率下的 CV 曲线，呈梭状，对称性良好。随着扫描速率的增加，CV 曲线只有轻微的变形，表明试件具有较好的循环稳定性。图 5-25(b)中的 GCD 曲线看起来类似于等腰三角形。

图 5-25(c)为用 BSWE-5 组装对称电容得到的能量和功率密度，并与相关研究结果进行比较：当功率密度为 100 W/kg 和 500 W/kg 时，能量密度分别为 19.69 Wh/kg 和 12.53 Wh/kg，接近或超过相关报道[105-109]。图 5-25(d) 是将 BSWE-5 组装成一个简单的超级电容器的照片，该超级电容器可提供足够的功率

点亮 LED 灯，可见 BSWE-5 具有一定的应用潜力。

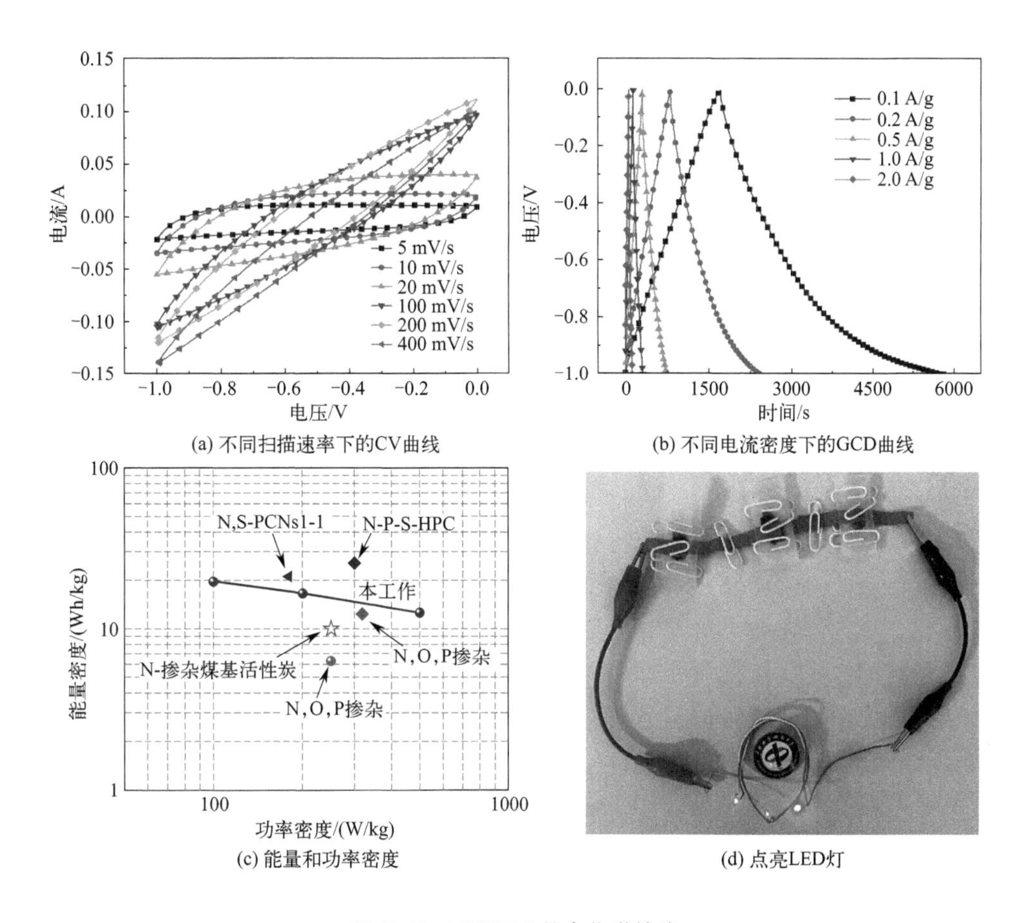

(a) 不同扫描速率下的CV曲线

(b) 不同电流密度下的GCD曲线

(c) 能量和功率密度

(d) 点亮LED灯

图 5-25 BSWE-5 的电化学性能

5.5 本章小结

本章重点探讨了松木基木材陶瓷芯层基体组装与负载 Mn/MnO_x 的组装与调控方法、基本性能与电化学性能；Co/CoO 复合木质炭基整体锌空气电池电极的制备方法与电化学性能；$Co(OH)_2$ 修饰木基遗态结构超级电容器自支撑电极，以及木质炭基全固态超级电容器自支撑电极和 N、P 共掺杂 Ni^{2+} 催化夹层结构自支撑电极的综合性能。主要结论如下：

① 以松木基芯层木材陶瓷（PWE）为基体材料，以 $KMnO_4$ 为 Mn 源，采用一步水热法将纳米 MnO_2、少量的 Mn_3O_4 和 Mn_2O_3 负载在其表面与孔隙中，制备 PWE@MnO_x 作为自支撑电极。通过分析 MnO_x 的负载形式、分布状态以

及电化学性能之间的对应关系，探索 MnO_x 对电化学性能的贡献，可为木材陶瓷自支撑电极芯层材料的制备提供一种新的方法。

② 将含有 Co/CoO 纳米颗粒和 N 掺杂实木遗态炭基模板（NWC）组装整体锌空气电极（Co/CoO@NWC），由于实木炭化后固有的多层次孔隙结构依然得到保存，其与 Co/CoO 的亲水性不同，可获得丰富的三相界面，所得到的 Co/CoO@NWC 整体锌空气电极具有双催化功能，对氧化还原反应表现出高度可逆的催化活性和稳定性，可为充分利用生物质炭基材料的优势来提升催化活性提供新的思路和途径。

③ 木质炭基多孔碳网不仅可以作为高表面积的载体来提高 $Co(OH)_2$ 纳米片的负载，还可以实现快速的电子传导和离子扩散。作为独立电极组装全固态不对称电容器元件，显示出高面积比电容和质量比电容，在 10000 次循环中保持率达 85%，表现出优异的循环稳定性，这些远远优于大多数金属氧化物基电极。

④ 以竹材为基体，采用 Ni^{2+} 催化和 N、P 共掺杂制备的夹层结构木材陶瓷电极（BSWE）具有清晰的夹层结构，部分保留了竹材的天然结构，并具有自支撑特性。水热活化可以改善孔隙结构，大大提高比表面积。同时，Ni^{2+} 不仅起到催化作用，还具有掺杂作用，促进石墨化炭的形成。N、P 元素掺杂能与基体形成稳定的结构，构建大量的活性位点，能促进电子和离子的高速传输。基于均匀实验法优化工艺制备的 BSWE 具有良好的电化学性能。与未掺杂 N、P 的电极相比，比电容得到了很大的提高。

参考文献

[1] Tiwari B，Joshi A，Munjal M，et al. J Phys Chem Solids，2022，161：110449.

[2] Taer E，Yanti N，Apriwandi A，et al. Diamond Related Mater，2023，140：110415.

[3] Ding B，Wu X J. Alloy Compd，2020，842：155838.

[4] Lv Y，Ma X，Xu Y，et al. Polym-Plastics Tech Mater，2022，61：993.

[5] Zhang C，Yu X，Chen H，et al. J Alloy Compd，2021，864：158685.

[6] Bao X，Zhang Z，Zhou D. Synth Metals，2020，260：116271.

[7] Zhuang R，Dong Y，Li D，et al. J Alloy Compd，2021，851：156871.

[8] Pintu S，Subhasis R，Amitabha D J. Electron Mate，2020，49：763.

[9] Natarajan S，Kaipannan S，Lee Y S，et al. J Alloy Compd，2020，827：154336.

[10] Wang K，Bi R，Huang M，et al. Inorg chem，2020，59：6808.

[11] Li P，Xie H，Liu Y，et al. Electrochim Acta，2020，353：136514.

[12] Ramakrishnan K S，Pei Z，Chao Y，et al. J Colloid Interface Sci，2018，513：231.

[13] Yang V，Senthil R A，Pan J，et al. J Colloid Interface Sci，2020，579：347.

[14] He N J，Jing H L，Yu L L，et al. J Mater Chem A，2017，5：10678.

[15] 张成明，庞鑫，王永钊．化学学报，2018，76：133.

[16] Yuan Y，Zhu J，Wang Y，et al. J Alloy Compd，2020，830：154524.
[17] Shi M，Xiao P，Yang C，et al. J Power Sources，2020，463：228209.
[18] Song Z，Liu W，Zhou Q，et al. J Power Sources，2020，465：228266.
[19] Quan C，Su R，Gao N. Int J Energy Res，2020，44：4335.
[20] Tamgadge R M，Kumar S，Shukla A. J Power Sources，2020，465：228242.
[21] Amit K，Ashok K，Ashavani K. Solid State Sci，2020，105：106252.
[22] Wang K，Lv B，Wang Z，et al. Dalton Trans 2020，49：411.
[23] Zhang Z，Huang X，Li H，et al. J Energy Chem，2017，26：1260.
[24] 李丰，尹立兵，席涛. 船电技术，2019，39：49.
[25] 郑丁源，岳金权，岳大然，等. 生物质化学工程，2019，53：1.
[26] 李仁坤，王习文. 中国造纸，2020，39：8.
[27] Kubra K T，Sharif R，Patil B，et al. J Alloy Compd，2020，815：152104.
[28] Youe W J，Kim S J，Lee S M，et al. Int J Biol Macromol，2018，112：934.
[29] Bai X L，Gao Y L，Gao Z Y，et al. Appl Phys Lett，2020，117：183901.
[30] Chen W，Rakhi R B，Wang Q，et al. Adv Funct Mater，2014，24：3130.
[31] Wang K，Li Q，Ren Z，et al. Small，2020，16：1.
[32] Lin J，Liang H，Jia H，et al. Inorg Chem Frontiers，2017，4：1575.
[33] 万厚钊，缪灵，徐葵，等. 化工学报，2013，64：801.
[34] 刘腾宇，张熊，安亚斌，等. 储能科学与技术，2020，9：1030.
[35] Li C，Zhang X，Sun C，et al. J Phys D：Appl Phys，2019，52：14300.
[36] 辛福恩，刘沛静，罗建华，等. 材料开发与应用，2020，35：47.
[37] Li P，Xie，H Liu Y，et al. Electrochim Acta，2020，353：136514.
[38] Yuan Y，Zhu J，Wang Y，et al. J Alloy Compd，2020，830：154524 .
[39] Quan C，Su R，Gao N. Int J Energ Res，2020，44：4335.
[40] Han N K，Choi Y C，Park D U，et al. Compd Sci Tech，2020，196：108212.
[41] Kumar V，Panda H S. Nanotech，2020，31：1.
[42] Lu M，Liu S，Chen J，et al. J Phys Chem C，2020，124：15688.
[43] Murat C，Raghava R K，Fernando A M. Chem Eng J，2017，309：15.
[44] Zou Y，Zhang X，Liang J，et al. J Mater Sci Tech，2020，55：182.
[45] Wan L，Song P，Liu J，et al. J Power Sources，2019，438：227013.
[46] Cui X，Liu Y，Han G，et al. Small，2012，17：2101607.
[47] Zhou T，Xu W，Zhang N，et al. Adv Mater，2019，31：1807468.
[48] Wan Z，Xu Q，Li H，et al. Appl Catal B，2017，210：67.
[49] Fu G，Tang Y，Lee J M. Chem Electro Chem，2018，5：1424.
[50] Wei L，Karahan H E，Zhai S，et al. Adv Mater，2017，29：1701410.
[51] Zhang M，Dai Q，Zheng H，et al. Adv Mater，2018，30：1705431.
[52] Chen X，Zhong C，Liu B，et al. Small，2018，14：1702987.
[53] Li W，Zhao Y，Liu Y，et al. Chem Int Ed，2021，60：3290.
[54] Zhong Y，Pan Z，Wang X，et al. Adv Sci，2019，6：1802243.
[55] Wang X X，Cullen D A，Pan Y T，et al. Adv Mater，2018，30：1706758.
[56] Wang Y，Lin X，Liu T，et al. Adv Funct Mater，2018：1806207.

[57] Zhang Q, Liu Z, Zhao B, et al. Energy Storage Mater, 2019, 16: 612.
[58] Luo J, Yuan W, Huang S, et al. Adv Sci, 2018, 5: 1800031.
[59] Li W, Liu J, Zhao D. Nature, 2016, 1: 16023.
[60] Wan C, Li J. RSC Adv, 2016, 6: 86006.
[61] Huang P, Lethien C, Pinaud S, et al. Sci, 2016, 351: 691.
[62] Brousse K, Martin C, Brisse A L, et al. Electrochim Acta, 2017, 246: 391.
[63] Yu M, Zhang Y, Zeng Y, et al. Adv Mater, 2014, 26: 4724.
[64] Zhe W, Yang S, Wang D W, et al. Adv Energy Mater, 2011, 1: 917.
[65] Pang H, Li X, Zhao Q, et al. Nano Energy, 2017, 35: 138.
[66] Jagadale A D, Guan G, Du X, et al. RSC Adv, 2015, 5: 56942.
[67] Xiao X, Li T, Yang P, et al. ACS Nano, 2012, 6: 9200.
[68] Wang Z, Zhu Z, Qiu J, et al. J Mater Chem C, 2014, 2: 1331.
[69] Gong J, Tian Y, Yang Z, et al. J Phys Chem C, 2018, 122: 2002.
[70] Wang X, Liu B, Liu R, et al. Angew Chem, 2014, 126: 1880.
[71] Wei C, Cheng C, Zhou B, et al. Part Part Syst Charact, 2015, 32: 831.
[72] Wang F, Zhan X, Cheng Z, et al. Small, 2015, 11: 749.
[73] Tiwari B, Joshi A, Munjal M, et al. J Phys Chem Solids, 2022, 161: 110449.
[74] Zhou Y, Candelaria S L, Liu Q, et al. J Mater Chem A, 2014, 2: 8472.
[75] Ji X, Sun D, Zou W, et al. J Alloy Compd, 2021, 867: 160112.
[76] Yu X, Sun D, Ji X, et al. J Mater Sci, 2020, 55: 7760.
[77] Liang H W, Wu Z Y, Chen L F, et al. Nano Energy, 2015, 11: 366.
[78] Mondal A K, Kretschmer K, Zhao Y, et al. Chem Eur J, 2016, 23: 2683.
[79] Zhao G, Li Y, Zhu G, et al. ACS Sustainable Chem Eng, 2019: 12052.
[80] Sun D L, Yu X C, Liu W J, et al. Mater Design, 2012, 34: 52.
[81] Li L, Yu X, Sun D, et al. J Alloy Compd, 2021, 888: 161482.
[82] Huang X, Tang J, Luo B, et al. Adv Energy Mater, 2019, 9: 1901872.
[83] Zhuang H, Han M, Ma W, et al. J Colloid Interface Sci, 2021, 856: 1.
[84] Wei H, Xu D, Chen W, et al. Appl Surface Sci, 2022, 584: 152580.
[85] Laginhas C, Nabais J M V, Titirici M M. Microporous Mesoporous Mater, 2016, 226: 125.
[86] Sun Z, Li L, Wang Z, et al. J Alloy Compd, 2023, 939: 168775.
[87] 杨保成，韩俊峰．北京航空航天大学学报，2023，7：79.
[88] Zhou J, Pan J, Xiang Z, et al. Data in Brief, 2020, 32: 106134.
[89] Ding X Y, Gu R, Shi P H, et al. J Alloy Compd, 2020, 835: 155206.
[90] Rong Z, Yue D, Da L, et al. J Alloy Compd, 2021, 851: 156871.
[91] Mouleferal I, García-Mateos F J, Benyoucef A. Front Mater, 2020, 7: 153.
[92] Shen Y, Zhang K, Yang F, et al. Sci China Mater, 2020, 63: 1205.
[93] Qing C, Yang C, Chen M, et al. Chem Eng J, 2018, 354: 182.
[94] Shu X, Guan J, Sun J, et al. Trans Chinese Soc Agric Eng, 2021, 37: 231.
[95] Ummethala R, Fritzsche M, Jaumann T, et al. Energy Storage Mate, 2018, 10: 206.
[96] Chen C, Yan D, Luo X, et al. ACS Appl Mater Interfaces, 2018, 20: 4662.
[97] Qing C, Yang C, Chen M, et al. Chem Eng J, 2018, 354: 182.

[98] Hosseini M G, Daneshvari-Esfahlan V, Aghajani H, et al. Catal, 2021, 11: 1372.
[99] Ōya A, Mochizuki M, Ōtani S, et al. Carbon, 1979, 17: 71.
[100] Ideta K, Kim D W, Kim T, et al. J Industrial Eng Chem, 2021, 102: 321.
[101] Sun H, Zhu Y, Yang B, et al. J Mater Chem A, 2016, 4: 12088.
[102] Hepsiba P, Rajkumar S, Elanthamilan E, et al. New J Chem, 2020, 46: 8863.
[103] Ma Z W, Liu H Q, Lü Q F. J Energy Storage, 2021, 40: 102773.
[104] Gao H L, Wang Z Y, Cui C, et al. Adv Mater, 2021, 33: 2102724.
[105] Zhao G, Li Y, Zhu G, et al. ACS Sustain Chem Eng 2019, 14: 12052.
[106] Dong D, Zhang Y, Xiao Y, et al. J Colloid Interface Sci, 2020, 580: 77.
[107] Li Y, Wang G, Wei T, et al. Nano Energy, 2016, 19: 165.
[108] Wang K, Zhang Z, Sun Q, et al. J Mater Sci, 2020, 55: 10142.
[109] Yan X, You H, Liu W, et al. Nanomaterials, 2019, 9: 1189.

第6章

CHAPTER 6

Co、Mn 掺杂薄木/纸基叠层结构自支撑电极电化学性能

生物质炭基材料作为超级电容器的电极材料，历史悠久、来源广泛、成本低廉[1-5]。但生物质炭电极材料也存在一定的不足，如比电容较低、循环稳定性不佳、能量与功率密度偏小等，这在很大程度上限制了实际应用，但可以通过结构设计、掺杂与负载活性材料来加以改善。

层状结构广泛存在于自然界，如在珍珠、贝壳、木材中均能够找到，具有结构稳定、强度高等诸多优势。电极基体结构对电极的性能有重要的影响，若将这种层状结构应用于固态自支撑电极，不仅可以充分利用结构优势，还能够减少对金属集流体的依赖，这在降低成本、提升性能和改善环境等方面具有多重意义。在木材加工行业，薄木的制备是一项非常成熟的技术，将薄木用于构建夹层结构电极不失为一种创造性构思：以片状薄木作为夹层结构的外覆层，以其他物料制作芯层。

6.1 Co^{2+} 掺杂薄木/松针夹层结构自支撑基体构建与性能

以木材刨切薄木作为外覆层，以农林剩余物——松针制作芯层，以热固性PF树脂作为胶合材料，以 $Co(NO_3)_2 \cdot 6H_2O$ 作为催化剂和掺杂剂，设计、制备具有夹层结构的 Co^{2+} 掺杂木材陶瓷基体，用于自支撑电极。外覆层作为基体支撑平台，不仅能够防止芯层材料的脱落，还可以作为电极直接参与电化学反应。同时，类CNT结构的松针具有三维孔隙结构，易于构建活性位点。这两种材料所构成的夹层结构单元多层级孔隙结构丰富、性能稳定，可为电解液的渗透提供更多通道。该设计充分利用了夹层结构优势，不使用金属集流体，可为生物质材料作为长效循环稳定性自支撑电极材料提供新的思路和参考。

6.1.1 基体材料构建

6.1.1.1 材料预处理

① 薄木预处理：以 0.5 mm 厚的樱桃木刨切薄片为基材，超声波辅助浸渍在固含量为 50%的 PF 树脂中 20 min，沥干后用于夹层结构的外覆层。

② 松针预处理：收集脱落的松针，清洗、烘干后在 N_2 保护下，800 ℃炭化 2 h。随炉冷却后粉碎、过 40 目筛，得到松针炭粉。

③ 芯层制备：将松针炭粉与 $Co(NO_3)_2 \cdot 6H_2O$ 按照质量比(0,1∶1，1∶2，2∶1）混合研磨，加入质量分数为 15%的 PF 树脂（50%固含量），搅拌均匀后 60 ℃干燥 2 h，压制成薄片，作为芯层材料。

④ 热压复合：将外覆层材料和芯层材料叠加，在 135 ℃、0.7 MPa 的条件下，热压 10～30 min，得到夹层结构复合材料。

6.1.1.2 高温烧结

将上述夹层结构复合材料置于高温烧结炉中，在氮气保护下，900 ℃保温烧结 2 h后冷却至室温，用去离子水洗至中性，烘干后得到 Co^{2+} 掺杂夹层结构木材陶瓷自支撑复合电极。按照使用 $Co(NO_3)_2 \cdot 6H_2O$ 的比例将其标记为 WE@Co-0，WE@Co-1∶1，WE@Co-1∶2，WE@Co-2∶1。制备流程如图 6-1 所示[6]。

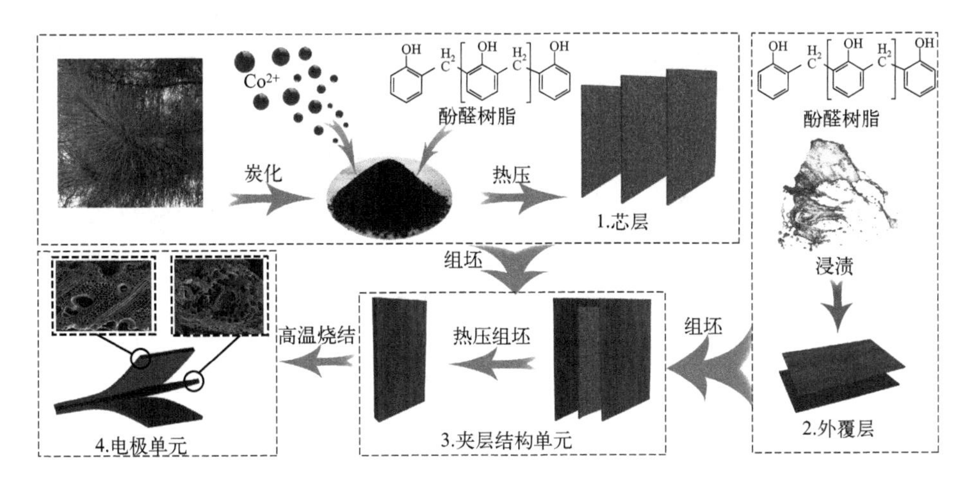

图 6-1 Co^{2+}掺杂夹层结构木材陶瓷自支撑电极制备流程

6.1.2 形貌与孔隙结构

6.1.2.1 微观形貌

预实验中发现，WE@Co-1∶2 的比电容较稳定，因此以其作为研究对象开展深入探讨。图 6-2 为 WE@Co-1∶2 和松针炭粉的 SEM 照片。图 6-2(a)为 WE@Co-1∶2 横截面的 SEM 图，整体呈现出典型的夹层结构：外覆层为樱桃薄木烧结后形成的炭片；芯层为松针炭粉和热固性 PF 树脂烧结后形成的无定形炭和玻璃炭，松针炭粉仍然保留了其天然结构。图 6-2(b)为外覆层樱桃木炭片的高倍 SEM 图像，可以清楚地观察到其烧结后所保留的纵向和横向通道。图 6-2(c)和(d)为图 6-2(a)中区域 A 和 B 的放大图，从中可以见，松针炭化后不仅拥有许多与 CNT 相似的不同孔径的空心管，同时其侧面还存在大量的横向气孔，可以确定松针炭化后在其内部拥有大量的三维网络结构。图 6-2(e)～(h)为松针炭粉横截面和纵切面的局部 SEM 照片：丰富的纵向孔道结构犹如多种孔径的碳纳米管的集合，孔径呈现微孔与介孔分布较均匀的态势。由此可见，WE@Co-1∶2 存在大量分级的三维网络孔隙结构，这有助于增加比表面积、提高电解液的渗透性、加速电子和离子在电极之间的高效穿梭[7-8]，有利于能量的存储。

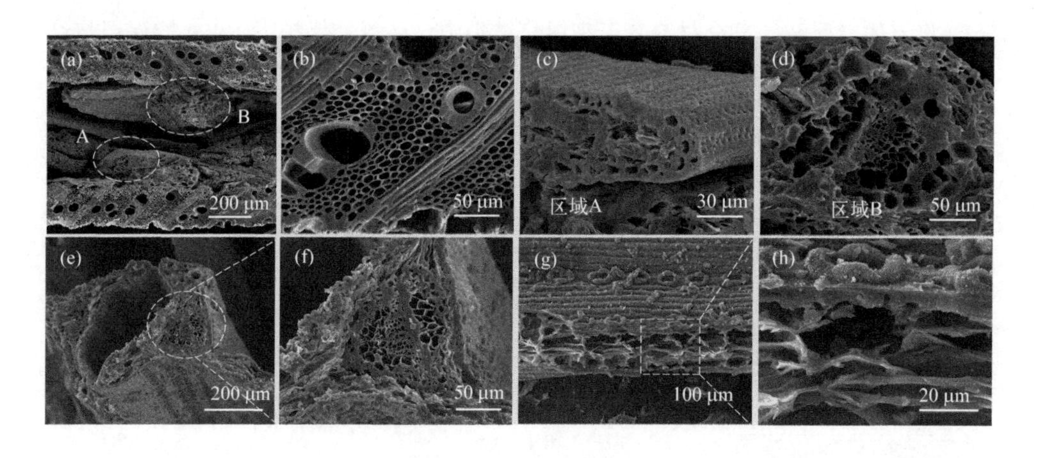

图 6-2　WE@Co-1∶2 和松针炭粉的 SEM 图

(a)WE@Co-1∶2 截面 SEM 图；(b)外覆层 SEM 图像；(c)区域 A 的局部放大图；
(d)区域 B 的局部放大图；(e)、(f)松针炭粉横截面的 SEM 图像；
(g)、(h)松针炭粉纵切面的 SEM 图

6.1.2.2　比表面积及孔径结构

较大的比表面积和分级孔隙结构可提供足够的离子传输通道和活性位点，进而改善自支撑电极的效率，提升比电容[9-10]。按照国际通用的分类方法，可分为微孔（0～2 nm）、中孔（2～50 nm）和大孔（>50 nm）。其氮气吸附-脱附 BET 测试结果如图 6-3 和表 6-1 所示。从图 6-3(a)可知，WE@Co-0 和 WE@Co-1∶2 均显示出典型的Ⅳ型吸附-脱附曲线[11]。其中 WE@Co-1∶2 的吸附

等温线在低压区（$P/P_0<0.1$）趋于饱和，具有典型的微孔特性；同时，图6-3(a)中显示 WE@Co-0 和 WE@Co-1∶2 在中高压区（$0.4<P/P_0<1.0$）都有明显的回滞环，这意味着存在中孔[12]。从图 6-3(b)的微孔孔径分布图中发现，相比之下 WE@Co-1∶2 中的微孔数量明显要少一些；图 6-3(c)中显示了中孔和大孔的分布情况，其中 WE@Co-1∶2 中含有更多的中孔和大孔，说明 Co^{2+} 掺杂之后，整体的孔隙结构得到了调整，其中微孔略有下降，中孔数量增加。而中孔结构的增加，可进一步为电解质离子传输提供更多的通道，缩短扩散距离[13]。

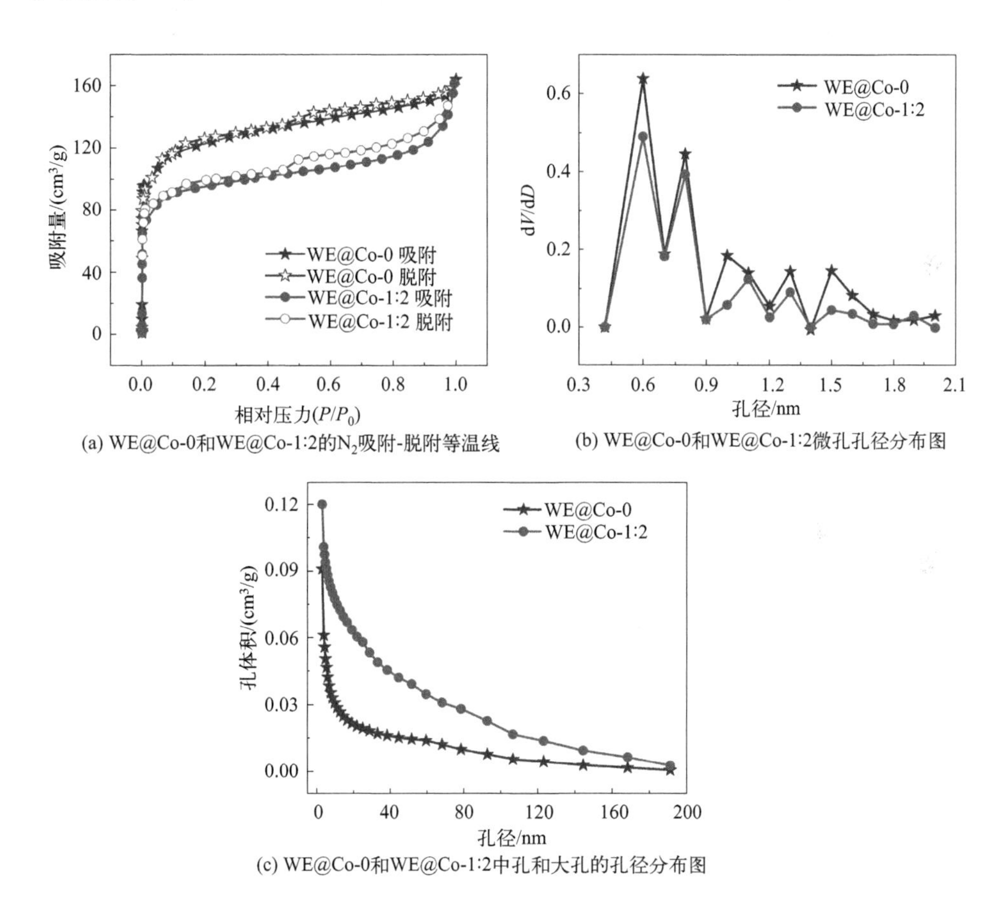

(a) WE@Co-0和WE@Co-1:2的N_2吸附-脱附等温线

(b) WE@Co-0和WE@Co-1:2微孔孔径分布图

(c) WE@Co-0和WE@Co-1:2中孔和大孔的孔径分布图

图 6-3　N_2 吸附-脱附等温线及孔径分布曲线

表 6-1 中列出了四种不同掺杂比例样品的 BET 数据。通过对比发现，Co^{2+} 掺杂后样品的比表面积减小，微孔数量减少，但中孔和大孔的数量增加，说明 Co^{2+} 掺杂对孔结构有调节作用。

表 6-1　不同掺杂比例试件参数

样品	比表面积/(m^2/g)	总孔体积/(cm^3/g)	平均孔径/nm	微孔体积/(cm^3/g)	中孔与大孔体积/(cm^3/g)
WE@Co-0	456.3	0.248	2.174	0.217	0.091
WE@Co-1∶1	387.9	0.257	2.646	0.120	0.165
WE@Co-1∶2	354.4	0.242	2.7351	0.134	0.120
WE@Co-2∶1	157.3	0.186	4.724	0.002	0.190

6.1.3　物相构成与元素分布

以 WE@Co-1∶2 为例，对添加催化剂与未添加催化剂的试件进行比较，分析催化剂对物相结构的影响。

6.1.3.1　物相构成

图 6-4 为 WE@Co-0 和 WE@Co-1∶2 的 XRD 与 RS 谱图。图 6-4（a）中的 XRD 显示：在 WE@Co-1∶2 的谱图中，$2\theta=26.6°$附近有表征石墨结构（002）平面的尖锐峰出现，而未添加 $Co(NO_3)_2 \cdot 6H_2O$ 的 WE@Co-0 仅有一个鼓包峰，说明 WE@Co-1∶2 中的石墨化程度更高[14]，这主要是 Co 的催化石墨化作用所引起的。与此同时，WE@Co-1∶2 在 $2\theta=44.2°$、51.5°、75.9°处的特征峰对应金属 Co 的（111）、（200）和（220）晶面，表明有部分 Co^{2+} 被还原为金属 Co 单质[15]。在图 6-4（b）的拉曼光谱中，G 峰表示石墨化结构的特征峰，D 峰与石墨晶格中的缺陷和不规则形状有关[16]，D 峰与 G 峰的强度比 R 值（I_D/I_G）可表征材料的石墨化程度。WE@Co-1∶2 和 WE@Co-0 的 R 值分别为 0.926、1.058，相比之下 WE@Co-1∶2 的 R 值较小，表明 WE@Co-1∶2 的石墨

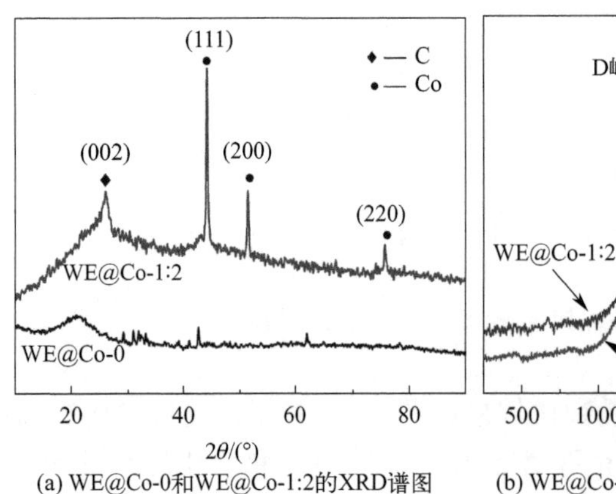

(a) WE@Co-0和WE@Co-1:2的XRD谱图

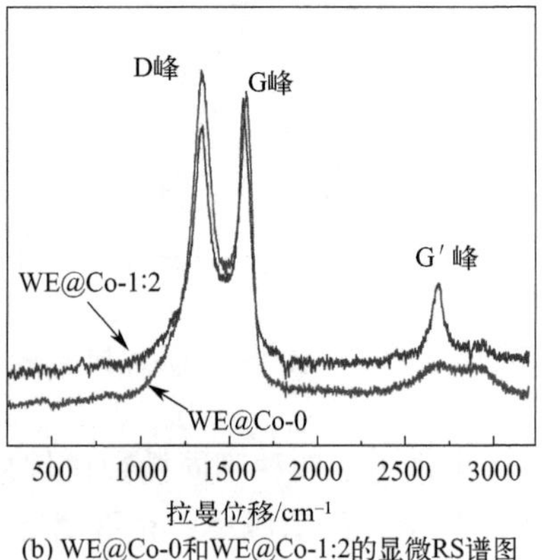

(b) WE@Co-0和WE@Co-1:2的显微RS谱图

图 6-4　WE@Co-0 和 WE@Co-1∶2 的 XRD 与 RS 谱图

化程度比 WE@Co-0 高[17]。这可以解释为：WE@Co-1∶2 中 Co^{2+} 的含量较高，能更好地起到催化作用的缘故。同时，从图 6-4（b）中还可以发现：WE@Co-1∶2 的谱图中在 2700 cm^{-1} 附近出现了 G′峰，但低于 G 峰，表明在此区域存在多层石墨烯结构[18]。

图 6-5 为 WE@Co-1∶2 的 TEM 照片，在图 6-5(a)、图 6-5(b)中，黑色的纳米颗粒被灰色的外壳包裹。图 6-5(d)为图 6-5(c)中区域 A 的放大图，其晶格间距约为 0.205 nm，对应于金属钴的（111）晶面[19]，表明黑色颗粒为 Co 纳米颗粒。图 6-5（e）为图 6-5（c）中 B 区域的放大图，晶格间距约为 0.35 nm，对应于石墨化炭的（002）晶格参数[20]。表明 WE@Co-1∶2 中 Co 纳米颗粒被石墨化炭包裹，这可防止其与电解液的直接接触，而石墨化炭具有较高的导电性和较强的耐酸碱腐蚀性，因此在改善基体导电性能的同时可降低 Co 纳米颗粒被腐蚀的程度，进而提高自支撑电极的使用寿命。

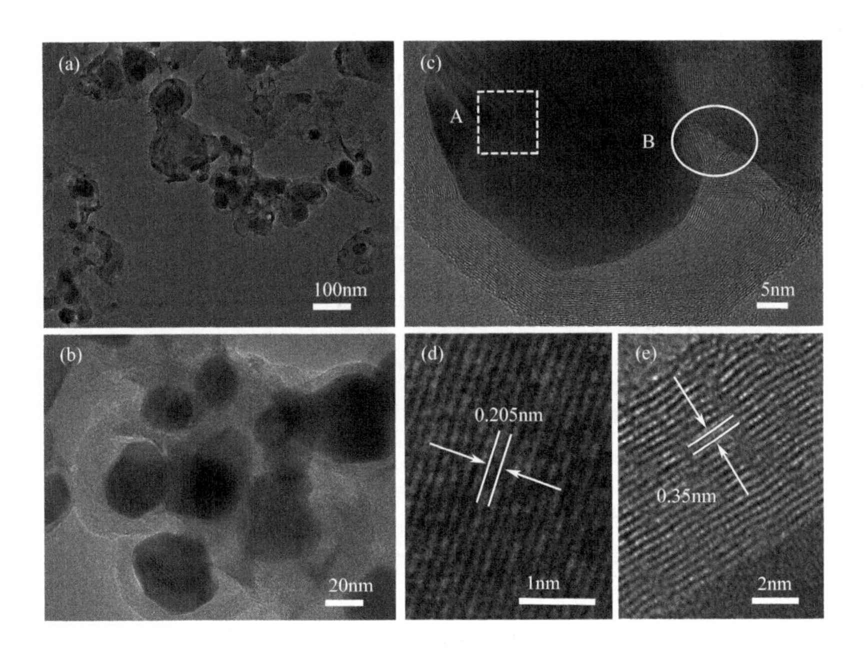

图 6-5　WE@Co-1∶2 的 TEM 图

(a)低倍率 TEM 照片；(b)、(c)高倍率 TEM 照片；
(d)图(c)中区域 A 的放大图；(e)图(c)中区域 B 的放大图

6.1.3.2　表面元素分布与价态分析

对试件进行 XPS 测试分析可进一步探究其物相组成。WE@Co-1∶2 的 XPS 分析结果如图 6-6 所示。由图 6-6(a)可知：WE@Co-1∶2 主要由 C、O、Co 元素构成。图 6-6(b) 为其中 Co 2p 的分谱图，Co 2p 轨道存在 $2p_{1/2}$ 和 $2p_{3/2}$ 分量，结合能集中在 780.8 eV 和 796.7 eV。经拟合后 $2p_{1/2}$ 和 $2p_{3/2}$ 峰分成 4 个峰，其中在 780.8 eV 和 796.7 eV 处的峰归属于零价态单质 Co，这主要是由 Co^{2+} 被无定形炭和玻璃炭还原所产生的。其他特征峰归属于 Co^{2+}，这更进一步证实了钴的有效掺杂[21-22]。图 6-6(c)是 C 1s 分谱图，结合能在 284.8 eV、286.2 eV 和 287 eV 处的三个主峰，分别对应着 C—C 、C—O—C 和 O—C═O 键，表明有大量含氧基团存在[23-24]，而图 6-6(d)中 O 1s 在 531 eV、531.5 eV、532.5 eV 处的峰则分别归属于 C═O 、—COOH 和 C—O 键[25]。这些含氧基团产生大量的活性位点，为改善电解液对电极的湿润性提供了更有利的条件[26]。

图 6-6(e) 为元素映射测试区域。图 6-6(f)～(h)为 WE@Co-1∶2 高分辨率的元素映射图，直观地呈现了 3 种元素的分布状态：Co 纳米颗粒被 C 层所包覆，O 元素呈 2 均匀分布状态。这也说明 WE@Co-1∶2 是由均匀分布的碳骨架以及 Co、O 等元素组成。

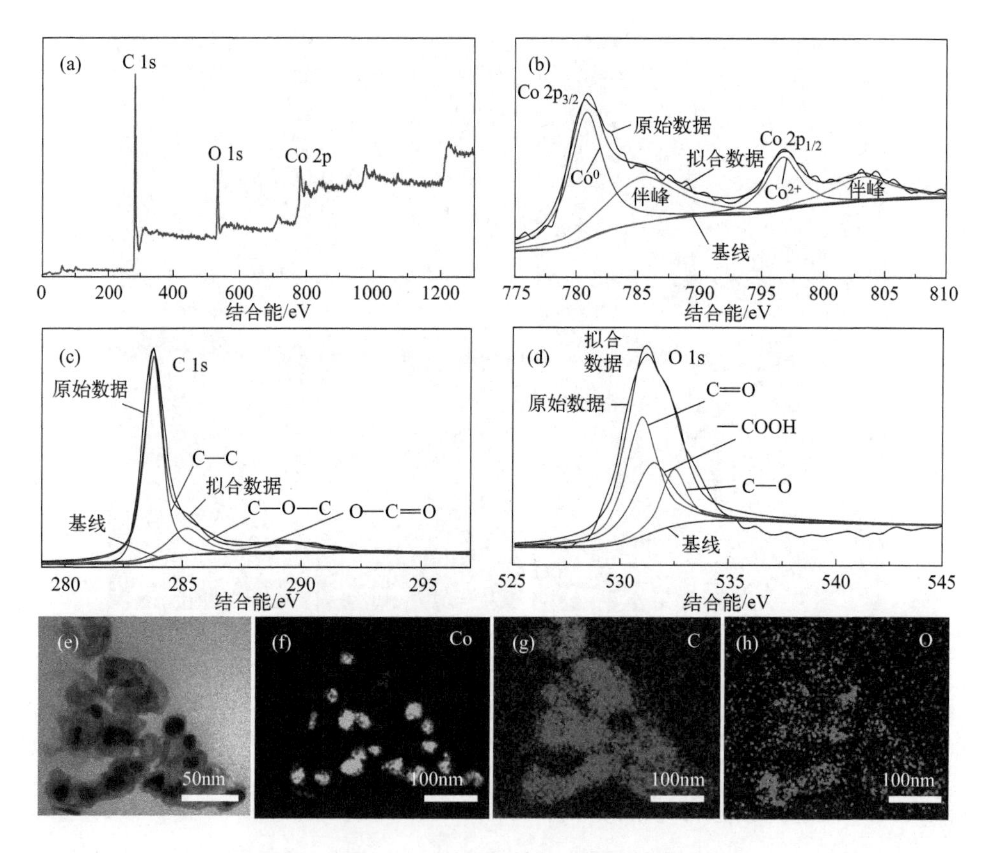

图 6-6 WE@Co-1∶2 的 XPS 谱图和元素映射图

(a)XPS 全谱图；(b)Co 的能谱；(c)C 的能谱；(d)O 的能谱；

(e)元素映射测试区域；(f)～(h)Co、C、O 元素的映射图

6.1.4 Co^{2+} 掺杂与夹层结构对电化学性能的影响

采用电化学工作站对样品进行测试，进而探讨 Co^{2+} 与夹层结构对电化学性能的影响。

6.1.4.1 三电极电化学性能

图 6-7 为未掺杂和掺杂试件的电化学性能。其中图 6-7(a)、(b)为未掺杂夹层样品（WE@Co-0）和非夹层结构（PWE-Co-0）的 CV、GCD 对比图。从图 6-7(a)中可见：WE@Co-0（夹层结构）的 CV 曲线的面积明显较大，说明它比 PWE-Co-0 具有更好的电化学性能。同时，两者的 CV 曲线均无明显的氧化还原峰，这表明其符合双电层电容机制[27]。通过式(2-3)计算可得两者的比电容分别为 94.12 F/g 和 12.72 F/g。显然这是因为夹层结构和 Co^{2+} 有助于电解液渗透、可提供更多的活性位点[28]，以及可发挥协同储能作用。

与此同时，对不同钴掺杂比例的夹层结构木材陶瓷自支撑电极 WE@Co-0、WE@Co-1∶1、WE@Co-1∶2、WE@Co-2∶1 的电化学性能进行测试，结果如图 6-7(c)～(f)所示。图 6-7（c）中的 CV 曲线呈类矩形，且没有明显的氧化还原峰。其中，WE@Co-1∶2 的 CV 曲线覆盖面积最大，说明其比电容较高。图 6-7(d）中的 GCD 曲线呈类等腰三角形，表明其充放电性能稳定。其比电容分别为 94.12 F/g、130.37 F/g、319 F/g、157.56 F/g。其中 WE@Co-1∶2 最高，这是因为适量的 Co^{2+} 在发挥催化石墨化作用的同时，还具有掺杂作用，这些均能改善导电性能，加快电子与离子的传输速度。如表 6-1 可知，WE@Co-1∶2 具有相对均一的分级孔结构，有利于电解质与电极的充分接触，可增加离子在孔道中的吸附，导致在充电/放电过程中能够实现更多的电荷累积[29]。

图 6-7(e)为 WE@Co-1∶2 在不同扫描速率下的 CV 曲线：随着扫描速率的增加，CV 曲线逐渐从类矩形状变为梭状，表明在高扫描速率下比电容有所降低。图 6-7(f)显示了在不同电流密度下每个试件的比电容，随着电流密度的增大，比电容均出现下降的趋势，并且电流密度越高，电容衰减越快。这主要是因为在较高的扫描速率和电流密度下，充放电过程主要发生在电极材料外层，电子与离子没有足够的时间扩散到整个孔隙中[30]。

交流阻抗可以用于研究电化学反应中的离子扩散过程，几种试件的 EIS 曲线如图 6-8 所示。图 6-8(a)为 WE@Co-0 和 PWE@Co-0 的阻抗对比图，其中夹层结构试件在高频区的电阻更小，表明试件中电荷迁移速率更快，这得益于特殊的夹层结构缩短了离子传输距离[31]。图 6-8(b)为不同钴掺杂比例的夹层结构木材陶瓷阻抗对比图：四个电极在低频区都具有较小的扩散电阻，这归因于较好的石墨化程度以及合理的孔径结构[32-34]。阻抗曲线在高频区域与坐标轴的交点为

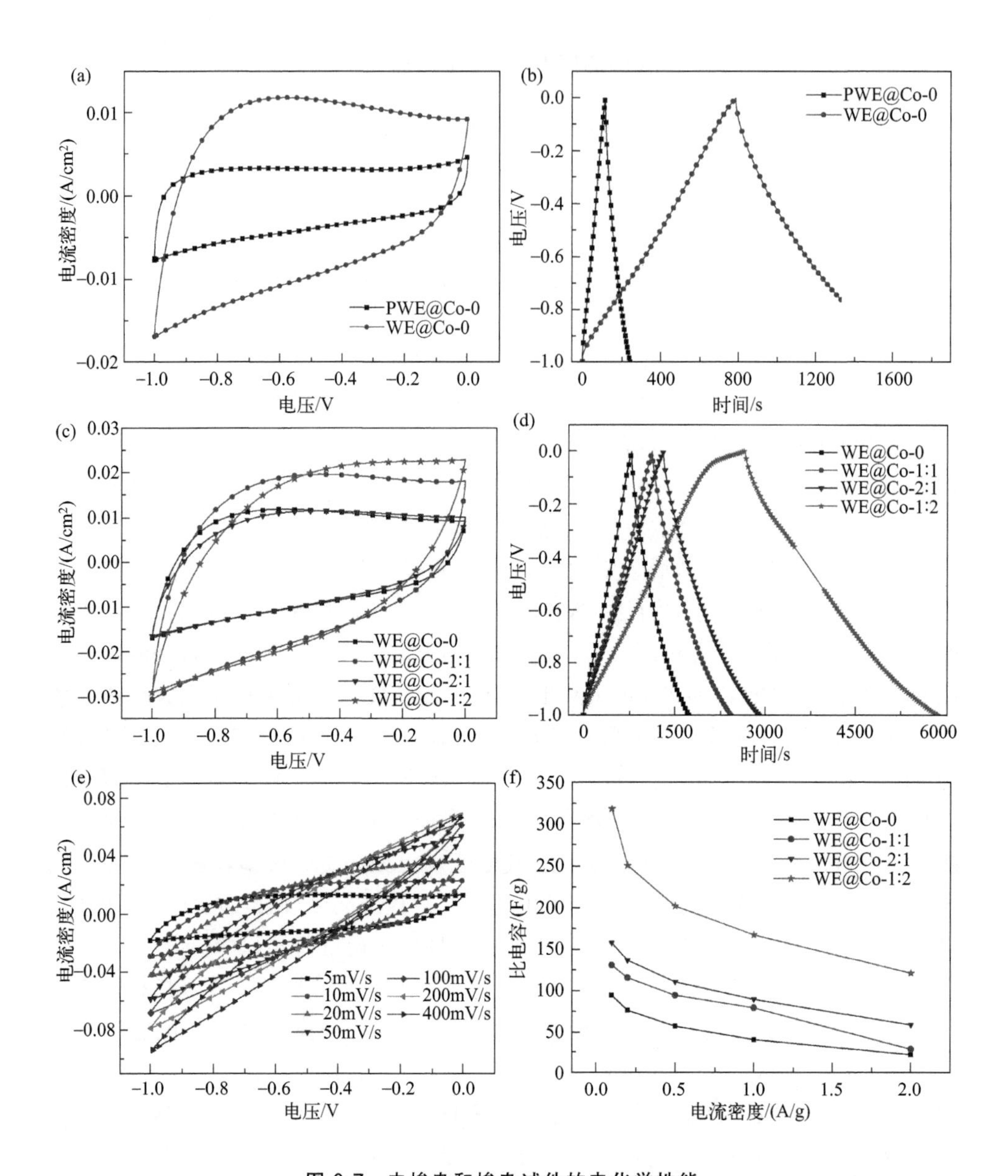

图 6-7 未掺杂和掺杂试件的电化学性能

(a)在 10 mV/s 扫描速率下，WE@Co-0 和 PWE@Co-0 的 CV 曲线；(b)在 0.1 A/g 电流密度下，WE@Co-0 和 PWE@Co-0 的 GCD 曲线；(c)不同掺杂比例夹层结构木材陶瓷在扫描速率为 10 mV/s 时的 CV 曲线；(d)在 0.1 A/g 电流密度下，不同掺杂比例的夹层结构木材陶瓷的 GCD 曲线；(e)不同扫描速率下 WE@Co-1∶2 的 CV 曲线；(f)不同电流密度下的比电容

电荷转移电阻，WE@Co-1∶2 的转移电阻比 WE@Co-0 和 WE@Co-1∶1 略大，是因为 WE@Co-0 和 WE@Co-1∶1 有较高的比表面积，可以在电极-电解质界面

提供较多的活性位点和快速的电荷转移[35]。由表 6-1 可知，WE@Co-1∶2 的微孔较少，导致比表面积偏低、转移电阻较大，但 WE@Co-1∶2 含有更多的中孔和大孔，而中孔对比电容的有效贡献大于微孔[36]。因此，WE@Co-1∶2 具有更好的电容特性。

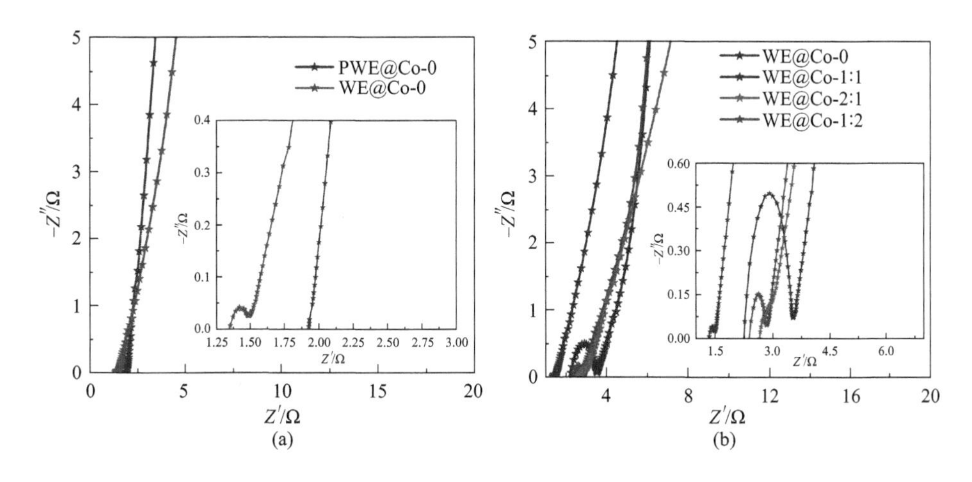

图 6-8　几种试件的 EIS 图

(a)PWE@Co-0 和 WE@Co-0 的 EIS 图；(b)不同掺杂比例样品的 EIS 图

6.1.4.2　循环性能

以 WE@Co-1∶2 为工作电极进行循环寿命测试。在电流密度为 2 A/g 条件下循环充放电 5000 次后将其放置 100 天，然后再次进行 10000 次的循环充放电测试，结果如图 6-9 所示。图 6-9(a) 呈现了前 5000 次循环性能，WE@Co-1∶2 的比电容表现为前期出现波动，然后趋于稳定，最终保持率达到 136.7%，超过了初始比电容。这可能是因为，初始阶段电化学反应主要发生在自支撑基体材料的表面，经过反复充放电后电解液逐渐浸入内层。经电解液浸润后，通过离子的嵌入和脱嵌，电极将被完全激活而比电容提高[37]。此现象与其它以多孔炭基材料为电池负极文献中的报道一致[38]。图 6-9(b) 为前 5000 次循环中最后五圈的循环曲线，可见曲线几乎没有变化，表明储能稳定性良好。

将经过 5000 次循环测试后的电极用去离子水清洗、干燥并放置 100 天，然后再次进行充放电循环测试，结果如图 6-9(c)所示：在初始阶段，比电容保持率高达 91.2%。随着测试时间的延长，10000 次循环充放电后比电容保持率达到 108%，且其曲线变化特征与前 5000 圈一致，最后 3 圈的循环曲线形状也几乎没有变化[图 6-9(d)]，表明这种循环稳定性可以继续维持[39]。但由于电极在充放电过程中会因微观结构不可逆的损伤[40] 而导致最终比电容有些许衰减，相对于最初的原始值，保持率仍然达到了 98.7%，显示出极佳的循环稳定性。

WE@Co-1∶2优异的电化学性能归功于其独特的夹层结构，由于外覆层为樱桃木薄木所形成的炭片，为整体结构，这样可以减少芯层和掺杂剂的脱落而免受破坏。通过SEM和TEM对经过15000次充放电循环后的试件进行分析，结果如图6-9(e)、(f)所示：即使在反复的充放电作用下，外覆层的结构也几乎没有变化；Co纳米颗粒仍然被碳层严密包裹，在充放电过程中没有被明显侵蚀的迹象［如图6-9(f) 中箭头所示］。

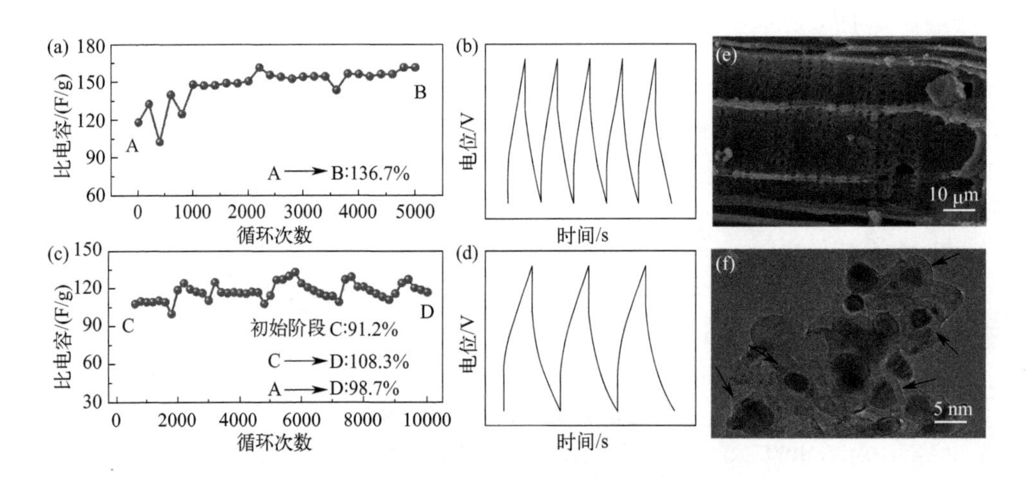

图6-9 WE@Co-1∶2的15000次循环充放电后的性能

(a)WE@Co-1∶2在5000次充放电后的比电容变化；(b)前5000次循环的最后5圈；(c)WE@Co-1∶2充放电10000次后比电容的变化；(d)10000次循环的最后3圈；(e)15000次循环后WE@Co-1∶2外覆层孔道的SEM图；(f)15000次循环后WE@Co-1∶2的TEM图

6.1.4.3 组装对称型超级电容器的电化学性能

为了进一步研究电极材料的实际应用，将WE@Co-1∶2组装成对称超级电容器，测试结果如图6-10所示：图6-10(a)为不同电流密度下恒电流充放电曲线，呈类等腰三角形，显示出良好的充放电稳定性；图6-10(b)中呈现出了不同功率密度下的能量密度，当功率密度为100 W/kg时，能量密度可达33.86 Wh/kg，同时，将能量密度和功率密度与其它电极材料进行了对比发现其介于其他生物质炭电极材料之间[41-46]，表现不俗；图6-10(c)为3个电容器串联时点亮7个LED灯的照片，这表明了Co掺杂夹层结构自支撑电极具有良好的实际应用价值。

通过上述分析不难发现：WE@Co-1∶2的优异性能归功于其特殊的结构和合理的材料复合，这主要体现在：

① 独特的夹层结构，可以避免在快速充放电循环中结构的坍塌，也可防止芯层中金属离子及活性材料的脱落，有利于长期循环后电容的维持[47]；

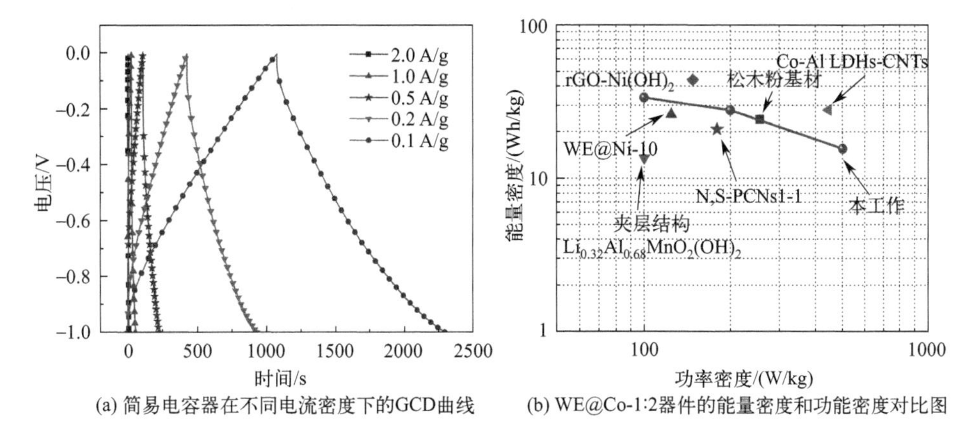

(a) 简易电容器在不同电流密度下的GCD曲线

(b) WE@Co-1∶2器件的能量密度和功能密度对比图

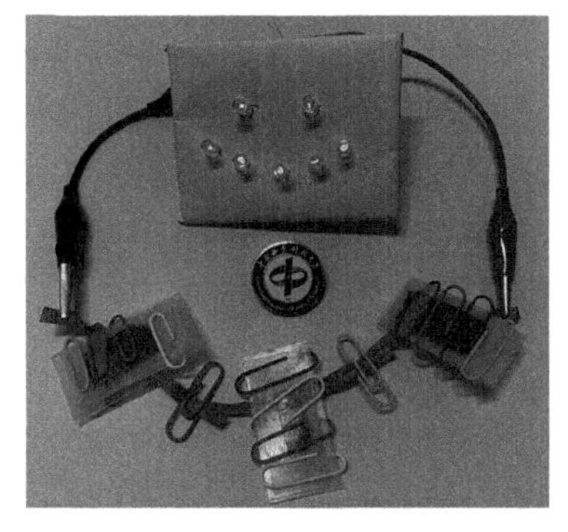

(c) 组装的超级电容器点亮LED灯

图 6-10　WE@Co-1∶2 的电容性能

② 石墨化炭对 Co 纳米颗粒的包覆作用，在增加导电性的同时也防止了电解液对其侵蚀，起到保护作用；

③ 芯层中的松针具有类似碳纳米管的管状结构，与管壁上的横向孔形成三维网络，缩短了扩散路径，确保离子的高效传输[48]，也有利于电解液有效渗透至芯层。

因此，在多种要素的协同作用下夹层结构木材陶瓷电极表现出优异的特性。

6.2　MnO_2 负载对电化学性能的影响

以 WE@Co-1∶2 为基体，采用电沉积法负载 MnO_2 得到自支撑电极 WE@Co-MnO_2，用循环伏安法、恒电流充放电法、交流阻抗法等对其电化学性能进行比较，分析 MnO_2 负载对电化学性能的影响。

6.2.1 循环伏安

为了更加直观地显示负载 MnO_2 前后电极材料性能的不同，选取相同扫描速率（5 mV/s）下的数据进行对比，结果如图 6-11 所示。

图 6-11(a)为 WE@Co-1：2 负载 MnO_2 前后的 CV 曲线对比图。从图 6-11(a)可以明显看出，最优电沉积条件下所制备试件 WE@Co-MnO_2 的 CV 曲线面积比原基材（WE@Co-1：2）更大，表明 WE@Co-MnO_2 具有更好的电容特性[49]。同时在 CV 曲线上出现了明显的氧化还原峰，这使得负载 MnO_2 后的自支撑复合电极集合了双电层电容和 MnO_2 赝电容的共同优势。图 6-11(b)为 WE@Co-MnO_2 在 5～400 mV/s 的扫描速率下的 CV 曲线。从图 6-11(b)中发现，WE@Co-MnO_2 的 CV 曲线呈梭状，具有一定的对称性。同时也发现，仅当扫描速率较低时才有氧化还原峰出现。这可能是因为扫描速率较快时，MnO_2 没有充分发挥赝电容的优势，只是夹层结构的双电层在起作用。但随着扫描速率的升高，CV 曲线形状并没有发生明显的变化，表明其电化学性能良好。

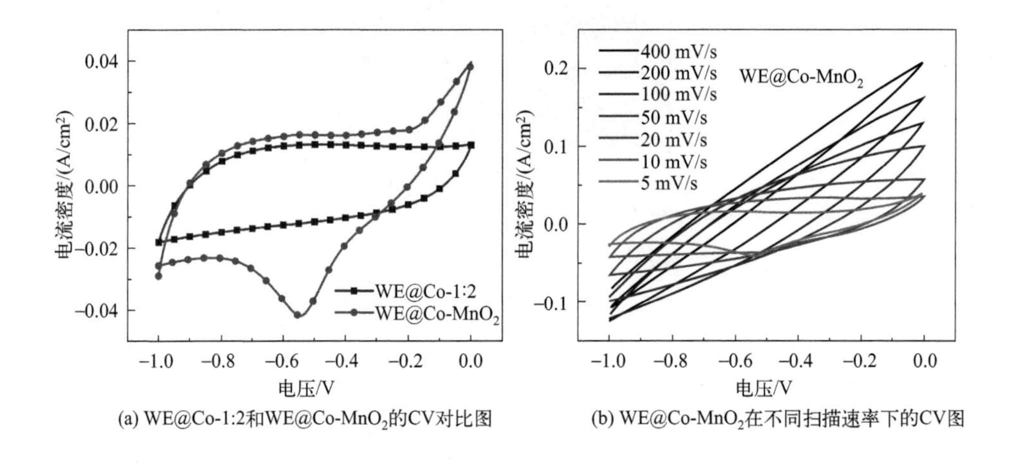

(a) WE@Co-1:2和WE@Co-MnO_2的CV对比图

(b) WE@Co-MnO_2在不同扫描速率下的CV图

图 6-11 负载 MnO_2 前后电极材料的 CV 测试图

6.2.2 恒电流充放电

图 6-12 为 WE@Co-MnO_2 和 WE@Co-1：2 的恒电流充放电曲线。图 6-12(a)中，WE@Co-1：2 的 GCD 曲线呈类三角形，但 WE@Co-MnO_2 的则为非对称形状，表明赝电容特性在发挥作用[50]。在 0.1 A/g 电流密度下，WE@Co-1：2 和 WE@Co-MnO_2 的比电容分别为 315 F/g 和 371.304 F/g，显然，负载

MnO_2 后赋予了夹层结构自支撑电极更好的电化学性能。

图 6-12(b)为 WE@Co-MnO_2 在 0.1～2.0 A/g 电流密度下的充放电曲线图：随着电流密度的增加，WE@Co-MnO_2 的比电容逐渐降低。这可以解释为：在较大电流密度的作用下，电极的极化作用增加而导致内阻增大，最终造成比电容下降[51]。同时，在高电流密度下，电化学反应速度较快，部分电荷没有足够的时间进入电极内部参与电化学反应，这也会导致比电容降低[52]。

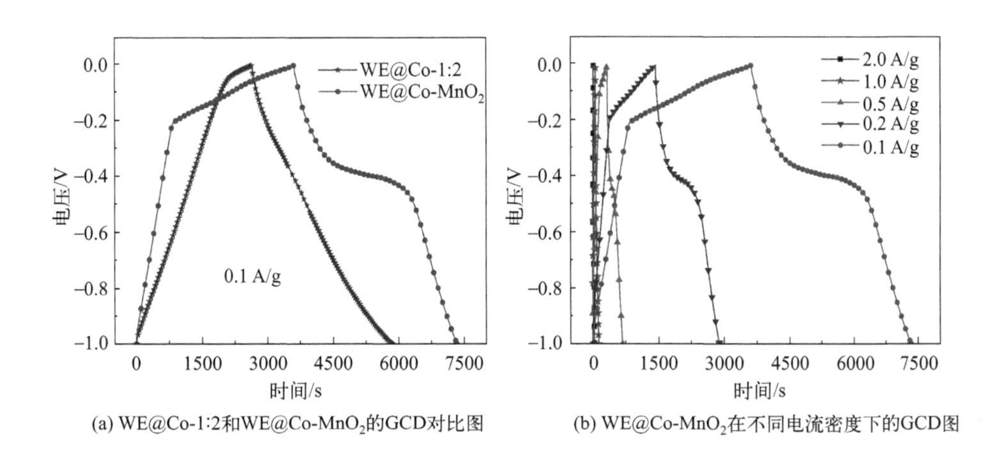

(a) WE@Co-1∶2和WE@Co-MnO_2的GCD对比图

(b) WE@Co-MnO_2在不同电流密度下的GCD图

图 6-12 负载 MnO_2 前后电极材料的 GCD 测试图

6.2.3 交流阻抗

图 6-13 所示为 WE@Co-MnO_2 和 WE@Co-1∶2 的 EIS 图，用来表征电极材料的电荷转移特征。曲线与 x 轴的高频截距为等效串联电阻；低频区的直线代表离子在电极孔隙内的扩散行为；倾斜线的垂直度表示离子在电解液中的扩散速度[53]。从图 6-13(a)及其区域 A 的放大图 6-13(b)中可见：图形具有典型的 Nyquist 曲线特征，在高频区域呈弧形，在低频区域呈近似直线。两者相比，WE@Co-MnO_2 的等效串联电阻明显较小，且 WE@Co-MnO_2 在低频区的斜率更大。这些结果表明，负载 MnO_2 后的自支撑电极具有更好的导电性和离子扩散行为。同时，其高比电容特性还可以归因于夹层结构木材陶瓷基体和 MnO_2 纳米粒子的共同作用。

6.2.4 循环性能、能量与功率密度

6.2.4.1 循环稳定性

循环性能是超级电容器电极的一个重要指标。图 6-14(a)为在 2 A/g 电流密度下对 WE@Co-MnO_2 进行 5000 次循环充放电的测试结果：经过大约 1000 次

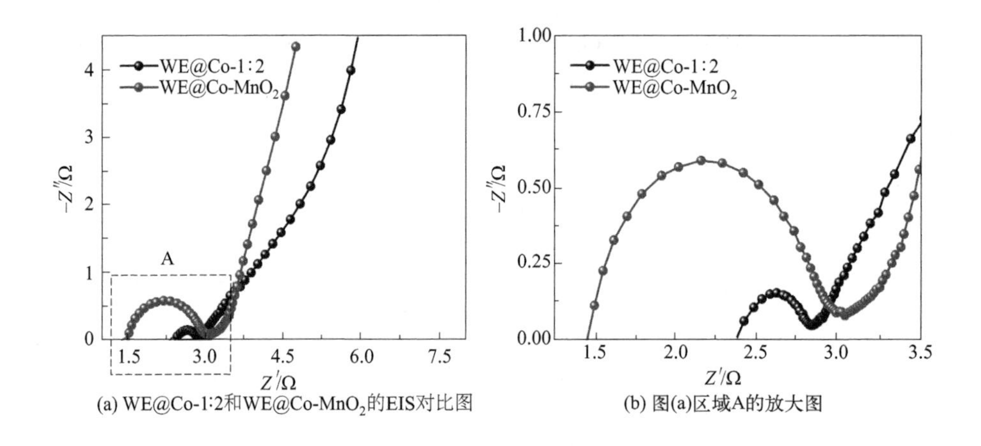

图 6-13　负载 MnO_2 前后电极材料的 EIS 图

循环后，其比电容保持率达到峰值（大于 100%），这是由于电极材料在电解液中被活化所致。经过 5000 次循环后，WE@Co-MnO_2 的比电容保持率为 76.8%。图 6-14(b) 为组装简易超级电容器的示意图，其不需要金属集流体。

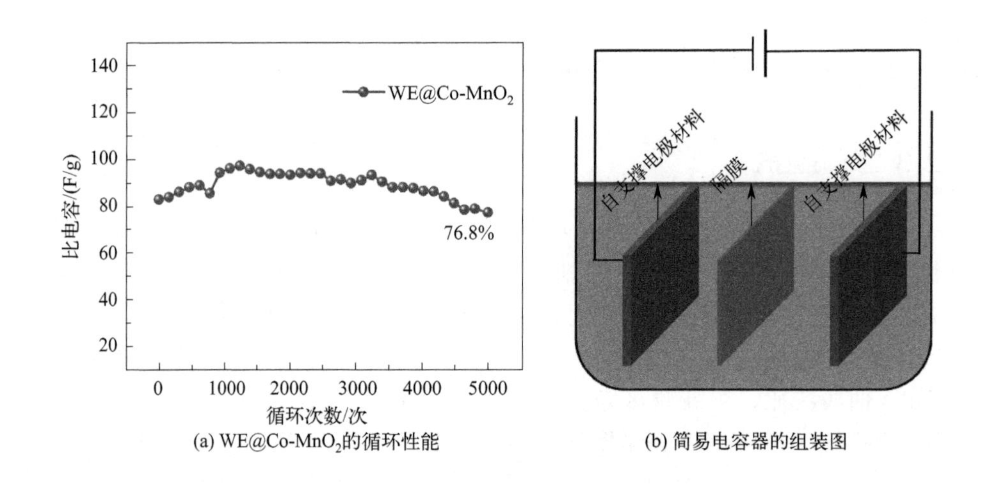

图 6-14　简易电容器的组装和性能测试图

6.2.4.2　能量与功率密度

在 0.1 A/g 的电流密度下对简易电容器进行恒电流充放电测试，由式(2-5)～式(2-6) 计算出相应的能量密度和功率密度，结果如图 6-15(a) 所示。当能量密度为 38.96 Wh/kg 时功率密度达到 100 W/kg，表现出较高的能量与功率密度。将形状、质量相当的两片 WE@Co-MnO_2 组装成简易电容器，如图 6-

15(b) 所示，串联后可成功点亮 LED 灯。

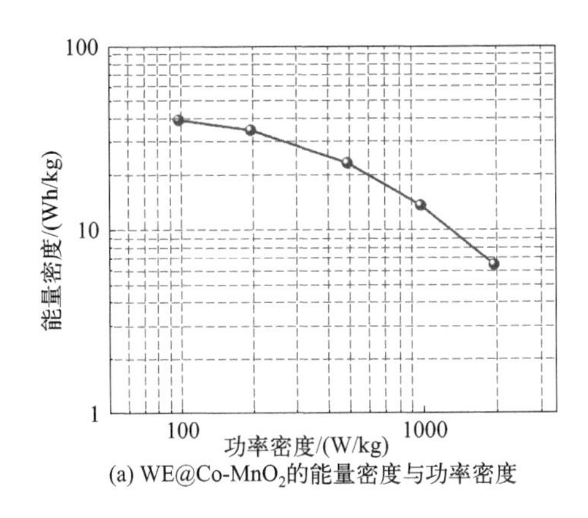

(a) WE@Co-MnO_2的能量密度与功率密度

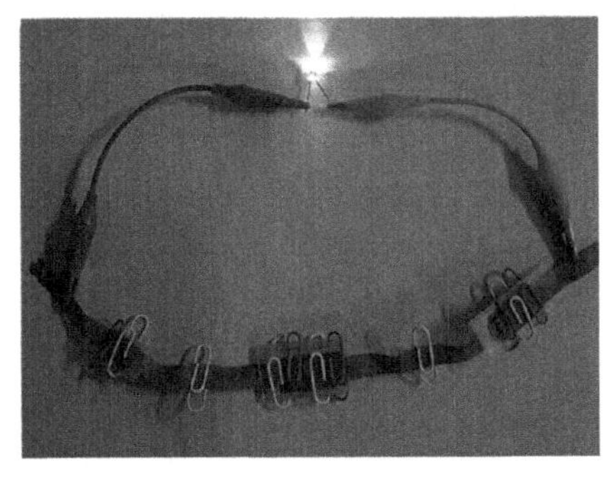
(b) 简易超级电容器点亮LED灯

图 6-15 简易电容器的能量密度和功率密度及其点亮 LED 灯照片

6.3 Mn^{4+} 电沉积负载 Co^{2+} 掺杂夹层结构木材陶瓷

赝电容的电容器具有比双电层电容器更好的储能优势，其电极材料主要有 RuO_2、MnO_2、Co_3O_4 等过渡金属氧化物或氢氧化物。在这些氧化物中，MnO_2 具有价格低廉、毒性小、理论容量大等优点，是最具应用前景的电极材料之一。但 MnO_2 本身电阻率很高，易造成 MnO_2 基超级电容器在实际使用时的电化学性能比理论值小很多的现象[54]。目前用来提升 MnO_2 基电极材料性能的方法大多为掺杂、表面修饰、制备复合材料等。有学者[55] 针对 MnO_2 的不足，引入石墨烯形成协同作用，制备以石墨烯为载体的 MnO_2/石墨烯复合材料。也有关于两步电沉积法制备以针织物基底负载 MnO_2/石墨烯复合电极材料的报道[56]，其在 0.2 mA/cm^2 的电流密度下，比电容高达 928.6 F/g。但石墨烯价格高、易团聚，使得电极的性能与成本难以精准控制。

木材陶瓷基体价格低廉，且具有耐腐蚀性、多孔性的特点，加之掺杂后金属碳化物的高强度，使得其具有负载活性物质的优势。因此，可以利用木材陶瓷基体和 MnO_2 各自的优势，制备与组装 MnO_2/木材陶瓷自支撑电极。有报道称恒电流法沉积负载 MnO_2 有利于离子扩散，在低等效串联电阻的情况下具有较高的比电容[57]。

6.3.1 电沉积负载工艺

为了更有效比较催化剂对电极性能的影响，以 WE@Co-1∶2 为自支撑基体材料，采用恒电流法沉积负载 MnO_2，制备自支撑复合电极，考察沉积时间、电流密度、沉积液温度等因素对比电容的影响。

① 基体的预处理：将自支撑基体材料浸泡在浓度为 5%的稀 HNO_3 溶液中，于 80 ℃下加热处理 3 h，以去除基体中的杂质并改善其亲水性[58]，以增加 MnO_2 的附着性[59]。

② 以 0.1 mol/L 的 $MnSO_4$ 溶液为沉积液，用稀 H_2SO_4 溶液将 pH 调至 5～6。

③ 将夹层结构木材陶瓷基体作为阳极，碳棒作为阴极，在两电极体系下采用恒电流法沉积一定时间。然后将所得复合电极用去离子水浸泡 12 h，去除残留的电解液，放入 60 ℃烘箱中烘干，得到负载 MnO_2 的 Co^{2+} 掺杂夹层结构自支撑电极。

6.3.2 试验设计与优化

6.3.2.1 单因素与正交试验

在探索性实验的基础上，分别设置恒电流沉积时间（16 min、26 min、56 min、76 min、96 min)、电流密度（0.1 A/g、0.2 A/g、0.5 A/g、1 A/g、2 A/g)、沉积液温度（25 ℃、45 ℃、65 ℃、85 ℃、105 ℃）3 个因素，采用控制变量法，探究各个因素变化对比电容的影响。

通过对单因素实验结果的分析，选择沉积时间、电流密度、沉积液温度 3 个因素中的最优条件，选用 $L_9(3^4)$ 正交实验水平表，设计正交实验，进一步优化电沉积负载 MnO_2 的工艺条件。

6.3.2.2 MnO_2 沉积单因素实验结果分析

① 沉积时间对比电容的影响　保持电流密度为 0.2 A/g、沉积液温度 T=25 ℃，在 16 min、26 min、56 min、76 min、96 min 等时间下电沉积 MnO_2，所得到的沉积时间与比电容之间的关系如图 6-16（a）所示：不同沉积时间所得到的比电容分别为 219.1 F/g、240.85 F/g、289.41 F/g、312.44 F/g 和 194.86 F/g。显然，随着沉积时间的延长，质量比电容表现为先增大后减小的趋势：在 76 min 时达到最大值，然后下降。可能是因为在较短的沉积时间内，基体表面所形成的 MnO_2 较薄，有利于比电容的提升。随着时间的增加，纳米结构 MnO_2 逐渐堆积，在基体表面形成的活性层增厚，将部分孔隙填充，致使电化学反应多发生在电极材料的表面，所以长时间沉积不利于电解质溶液与电极的充分接触，也会影响电子和离子的高速传递[60]。因此选择 76 min 作为最佳沉积时间。

② 电流密度对比电容的影响　保持沉积时间 76 min、沉积液温度 25 ℃，改

变沉积时的电流密度，所得电极的比电容如图 6-16(b) 所示：在沉积电流密度为 0.1 A/g、0.2 A/g、0.5 A/g、1.0 A/g 和 2.0 A/g 的条件下自支撑电极的比电容分别为 233.2 F/g、277.2 F/g、306.14 F/g、269.34 F/g 和 263.2 F/g。当沉积电流密度为 0.5 A/g 时，比电容最大，随后下降。这可以解释为：低电流密度下，MnO_2 的成核及生长速率较慢[61]，这样有利于 MnO_2 纳米片层形成有序的结构。而这种片层结构厚度较薄，可减少电解液离子传输的阻力，使离子在固相扩散中的距离变短，进而加快阳离子的嵌入/脱出反应速率，从而提高比容量。而电流密度继续加大时，反应速率继续加快，使得 MnO_2 纳米片层变厚，这更有利于防止孔隙的堵塞。因此，选择最佳沉积电流密度为 0.5 A/g。

③ 沉积液温度对比电容的影响　研究中发现沉积液温度对比电容也有一定的影响。在沉积时间为 76 min、电流密度为 0.2 A/g 的条件下，通过改变沉积液的温度来调节 MnO_2 的沉积，讨论在不同温度下所得自支撑电极材料比电容的变化，结果如图 6-16(c) 所示。

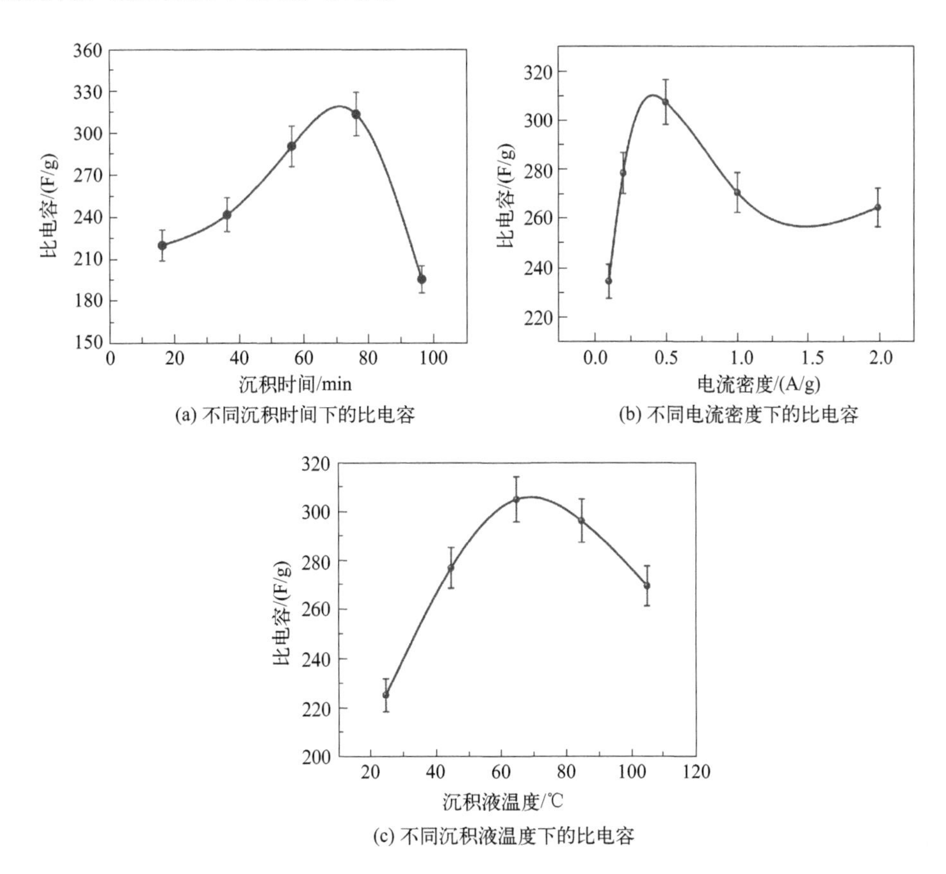

(a) 不同沉积时间下的比电容

(b) 不同电流密度下的比电容

(c) 不同沉积液温度下的比电容

图 6-16　沉积工艺条件对比电容的影响

在沉积液温度分别为 25 ℃、45 ℃、65 ℃、85 ℃和 95 ℃时制备的 WE@Co-1∶2 自支撑电极在 0.2 A/g 电流密度下的比电容分别为：224.8 F/g、276.48F/g、304.42F/g、295.66F/g 和 256.53 F/g。由图 6-16(c) 中曲线的变化趋势可知，适当地提高沉积液温度有利于 MnO_2 的生长，但当温度超过 65 ℃后，比电容反而降低。这可以解释为：较高的沉积液温度可加快分子运动的速度，在电沉积的初始阶段易在电极表面形成氧化核而利于 MnO_2 晶体的成型。但在较高的温度条件下，MnO_2 晶体生长迅速，并呈各向异性生长[62]，但过大的晶体结构会降低有效比表面积。因此，在较高温度下电极的比电容反而降低。

6.3.2.3 正交实验结果讨论

通过对各个单因素实验结果的分析可得到最优结果。选取沉积时间 A：66 min、76 min、86 min；电流密度 B：0.2 A/g、0.5 A/g、0.8 A/g；沉积液温度 C：55 ℃、65 ℃、75 ℃。以比电容（F/g）为考察指标，进行正交实验，结果见表 6-2。由表 6-2 极差 R 值可知，3 个因素对沉积后自支撑电极比电容的影响程度同为：沉积时间＞电流密度＞电解液温度。同时，由正交实验结果可知最优方案为：沉积时间 76 min、电流密度 0.8 A/g、沉积液温度 55 ℃。

表 6-2 正交实验 K 值与 R 值 单位：F/g

项目	A	B	C
$K1$	218.120	228.440	268.673
$K2$	281.193	267.680	252.467
$K3$	269.127	272.320	247.300
R 极差	63.073	43.880	21.373
因素主次	$A>B>C$		
最佳方案	$A_2B_3C_1$		

使用 SPSS 软件对正交实验数据进行方差分析，结果如表 6-3 所示：沉积时间 A 和电流密度 B 的 P 值小于 0.05，说明沉积时间和电流密度对比电容有显著影响，而沉积液温度则对比电容影响不显著。

表 6-3 实验结果的方差分析

方差来源	平方和	自由度	均方	F 值	P 值
校正模型	10958.461	6	1826.410	41.609	0.024
截距	590500.034	1	590500.034	13452.578	0.000
A	6725.530	2	3362.765	76.609	0.013
B	3486.762	2	1743.381	39.717	0.025
C	746.170	2	373.085	8.499	0.105
误差	87.790	2	43.895		
总计	601546.285	9			
修正后总计	11046.251	8			

6.3.3 最佳工艺验证与电沉积机理

6.3.3.1 最佳工艺验证

将沉积时间 76 min、电流密度 0.8 A/g、沉积液温度 55 ℃作为最佳工艺条件进行验证实验，得到 Co^{2+} 掺杂、MnO_2 负载的夹层结构自支撑复合电极，标记为 MnO_2/Co-WE。对其进行电化学性能测试，在 0.2 A/g 电流密度下的比电容可达 300.4 F/g。

6.3.3.2 木材陶瓷/MnO_2 自支撑电极的复合机制

以 $MnSO_4$ 溶液为电解液，通过恒电流阳极电沉积将 Mn^{2+} 转换成 MnO_2 的过程为：首先是将沉积液中的 Mn^{2+} 氧化，形成 Mn^{3+} 中间体。随后根据沉积液的 pH 值，可分为歧化和水解 2 个反应途径。当沉积液的 pH 值较小时，Mn^{3+} 具有较大的稳定性，这意味着它有从电极表面扩散的潜力，Mn^{3+} 可以发生失衡形成可溶的 Mn^{2+} 和 Mn^{4+}，其中的 Mn^{4+} 会迅速水解，在基体表面生成 MnO_2[63]。当沉积液的 pH 值较大时，Mn^{3+} 中间体的稳定性较差，可直接水解生成 MnOOH，并在基体表面析出，MnOOH 随后氧化成 MnO_2 附着在基体表面[64]。上述过程可用式(6-1)～式(6-5) 表达：

$$Mn^{2+} \longrightarrow Mn^{3+} + e^- \tag{6-1}$$

$$2Mn^{3+} \longrightarrow Mn^{2+} + Mn^{4+} \tag{6-2}$$

$$Mn^{4+} + 2H_2O \longrightarrow MnO_2 + 4H^+ \tag{6-3}$$

$$Mn^{3+} + 2H_2O \longrightarrow MnOOH + 3H^+ \tag{6-4}$$

$$MnOOH \longrightarrow MnO_2 + H^+ + e^- \tag{6-5}$$

6.3.4 孔隙结构与表面化学构成

6.3.4.1 孔隙结构

使用 SEM 对 MnO_2/Co-WE 表面沉积 MnO_2 的形貌进行观测，结果如图 6-17 所示。图 6-17(a) 中显示：表面存在更多的褶皱与沟壑，这有利于增加比表面积、构建活性位点。图 6-17(b) 和 (c) 为图 (a) 的局部放大图：MnO_2 颗粒呈球形均匀分布，颗粒之间拥有大量的空隙，这有利于离子的迁移及扩散。就超级电容器电极材料而言，MnO_2 颗粒的比表面积较大，有利于电解质离子在电极表面活性物质上的吸附与脱附，形成更多的活性位点而使自支撑电极具有更高的比电容。

6.3.4.2 表面化学构成

采用 X 射线光电子能谱（XPS）对 MnO_2/Co-WE 进行测试与表征，结果如

(a) MnO_2/Co-WE的表面照片

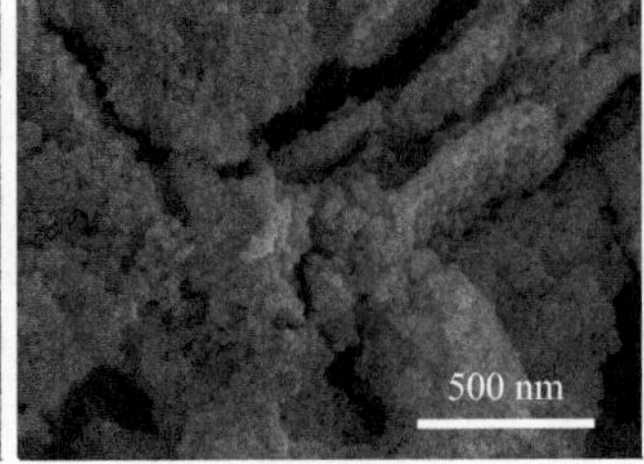

(b) 局部放大图一

(c) 局部放大图二

图 6-17 MnO_2/Co-WE 表面 SEM 照片

图 6-18 所示。从图 6-18(a) 的全谱图中可见：谱图中含有 C 1s、O 1s、Mn 2p 和 Co 2p 的特征峰。图 6-18(b)～(d)为主要特征峰（Mn 2p、Co 2p、O 1s）拟合后的分谱图。从 Mn 2p 的分谱图 6-18(b) 中发现：分别位于 641.38 eV 和 652.98 eV 处的 2 个明显的特征峰分别对应 Mn $2p_{3/2}$ 和 Mn $2p_{1/2}$，两峰相距约 11.6 eV[图 6-18(c)]，证明样品中 Mn 元素主要以＋4 价形式存在[65]。图 6-18(d) 中 Co 2p 特征峰经拟合后，在 780.8 eV 处有属于零价态 Co 的特征峰[66]；结合能为 779.5 eV 和 796.0 eV 处有分别对应于 Co^{3+} 和 Co^{2+} 的特征峰[67]。图 6-18(e) 中显示了 O 1s 能级的谱图，位于 529.7 eV 的强峰对应于 MnO_2 中的 O 原子，而结合能在 531.2 eV 处的峰对应羟基（Mn—O—H）中的 O 原子[68]。图 6-18(f) 中 C 1s 谱图可拟合为三个峰，主峰位于 284.8 eV 处，这是由 C—C 引起的，而 286.3 eV 和 287.9 eV 处的峰则是由 C—O—C 和 O—C═O 引起的[69]。由此可见，在 MnO_2/Co-WE 中含有含氧官能团，易于电解液浸润的同时可增加活性位点。

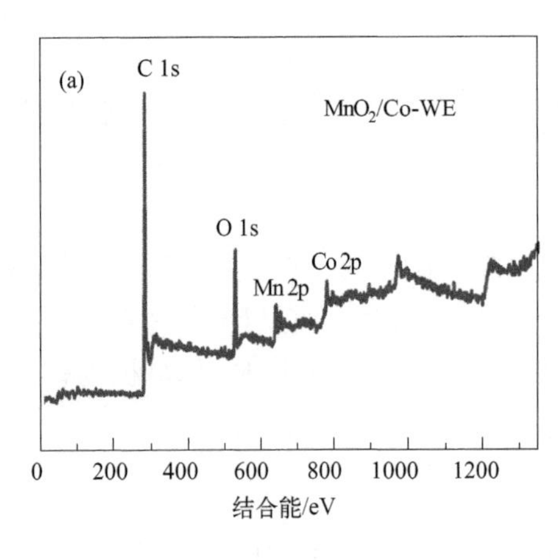

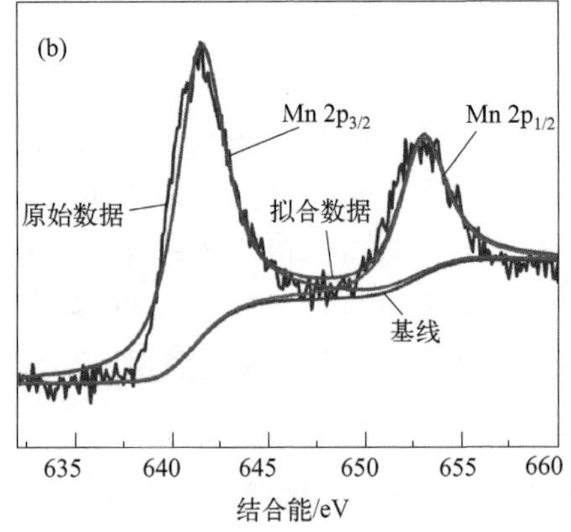

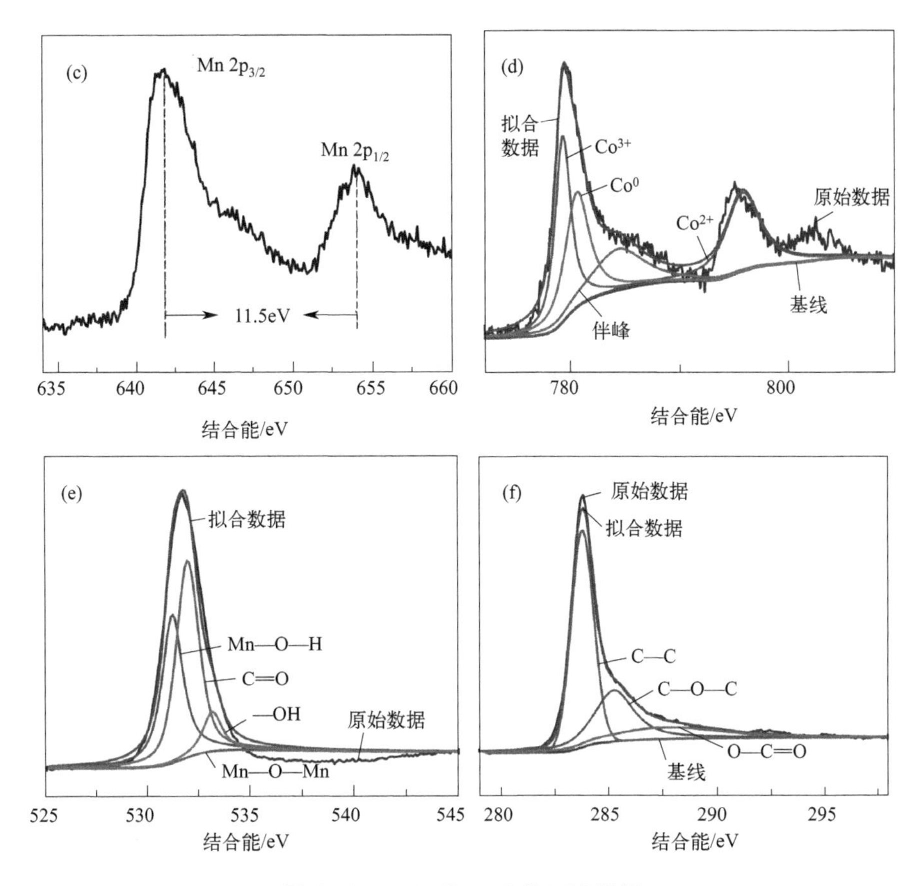

图 6-18 MnO_2/Co-WE 的 XPS 谱图

(a) XPS 全谱图；(b)～(f) Mn、Co、O、C 元素分谱图

6.4 Mn^{4+} 烧结掺杂纸基层状结构木材陶瓷

生物质炭基层状结构除了在增加材料的断裂韧性、减少突然失效等方面具有优势之外，由于层与层之间留有大量的孔隙可作为电子与离子的存储与传输通道而在电化学储能方面具有潜力。同时，每一个片层可视为一个单独的储能结构单元，将多个结构单元叠加来构成储能电极材料支架可实现内部等效串联，进而缩减体积与质量。

纸是一种由生物质材料的纤维素和半纤维素所构成的薄片状材料，将其浸渍热固性树脂后叠加、固化、烧结可获得具有层状结构的木材陶瓷。其中的每一张纸所形成的炭片均可视为一个结构单元，所以纸基木材陶瓷可用作叠层结构储能自支撑电极的基体材料。通过催化石墨化、负载掺杂等方式能够得到较好的储能效果。

基于上述原理与构思，以竹纤维纸为基材，Mn 离子为催化剂与掺杂剂，通过浸渍 PF 树脂后热压成型、烧结、活化而得到掺杂 Mn 离子的纸基层状结构木材陶瓷电极。

6.4.1 基本工艺流程

Mn^{2+}烧结掺杂纸基层状结构木材陶瓷的制备主要包括基材制备、烧结与活化等 3 个主要工艺过程。

① 基材制备　将以古法造纸所得的竹纤维纸裁切成 50 mm×5 mm 的纸片，浸泡在浓度为 20%的 $KMnO_4$ 溶液中 10 min，干燥后再超声波辅助浸渍固含量为 15%的 PF 树脂 10 min。取出、沥干后 60 ℃干燥 24 h，将多层纸片叠加、135 ℃热压成密度约 0.8 g/cm^3 的层状竹纸基复合材料。

② 烧结掺杂　将上述复合材料置于烧结炉中，N_2 保护，1000 ℃保温烧结 2 h，冷却后得到具有 Mn 离子掺杂的纸基层状结构木材陶瓷（Mn@BLW）。

③ 活化　将 Mn@BLW 放在带四氟乙烯内衬的高压反应釜中，加入不同成分的活化剂［纯水（W）、20% KOH 溶液（K）、20% 的尿素溶液（N）］，在 160 ℃下活化处理 10 h，清洗后得到 Mn 掺杂竹基层状结构活化木材陶瓷自支撑电极。分别标记为 Mn@BLW-W、Mn@BLW-K、Mn@BLW-N。

6.4.2 显微结构

图 6-19 为 Mn@BLW-K 的 SEM 图像及 EDS 谱图。图 6-19(a) 中显示，层状结构明显：由竹纤维纸烧结后所形成的无定形炭与由 PF 树脂所形成的玻璃炭胶合在一起构成木材陶瓷自支撑基体，由于烧结过程中的有机物热解和收缩在单片纸所形成的炭片中以及层与层之间留下孔隙与裂纹，这些孔隙与裂纹可为电解液的浸润提供场所与通道。从图 6-19(b) 中发现，基体材料的内壁上附有白色颗粒状物质，其放大图 6-19(c) 中显示为较规则的六面体形态，这可能是 MnO_2 及其它价态的含 Mn 元素的化合物[70]。图 6-19(d) 为 Mn@BLW-K 表面的放大图像，显示为粒径约 10 nm 的球形纳米颗粒的聚集体，这也被认为是含 Mn 元素的化合物。从层间裂纹［图 6-19(e)］中发现，同样有分布较均匀的纳米颗粒，其放大图 6-19(f) 中显示呈球形花瓣状。为了准确判断六面体和花瓣结构的主要成分，使用 EDS 进行分析，结果如图 6-19(g) 和 (h) 所示。图 6-19(c) 中区域 A 的 EDS［图 6-19(g)］显示：有较高含量的 Mn 元素和 O 元素。图 6-19(f) 中区域 B 的 EDS［图 6-19(h)］显示出相同的结果。由此可初步判断六面体和花瓣结构为 MnO_2 及其他价态 Mn 氧化物的结晶。

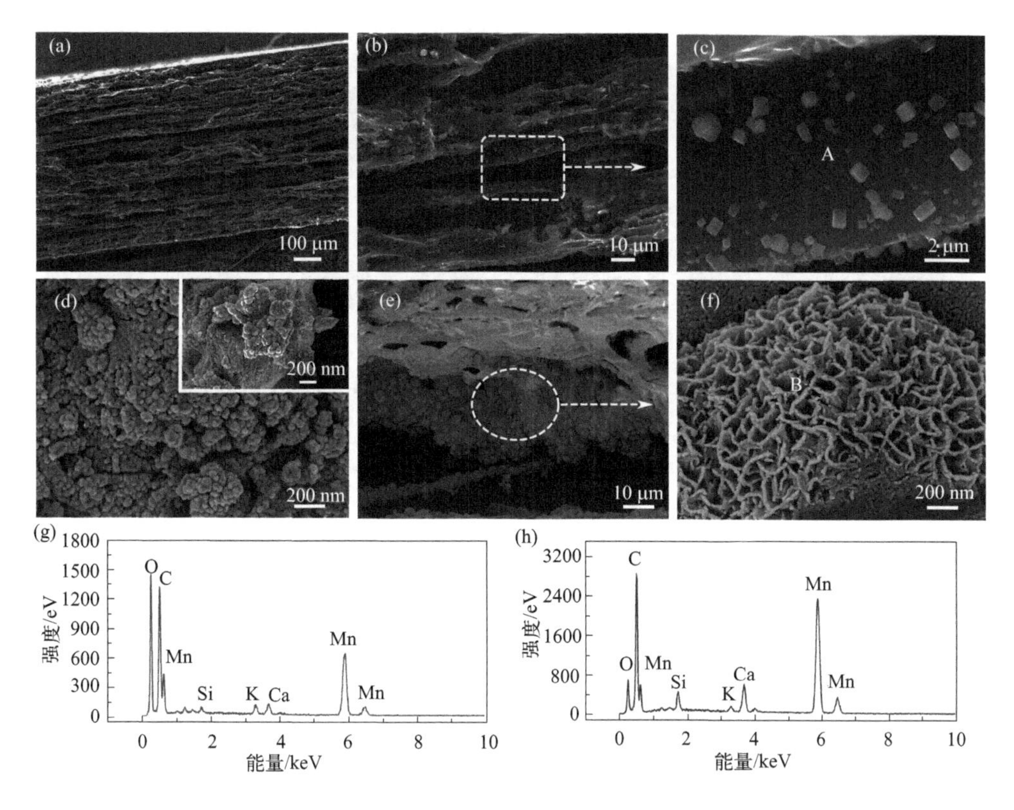

图 6-19 Mn@BLW-K 的 SEM 图像及 EDS 谱图

(a) 端面图像；(b)、(c) 端面放大图；(d) 表面及其放大图；(e) 附着在孔隙中的 Mn 化合物；(f) 花瓣状的 Mn 化合物；(g) 图 (c) 中 A 点处的 EDS 谱图；(h) 图 (f) 中 B 点处的 EDS 谱图

6.4.3 化学构成

Mn@BLW-K 的面扫描图像如图 6-20 所示。图 6-20(a) 为端面的扫描区域图。图 6-20(b)～(d) 为 C、Mn、O 等主要元素的元素映射图像，从中可见：C 元素构成了 Mn@BLW-K 的骨架结构，Mn 与 O 元素分布较均匀。由图 6-20(e) 中可知：C、O、Mn 元素的质量分数分别为 73.37%、16.62%和 9.18%。其方差值分别为 0.34%、0.33%和 0.15%，均比较小，表明各元素呈均匀分布状态。由于 O 元素的大量存在，可判断试件中存在 Mn 的氧化物。

图 6-21 为 Mn@BLW-K 的透射电镜图像，从低倍的 6-21(a) 中可见：形态规整的 Mn 化合物纳米颗粒分散在碳纳米片中间（箭头 A 所指），石墨烯片（箭头 B 所指）呈分散状态存在，同时纳米棒穿插其间。图 6-21(b) 中清晰地呈现了棒状的 Mn 化合物与石墨烯片的形态，图 6-21(c) 和 (d) 为其放大图，从中可见晶格间距分别为 0.23nm 和 0.30nm，分别对应于 MnO_2 的 (211) 晶面和

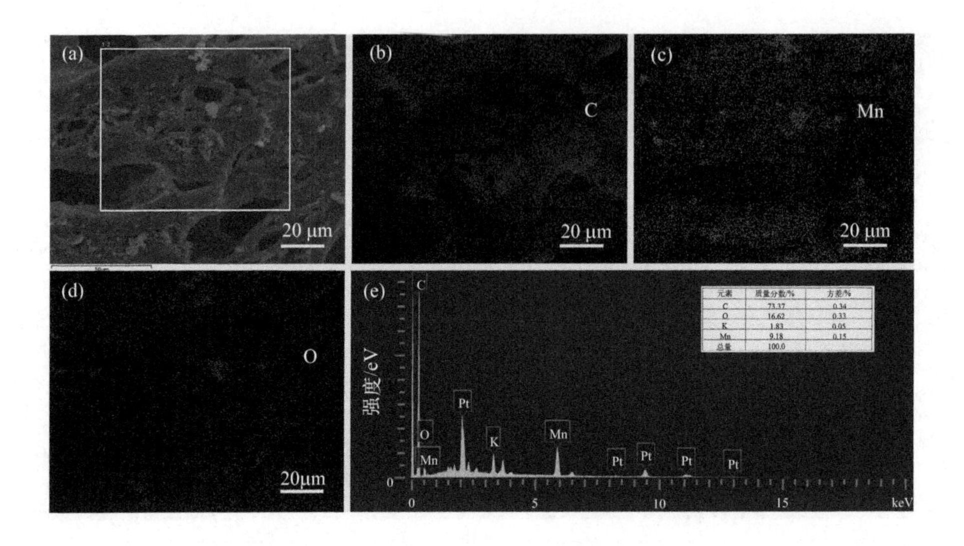

元素	质量分数/%	方差/%
C	73.37	0.34
O	16.62	0.33
K	1.83	0.05
Mn	9.18	0.15
总量	100.0	

图 6-20　Mn@BLW-K 的 EDS 图像及谱图

(a) 扫描区域；(b)～(d) C、Mn、O 元素的分布状态；(e) EDS 谱图

Mn_3O_4 的 (112) 晶面。表明 Mn@BLW-K 中的六面体和花瓣结构由 MnO_2 和 Mn_3O_4 组成，相关文献的报道[71-72] 表明是以 MnO_2 为主，即 Mn^{4+}。

(a) 低倍的TEM　(b) 棒状的Mn化合物(MnO_2和Mn_3O_4)

(c) 图(b)放大图　(d) MnO_2和Mn_3O_4的晶格图像

图 6-21　Mn@BLW-K 的 TEM 图像

6.4.4 电化学性能

使用 CV、GCD 和 EIS 来表征 Mn@BLW 的电化学性能。图 6-22 为未活化和不同活化条件下所得试件的 CV、GCD 和 EIS 曲线。从图 6-22(a) 中可见：活化后的试件均有较明显的氧化还原峰，而未活化的则不明显。这可以解释为：在高温水热条件下可赋予木材陶瓷基体更多的含氧基体，可促进 MnO_2 更有效地发挥赝电容的作用。从图 6-22(a) 中还可见，在扫描速率为 10 mV/s 条件下，Mn@BLW-K 所围成的面积最大，表明其比电容最高。图 6-22(b) 中显示在电流密度为 0.1 A/g 的条件下，GCD 曲线呈类等腰三角形，表明具有较好的充放电性能。使用式(2-3) 计算得到 Mn@BLW-K、Mn@BLW-W、Mn@BLW-N 和 Mn@BLW 的比电容分别为：189.15 F/g、132.35 F/g、107.35 F/g 和 53.57 F/g，显然 Mn@BLW-K 的最佳。这是因为使用 KOH 水溶液活化时，KOH 的刻蚀作用可在基体材料中形成更多的微孔与介孔，其可为电解质的浸润、电子和

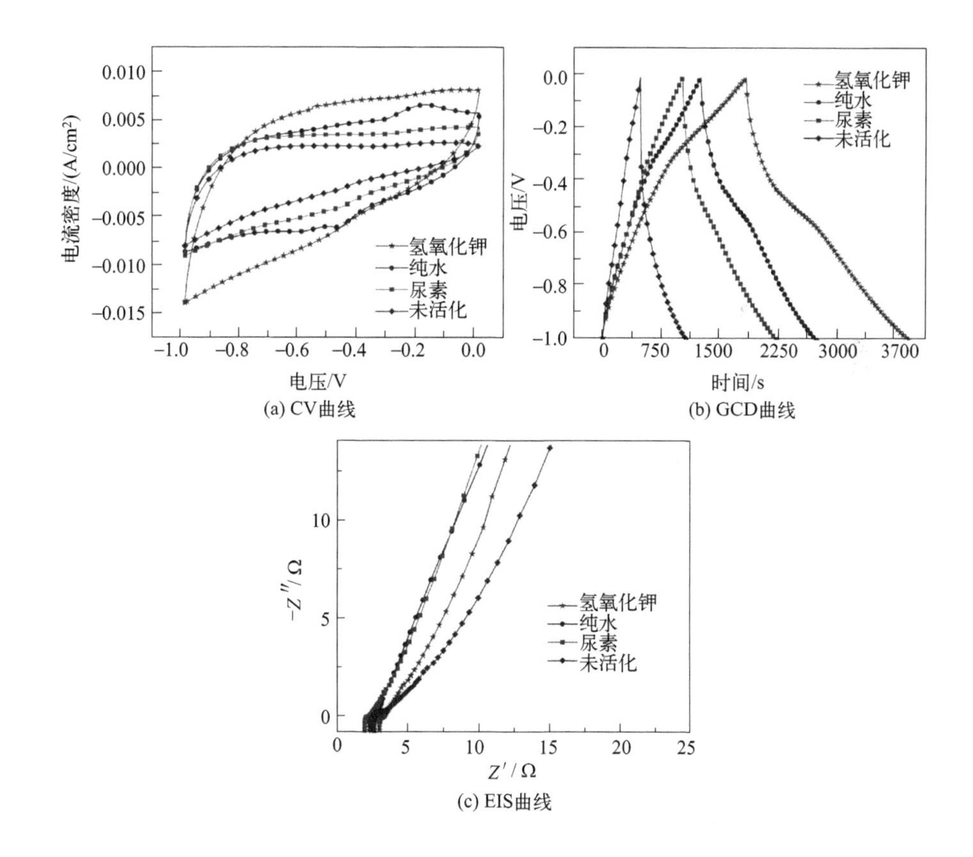

图 6-22 未活化和不同活化条件下所得试件的 CV、GCD 和 EIS 曲线

离子的存储与传输提供更多的通道。从图 6-22(c) 中的交流阻抗曲线可见，所有试件在低频区的直线呈现出较大的斜率，表明试件具有较好的双电层电容特性[73]。在高频区仅有未活化试件和 Mn@BLW-K 出现半圆曲线，表明它们的电荷转移电阻率小，电荷能在电极表面与电解质之间可快速移动，这是由于样品所具有的石墨化结构提高了电极的导电率[74-75]。

图 6-23 为 Mn@BLW-K 在不同扫描速率和电流密度下的 CV、GCD 和 EIS 曲线。图 6-23(a) 中显示，当扫描速率从 5 mV/s 增加到 400 mV/s 的过程中，CV 曲线由水平状态向逆时针方向发生偏转，且存在较明显的氧化还原峰。同样地，从图 6-23(b) 的 GCD 曲线中可以发现，随着电流密度的增加曲线变得更具有对称性。这是因为 MnO_2 所起到的赝电容作用和层状结构层间所具有的纵向通道能够起到协效储能的作用，进而使得电极的电化学性能得以改善。从图 6-23(c) 中的数据计算得到其电阻为 1.94 Ω，比未掺杂 Mn 元素的要大。这是因为 MnO_2 的导电性较差，当其掺杂到基体材料中后导致自支撑电极的整体电阻增加。

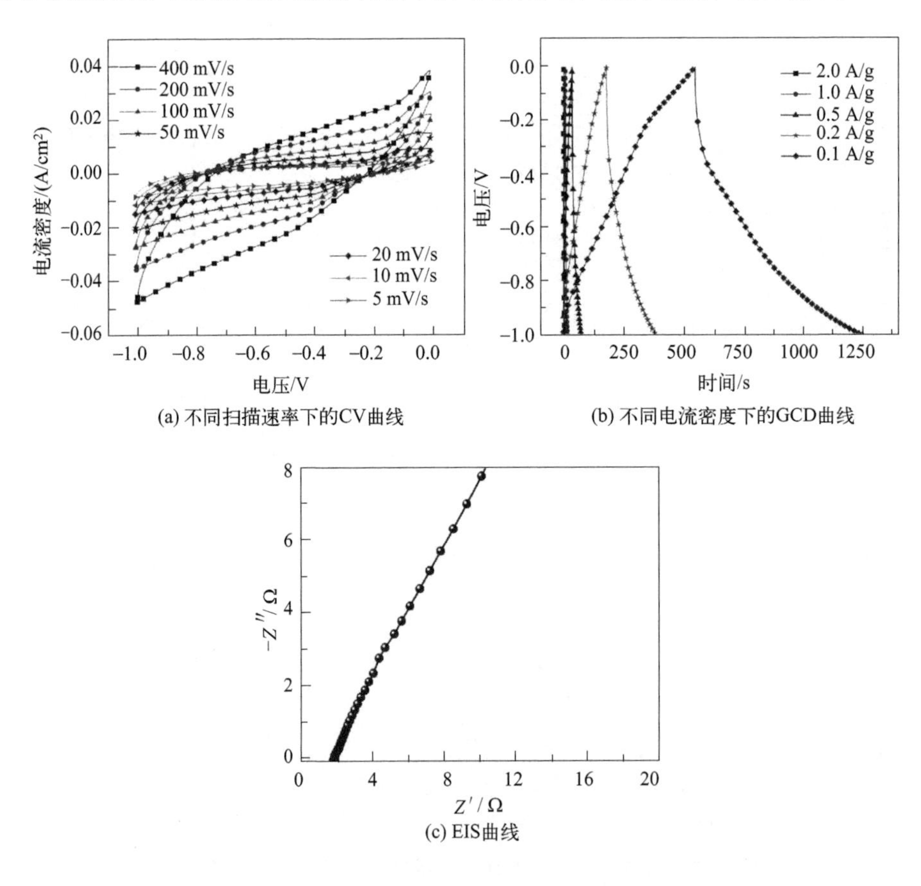

(a) 不同扫描速率下的CV曲线

(b) 不同电流密度下的GCD曲线

(c) EIS曲线

图 6-23 Mn@BLW-K 的 CV、GCD 和 EIS 曲线

6.5 本章小结

以樱桃薄木为外覆层，松针炭粉为芯层，$Co(NO_3)_2 \cdot H_2O$ 作为掺杂剂和催化剂，制备薄木夹层结构木材陶瓷自支撑电极。然后采用电化学沉积法沉积负载 MnO_2 以提高电化学性能。同时，以竹纤维纸为基材，烧结掺杂 Mn 元素制备层状结构木材陶瓷自支撑电极，研究结论如下：

① 自支撑电极具有明显的夹层结构特征，作为外覆层的樱桃薄木较完整地保留了木材天然的孔隙特征，炭化后的松针呈空心管状结构分布在芯层中。$Co(NO_3)_2 \cdot H_2O$ 作为掺杂剂和催化剂，在高温烧结过程中可以促进无定形炭向石墨化炭转化，且合理地改善了孔隙结构。

② 两种生物质材料的复合以及钴掺杂为电极材料提供了更多的活性位点。夹层结构木材陶瓷的比电容可达 319 F/g，经过 15000 次循环后，比电容保持率为 98.7%。当功率密度为 100 W/kg 时，能量密度为 33.86 Wh/kg，具有良好的电化学性能。

③ 夹层结构木材陶瓷电极为薄块状，无需金属流体。同时，夹层结构可防止活性物质的脱落，更有效地发挥储能效应。这为高性能、长寿命生物质炭电极材料的制备提供了新的思路和参考。

④ 恒电流法电沉积所得的 MnO_2 以球状均匀覆盖在钴掺杂夹层结构基体的表面，当沉积时间为 76 min、电流密度为 0.8 A/g、沉积液温度为 55 ℃时，得到的自支撑电极 MnO_2/Co-WC 的比电容为 371.304 F/g，所组装的电容器可点亮 LED 灯。

⑤ 以竹纤维纸为基材、掺杂 Mn 元素的层状结构木材陶瓷自支撑电极，具有清晰的层状结构，层与层之间的纵向通道能够提供电子与离子的存储空间、缩短传输距离，加上 MnO_2 的赝电容效应，使其具有较好的电化学性能。

这些方便、绿色的方法为制备高性能、低成本的储能电极材料提供了一条有效且有前景的途径。

参考文献

[1] Madhusree J E, Chandewar R P, Debaprasad S, et al. J Electroanal Chem, 2023, 936: 117354.

[2] Mehdi R, Naqvi S R, Khoja A H, et al. Fuel, 2023, 348: 128529.

[3] Khedulkar A P, Pandit B, Dang V D, et al. Sci Total Environ, 2023, 869: 161441.

[4] Bai Y, Zhang H, Li X, et al. Nanoscale, 2015, 7: 1446-1453.

[5] Zhong W U, Lei F, You T, et al. Chinese J Inorg Chem, 2018, 7: 1249.

[6] Li L, Yu X, Sun D, et al. J Alloys Comp, 2021, 888: 161482.

[7] Ye X, Zhang Z, Chen Y, et al. Ind Crops Prod, 2016, 87: 280.
[8] Chen H, Wei H, Fu N, et al. J Mater Sci, 2018, 53: 2669.
[9] Chen H, Wei H, Fu N, et al. J Mater Sci, 2018, 53: 2670.
[10] Natarajan S, Subramani K, Lee Y S, et al. J Alloy Compd, 2020, 827: 154336.
[11] Saikia D, Wang T H, Chou C J, et al. Rsc Adv, 2015, 5: 42922.
[12] Cheng D, Wu P, Wang J, et al. Carbon, 2019, 143: 869.
[13] 计晓琴，孙德林，余先纯，等. 材料导报，2019，33：3390.
[14] Thambiliyagodage C J, Ulrich S, Araujo P T, et al. Carbon, 2018, 134: 452.
[15] Zhang W, Jiang X, Wang X, et al. Angew Chem, 2017, 29: 8555.
[16] Zou Y, Zhang X, Liang J, et al. J Mater Sci Tech, 2020, 55: 182.
[17] Yu X, Sun D, Ji X, et al. J Mater Sci, 2020, 55: 7760.
[18] Liu G, Wang B, Xu L, et al. Chinese J Catal, 2018, 39: 790.
[19] Jin G, He H, Wu J, et al. J Inorg Mater, 2021, 36: 203.
[20] Shim H S, Hurt R H, Yang N Y C. Carbon, 2000, 38: 29.
[21] Miao W, Liu, W Ding Y, et al. J Environ Chem Eng, 2022, 10: 108474.
[22] Shen Y, Zhang K, Yang F, et al. Sci China Mater, 2020, 63: 1205.
[23] Mondal A A, Kretschmer K, Zhao Y, et al. Chem, 2017, 23: 3683.
[24] Li Y, Wang G, Wei T, et al. Nano Energy, 2016, 19: 165.
[25] Ma Y, Yin J, Liang H, et al. J Cleaner Prod, 2021, 279: 123786.
[26] Ismanto A E, Wang S, Soetaredjo F E, et al. Bioresour Tech, 2010, 101: 3534.
[27] Yun J, Echols I, Flouda P, et al. ACS Appl Mater Interfaces, 2021, 13: 14068.
[28] Chen C, Zhang Y, Li Y, et al. Energy Environ Sci, 2017, 10: 538.
[29] Shi Z, Xing L, Liu Y, et al. Carbon, 2018, 129: 819.
[30] Li J, Xiao R, Li M, et al. Fuel Process Tech, 2019, 192: 239.
[31] Huang X, Tang J, Luo B, et al. Adv Energy Mater, 2019, 9: 1901872.
[32] Zhang K, Wei Y, Huang J, et al. Sci China Mater, 2020, 63: 1898.
[33] Sun H, Zhu Y, Yang B, et al. J Mater Chem A, 2016, 4: 12088.
[34] Chen F, Cui X, Liu C, et al. Sci China Mater, 2021, 64: 852.
[35] Zheng D, Qiang Y, Xu S, et al. Appl Phys A-Mater Sci Process, 2017, 123: 133.
[36] Zhang X, Wang H, Shui L, et al. Sci China Mater, 2021, 64: 339.
[37] Xu K, Li W, Liu Q. J Mater Chem A, 2014, 2: 4795.
[38] Tang J, Yang J, Zhou X. Mater Lett, 2013, 109: 253.
[39] Liu J, Khanam Z, Ahmed S. ACS Appl Mater Interfaces, 2021, 13: 16454.
[40] 李忠学，陈杰. 兰州交通大学学报，2006，6：8.
[41] Quan C, Su R, Gao N. Int J Energy Res, 2020, 44: 4335.
[42] Natarajan S, Subramani K, Lee Y S, et al. J Alloy Compd, 2020, 827: 154336.
[43] Zhang X, Wang H, Shui L, et al. Sci China Mater, 2021, 64: 339.
[44] Yu X, Sun D, Ji X, et al. J Mater Sci, 2020, 55: 7760.
[45] Li Y, Wang G, Wei T, et al. Nano Energy, 2016, 19: 165.
[46] Yu L, Shi N, Liu Q. Phys Chem, 2014, 16: 17936.
[47] Yang L, Yang Y, Wang S. Energy Fuels, 2020, 34: 5032.

[48] Martínez-Casillas D C, Mascorro-Gutiérrez I, Arreola-Ramos C E. Carbon, 2019, 148: 403.
[49] Ali G A M, Yusoff M M, Ng Y H, et al. Current Appl Phys, 2015, 15: 1143.
[50] 朱浩鹏，王宏伟，赵丽．吉林建筑大学学报，2021，38：44.
[51] 邓高，何捍卫．粉末冶金材料科学与工程，2018，23：398.
[52] 赵匡健，卞梓垚，李宽，等．微纳电子技术，2022，59：25.
[53] Liu G, Liu J, Xu K, et al. Mater Sci Inc Nanomater Polym, 2021, 6: 6803.
[54] 周健，金浩天，常思思，等．化学试剂，2021，43：1161.
[55] 蒋光辉，欧阳全胜，胡敏艺，等．湖南有色金属，2021，37：51.
[56] 刘艳君，翟媛媛，赵瑞，等．印染，2020，46：8.
[57] Yu X, Jiang X, Zeng R, et al. J Alloys Compd, 2023, 968: 171918.
[58] 高孙铭，郑淑娟，姜伟，等．无机化学学报，2022，38：479.
[59] Akbar A R, Saleem A, Rauf A, et al. J Power Sources, 2023, 579: 233181.
[60] Zhang M, Yang D, Li J, et al. Vacuum, 2020, 178: 109455.
[61] Ryu W H, Yoon J H, Kwon H S. Mater Lett, 2012, 79: 184.
[62] Banafsheh B, Ivey D G. J Power Sources, 2011, 196: 10762.
[63] Dupont M F, Donne S W. J Power Sources, 2016, 326: 613.
[64] Relekar B P, Mahadik S A, Jadhav S T, et al. J Electronic Mater, 2018, 47: 2731.
[65] Rani J R, Thangavel R, Kim M, et al. Nanomater, 2020, 10: 2049.
[66] Liu G, Wang B, Xu L, et al. Chinese J Catalysis, 2018, 39: 790.
[67] Wei H, Sun T, Liu M, et al. J Mater Chem A, 2023, 5: 1.
[68] Wu K, Ye Z, Ding Y, et al. J Power Sources, 2020, 477: 229031.
[69] Zhang M, Yang D, Li J. Vacuum, 2020, 178: 109455.
[70] Lu W, Yang Y, Zhang T, et al. J Colloid Interface Sci, 2021, 590: 226.
[71] Jiang S, Qiao Y, Fu T, et al. ACS Appl Mater Interfaces, 2021, 13: 34374.
[72] Ma J, Sun Q, Jing C, et al. Cryst Eng Comm, 2023, 25: 3066.
[73] Wang R, Li X, Nie Z, et al. J Alloy Comdp, 2021, 851: 104364.
[74] Ji X, Sun D, Zou W, et al. J Alloy Compd, 2021, 876: 160112.
[75] Lu S Y, Jin M, Zhang Y, et al. Adv Energy Mater, 2018, 8: 1702545.

CHAPTER 7

第7章

CNT 组装竹基叠层结构自支撑电极的结构优化与电化学储能

碳纳米管（carbon nanotube，CNT），主要是由六边形的石墨烯片层卷曲而成的中空同轴一维圆管，径向尺寸为纳米级，轴向尺寸为微米级。CNT 的碳原子以 sp^2 杂化为主，六边形结构连接完美，具有质量轻、力学性能高、电学和化学性能佳的优势，在材料改性、电化学储能等众多领域中有极广的应用前景[1-2]。近年来成为各国科研工作者广泛关注和研究的焦点，更被视为新型储能和增强材料的突破口[3]。

我国竹材资源丰富，储量仅次于木材，在竹材利用方面也处于世界领先地位[4-5]，每年都有大量的竹材加工剩余物需要处理，用其制备竹基木材陶瓷不失为一种节约资源、保护环境的有效方法。竹炭作为炭基储能电极材料也备受关注[6-7]，具有容易调整的表面化学属性和孔隙度，以及储量丰富和环境友好的优势，有望作为能量储存与转换中的基体材料。

叠层结构木材陶瓷是一种以片层生物质材料为特征结构单元、浸渍热固性树脂、热压胶合后烧结而成的新型多孔炭基材料[8]。竹基木材陶瓷是以竹材为基材、采用人工耦合的方法制备而成的，在一定程度上保存竹子这种生物质基材的多层级孔隙结构的同时，也具有质量轻、耐化学腐蚀性好等特性[9]，可作为储能电极材料活性物质的载体。因此，充分利用竹材纤维长、韧性高的特点，以高密度储能为目标，结合叠层结构木材陶瓷比强度高、耐酸碱性强的优势，经过催化石墨化、金属离子掺杂以及 CNT 的原位生长组装来调控其多维孔隙结构。通过深入开展竹基木材陶瓷的结构设计、CNT 的可操控生长与调控等方面的研究，制备孔隙发达、强度高、耐腐蚀性优异的竹基叠层木材陶瓷作为电极材料的支架与充放电平台，共同构筑“竹基自支撑多维孔隙结构叠层木材陶瓷”储能电极材料，这将充分发挥叠层结构、石墨化竹基多孔炭、掺杂、CNT和2D材料的多重协效储能功效，为安全、高效、廉价、稳定以及高能量与高功率密度储能元器件的制备提供理论支撑，这在实现高比电容下的高倍率储能电极材料的制备、清洁低碳和绿色高效能源的储存与转化方面具有十分重要的理论与现实意义。

7.1 竹基炭与木材陶瓷

20世纪90年代就有关于木材陶瓷的报道，许多学者对木材陶瓷开展了深入细致的研究。在国内，许多学者[10-13] 在木材陶瓷的原辅材料、制备工艺、性能表征等方面做了大量的研究工作。在国外，利用生物质材料制备木材陶瓷的研究也不在少数，有学者研究了利用废纸制备木材陶瓷的电磁屏蔽特性[14]；有报道称使用鸡粪制备的木材陶瓷对气体和汞具有较好的吸附性能[15]；在浸渍树脂比例和炭/碳杂化材料等对木材陶瓷性能和热解特性影响方面也有不少报道[16-17]。这些研究在探明木材陶瓷的物相构成与理化性能等方面取得了较好的成效。

7.1.1 竹材及竹炭储能电极材料

近年来在竹材的基本结构与竹炭储能电极材料方面也取得了大量的研究成果：有学者对竹材纹孔结构、竹材的纤维管束和纤维特性表征方法进行了概括与总结，为竹炭材料的研究提供了有力支持[18]；同时，在竹炭及其复合材料在超级电容器中的制备与应用、炭化温度对竹基活性炭孔结构及电化学性能影响等方面也取得了大量的研究成果[19-20]。此外，Luo等[21]制备了氟化铝竹炭/硫涂层夹层结构锂离子电池阴极，并对能量与功率密度进行了分析；Zhang[22]等在研究中发现竹子和木材中提取的微管状碳纤维可作为锂和钠离子电池的可持续阳极；Wang等[23]从炭化的竹叶中提取出一种均匀的硫掺杂碳基杂化物（$CSiO_2$），在经过3000次充放电循环后比电容保持率在98.1%；Tian等[24]用含硫竹炭为负极制备钾离子电池，在50 mA/g的扫描速率下比容量可达339.3 mAh/g。

7.1.2 CNT与储能

CNT在储能电极材料中发挥着重要作用：国内有研究团队[25-26]分析了利用甲壳素与CNT制备复合电极，在经过1000次循环后比电容依然保持在99%以上；使用水热组装法制备的网状CNT支撑N掺杂多孔炭材料和N掺杂还原氧化石墨烯-多壁CNT复合泡沫镍可用于制备高性能超级电容器[27]；有研究发现，将CNT夹于石墨烯片之间形成夹层结构的电极以提高储能密度[28]；同时，将

CNT 穿透 Co_3S_4 超薄纳米片形成的导电网络可用于制备电极材料[29]；同样地，以铁纳米颗粒为基体，在 CNT 垫片上可制备用于纤维增强复合材料的超级电容器电极[30]。与此同时，将 CNT 膜功能化后可有效改善电极的结构与电化学性能[31]。

7.1.3 孔隙调控与低维材料组装

由于孔隙结构在很大程度上影响着储能电极材料的性能，因此多维孔隙结构也是炭基储能电极材料的研究重点：利用介孔 SiO_2 制备含 N 多孔炭[32]，通过富集和孔结构的调控来提高比电容；用 SiO_2 消去法和 KOH 活化调控多孔炭可改善对氢的物理吸附[33]。同样地，以硅基共聚物为模板可调控多孔炭的孔径[34]。此外，有研究表明采用聚偏氟乙烯/CNT 复合材料炭化法可制备多孔炭基电极[35]，且炭化温度对比电容、孔径分布和比表面积有较大的影响。

7.2 夹层结构设计

CNT 组装竹基夹层木材陶瓷电极的构思如下：

① 竹材多层级孔隙结构明显，同时竹纤维不仅柔性好，且表面有大量的微细凹槽，经过处理后表面会帚化而出现更多的孔隙与沟槽（如图 7-1 所示），两者都可满足储能电极材料对多层次孔隙结构的要求。

(a) 竹材端面孔隙　(b) 竹纤维束　(c) 炭化-活化后的竹纤维表面

图 7-1 竹材的孔隙及竹纤维

② 将多个储能器件串联是提高能量与功率的有效方法，但存在体积大、质量大等不足。用片层炭基储能结构单元代替单独的储能器件，通过结构单元的叠加来构成储能电极材料支架，可实现内部等效串联，进而缩减体积与质量。

③ 用竹薄木夹持竹纤维组成结构单元制备木材陶瓷夹层结构支架，通过催化石墨化和杂原子掺杂修饰，在提升导电性的同时可增加有效比表面积与活性位

点。采用组装CNT来调控支架中的孔隙结构，可发挥多种材料的协效作用，实现电荷的物理吸附、离子高度可逆的化学吸/脱附或氧化还原反应以获取高能量密度，提升库仑效率及循环寿命。基本思路如图7-2所示。

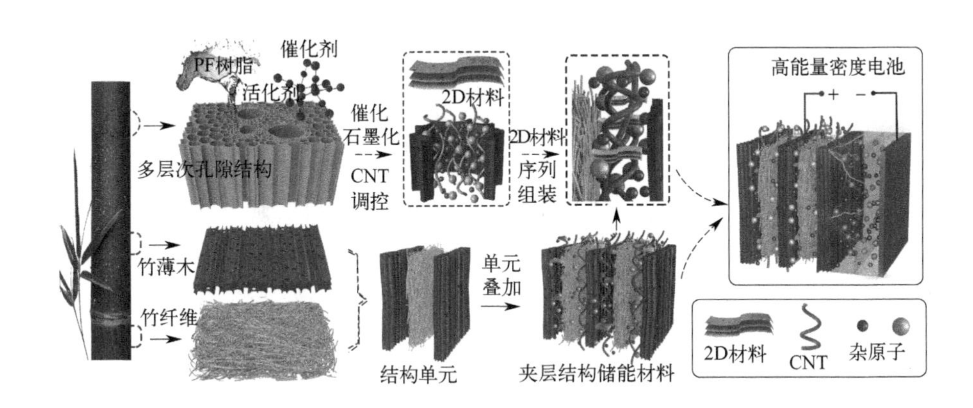

图7-2 夹层结构木材陶瓷储能电极材料构思

基于上述构思，在化学储能基本理论框架的指导下，针对当前生物质多孔炭基电极材料所面临的比容量小、能量密度低、循环次数有限、充电时间长、多需要金属集流体等不足，从环保节能出发，以竹薄木和竹纤维为原料，以扩大比容量、提高能量与功率密度、增加循环次数和安全性为目标，制备竹基夹层结构木材陶瓷电极支架，并从催化石墨化、杂原子掺杂修饰、CNT调控多维孔隙结构等对储能机制的影响入手展开：

① 竹基夹层结构木材陶瓷支架设计　将储能电极材料设计成以竹薄木/竹纤维/竹薄木为结构单元的夹层木材陶瓷，多个单元叠加即可形成串联。在此基础上，以含Fe、Co、Ni等元素的金属盐为催化剂，以含N、P、S原子的无机盐为掺杂剂，进行催化石墨化与掺杂修饰，以增加导电性与活性位点，并利用所形成的金属碳化物来增强支架结构。探讨结构单元中竹纤维层的厚度、密度、排列方向、竹薄木的厚度以及催化石墨化和掺杂修饰等要素对能量密度的影响，发现关联要素，为结构设计奠定基础。

② CNT协同构筑孔结构方法　由于结构单元的孔隙主要来自竹材的天然结构以及竹纤维的分布状态，难以满足电子与离子高速存储与传输的要求。研究通过原位生长、气相沉积（CVD）、电化学沉积等方法生长与组装CNT来改善与协同构筑多层次结构的方法，探索工艺条件对CNT的数量、取向以及孔隙结构调控的影响。

③ 竹基夹层结构复合电极性能表征　采用现代分析手段与方法对复合电极的微观结构、孔隙分布、物相构成、化学成分等进行分析，探讨这些要素对电化

学性能的影响，发现夹层结构界面、序列组装方式、多维孔隙结构、负载与掺杂等对能量密度提升的贡献，揭示其间的协效关系，为其高效应用提供支撑。

7.3 Ni催化原位生长CNT/竹基夹层结构木材陶瓷自支撑电极

CNT呈纳米级，但也易团聚，将其较均匀地分散在多孔的基体材料中也并非易事。以旋切竹薄木作为外覆层、竹纤维作为芯层、PF树脂作为胶黏剂，组装热压、烧结后制备竹基夹层结构木材陶瓷复合材料。同时添加 $Ni(NO_3)_2 \cdot 6H_2O$ 作为催化剂，在夹层结构木材陶瓷内部生长CNT，探究烧结温度、催化剂用量等对CNT生长情况的影响。

7.3.1 夹层结构基体构建

7.3.1.1 材料预处理

① 竹纤维制备　将竹篾加工中的剩余物竹绒清洗干净，用10%的食品级 Na_2CO_3 溶液煮至丝状，捞出后用蒸馏水冲洗浸泡、冲洗至中性，60 ℃干燥含水率至8%。

② 将0.3 mm厚的旋切竹薄木裁切成50 mm×50 mm的薄片，清洗烘干备用。

③ 称取2 g固含量为50%的PF树脂以及一定量的 $Ni(NO_3)_2 \cdot 6H_2O$（加入量为PF树脂质量的1%、2%、3%、4%、5%、6%）溶于10 mL无水乙醇中，磁力搅拌10 min，将竹纤维和竹薄木置于PF树脂/$Ni(NO_3)_2 \cdot 6H_2O$ 的混合溶液中，超声波辅助浸渍30 min后取出、沥干，60 ℃下干燥2 h。

7.3.1.2 基本制备工艺

① 将经过上述处理后的旋切竹薄木作为外覆层，竹纤维作为芯层，在140 ℃温度下热压10 min得到密度为0.7 g/cm^3 的竹基夹层复合材料。

② 将成型后的复合材料放入高温烧结炉中，采用密闭烧结工艺，以2 ℃/min的升温速度升至600 ℃并保温10 min，随后以10 ℃/min的速度再升温至设定温度（烧结温度选为800 ℃、900 ℃、1000 ℃、1100 ℃），在 N_2 保护下保温烧结3 h，随炉冷却后得到Ni催化竹基夹层结构木材陶瓷（Ni@BSW）复合自支撑电极，分别标记为Ni@BSW-X-Y，其中 X 代表温度，Y 代表 $Ni(NO_3)_2 \cdot 6H_2O$ 用量的占比。

7.3.2 CNT原位生长与影响因素

7.3.2.1 基本结构构成

以Ni@BSW-1000-2%为对象进行SEM观测，结果如图7-3所示。图7-3(a)

为 Ni@BSW-1000-2%的低倍 SEM 照片：夹层结构明显，作为外覆层的旋切竹薄木所形成的炭层变形较小，竹材的天然孔隙结构保存完好，而芯层中则存在较多的宏孔。这主要是由于作为生物质的竹薄木与竹纤维在高温烧结时会发生较大的收缩，且收缩率不一样所造成的。但作为胶黏剂的 PF 树脂经烧结炭化后生成的玻璃炭起到了连接与支撑作用，在一定程度上改善了试件结构，增加了稳定性。图 7-3(b) 为图 7-3(a) 中区域 A 的放大图：由竹薄木保留的竹材天然孔隙中有丝状的 CNT 出现，但并不茂盛。图 7-3(c) 为图 7-3(a) 中区域 B 的放大图：所生成的 CNT 数量较少，且较短，这可能与催化剂的用量有关。

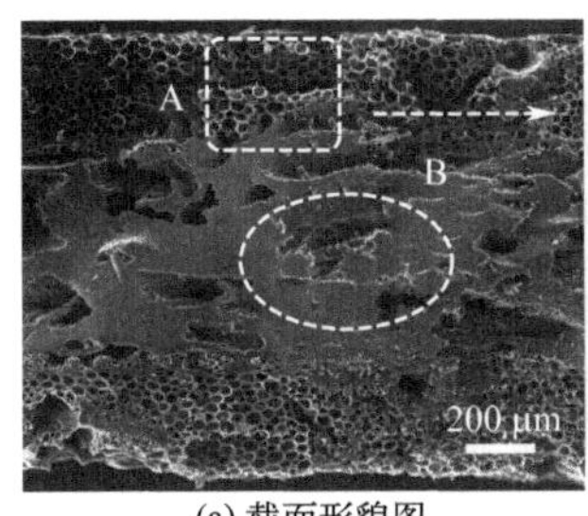

(a) 截面形貌图

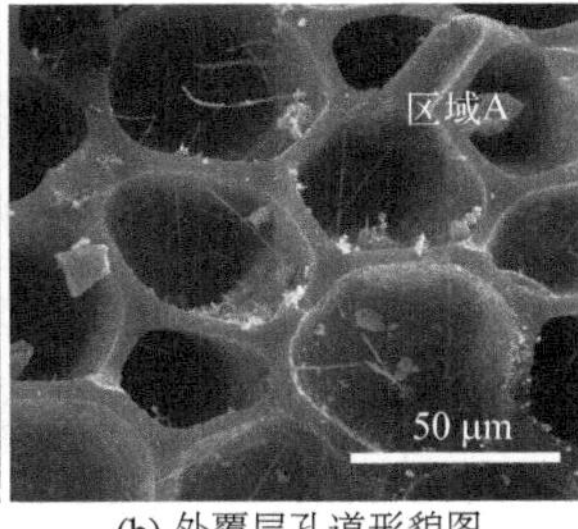

(b) 外覆层孔道形貌图

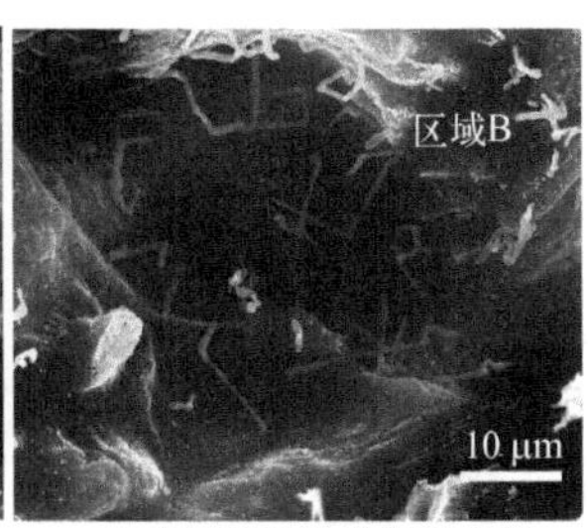

(c) 芯层孔洞的微观形貌图

图 7-3　Ni@BSW-1000-2% 的 SEM 图

7.3.2.2　烧结温度的影响

烧结温度是影响 CNT 生成速度、生长质量的关键因素。不同烧结温度下，竹材与 PF 树脂的分解程度、有机气体在催化剂中的溶解与扩散速度有较大的差异，最终影响 CNT 的生长状态[36]。图 7-4 为 $Ni(NO_3)_2 \cdot 6H_2O$ 用量为 2%试件（Ni@BSW-X-2%）在不同烧结温度下保温烧结 3 h 后所得到 CNT 的 SEM 照片。

从图 7-4(a) 中可见，当烧结温度为 900 ℃时，孔隙中有 CNT 出现，但数量较少。从图 7-4(b) 中可见，当烧结温度达到 1000 ℃时，CNT 的数量明显增多，且几乎每一个孔洞中均有 CNT 出现。这些现象表明，较高的烧结温度有利于 CNT 的生长。这可以解释为：在较高的烧结温度下，PF 树脂热解更充分，可产生更多的诸如 CH_4 等小分子气态碳源，这有利于 CNT 在催化剂表面的聚集生长[37]。但随着烧结温度继续升高至 1100 ℃，部分孔隙中丝状的 CNT 反而消失，但有螺旋状的 CNT 出现［图 7-4(c)］。这可以解释为，在较高的烧结温度下，部分 Ni^{2+} 与木材陶瓷基体中的 C 发生反应，被还原成单质 Ni 纳米颗粒，气态碳源在 Ni 纳米颗粒表面聚集与迁移，发生高温团聚，最终生成螺旋状的 CNT。由此可见，烧结温度不仅影响原位生长 CNT 的数量，还能影响 CNT 的形貌。

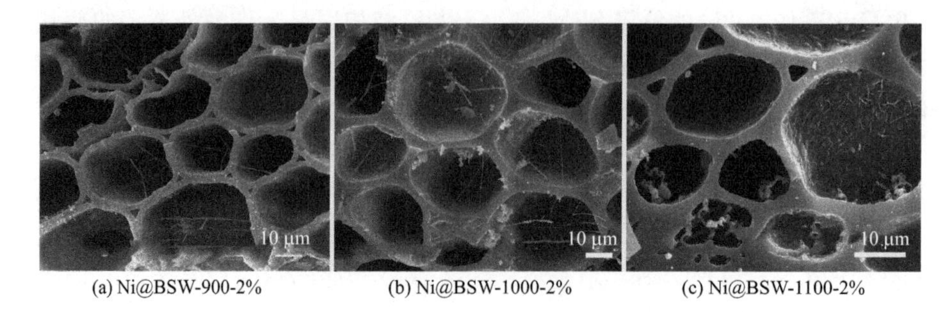

(a) Ni@BSW-900-2%　(b) Ni@BSW-1000-2%　(c) Ni@BSW-1100-2%

图 7-4　不同烧结温度下 CNT 的生长情况

7.3.2.3　催化剂用量的影响

使用 SEM 观测不同 $Ni(NO_3)_2 \cdot 6H_2O$ 用量的试件，用来对比分析其对 CNT 生长的影响情况。图 7-5 为不同 $Ni(NO_3)_2 \cdot 6H_2O$ 用量试件（Ni@BSW-1000-*Y*）在烧结温度为 1000 ℃、保温烧结时间为 3 h 时所得试件外覆层孔隙的微观形貌。

如图 7-5(a) 所示：当 $Ni(NO_3)_2 \cdot 6H_2O$ 加入量为 1%时，孔隙中几乎没有 CNT，这可能是 $Ni(NO_3)_2 \cdot 6H_2O$ 太少，无法发挥催化作用的缘故[36]；当 $Ni(NO_3)_2 \cdot 6H_2O$ 的用量增加至 2%时［图 7-5(b)］，孔洞中有少量 CNT 出现，但分布不均，这可能是 $Ni(NO_3)_2 \cdot 6H_2O$ 的加入量较少，催化活性较低的原因；当加入量提升至 4%时［图 7-5(c)］，呈蜘蛛网状分布的 CNT 明显增多，且分布也相对均匀。但图 7-5(d) 中可明显看出：$Ni(NO_3)_2 \cdot 6H_2O$ 用量增加到 6%时，CNT 的数量反而下降。这可能是因为当 $Ni(NO_3)_2 \cdot 6H_2O$ 的加入量过大时，被还原的单质 Ni 纳米颗粒易团聚，甚至熔融在一起，不利于含碳气体在金属纳米镍颗粒上的溶解析出而生成 CNT。由此可见，合适的 $Ni(NO_3)_2 \cdot 6H_2O$ 用量才能发挥较理想的催化效果。

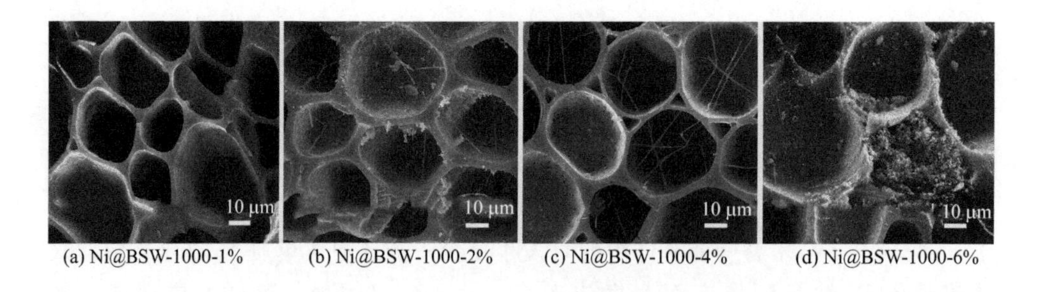

(a) Ni@BSW-1000-1%　(b) Ni@BSW-1000-2%　(c) Ni@BSW-1000-4%　(d) Ni@BSW-1000-6%

图 7-5　不同 $Ni(NO_3)_2 \cdot 6H_2O$ 用量试件的 SEM 图

基于 $Ni(NO_3)_2 \cdot 6H_2O$ 用量对 CNT 生长情况的影响分析，对 Ni@BSW-1000-3%试件进行 SEM 观测，结果如图 7-6 所示。从其低倍 SEM 图 7-6(a) 中可见，由竹薄木所形成的外覆层中的孔隙被完好地保存。由于烧结过程中的气蚀和材料的收缩，在芯层中形成了多种孔隙结构。图 7-6(b) 为外覆层孔隙的局部放大图，竹材的天然孔隙结构依然保存较完整，同时有细丝状物附着在孔壁上。图 7-6(c) 为其高倍 SEM 照片，大量的 CNT 呈螺旋状缠绕在一起，表明此工艺条件有利于 CNT 的生长。

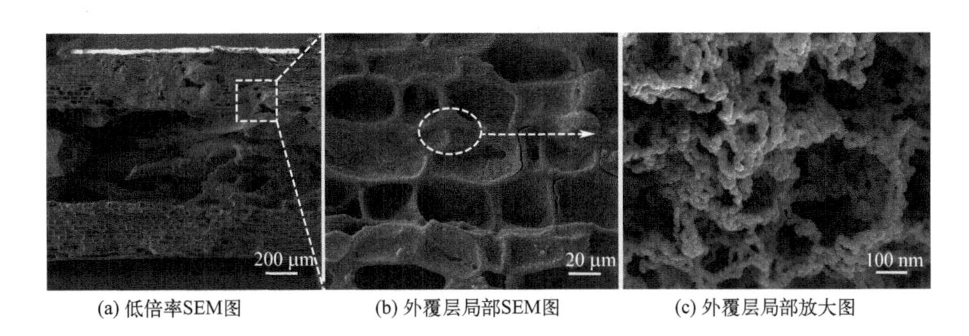

(a) 低倍率SEM图　(b) 外覆层局部SEM图　(c) 外覆层局部放大图

图 7-6　Ni@BSW-1000-3% 的 SEM 图

7.3.3　孔隙结构

CNT 的生长对木材陶瓷孔隙结构具有一定的调节作用，进而会影响孔径分布及比表面积。对未长出 CNT 的试件（Ni@BSW-1000-1%）和 CNT 长势较好的试件（Ni@BSW-1000-3%）进行氮气吸附-脱附测试，结果如图 7-7 所示。由图 7-7(a) 可见，Ni@BSW-1000-3%表现出更高的吸附-脱附能力：在相对压力 $P/P_0<0.1$ 处，氮气吸附容量急剧增加，并很快进入吸附平台，表明 Ni@BSW-1000-3%中存在大量微孔；且在相对压力为 0.5～0.9 区间内出现了明显的回滞环，说明有大量的中孔存在[38]。

与此同时，从孔径分布图［图 7-7(b)］中可见，Ni@BSW-1000-1%和 Ni@BSW-1000-3%的平均孔径分别为 4.2 nm 和 2.7 nm，显然 Ni@BSW-1000-3%的孔径要小于 Ni@BSW-1000-1%，这可能是由于生长在孔隙中的 CNT 对孔隙进行分割、填充而使得平均孔径减小的缘故。此外，BET 比表面积结果显示，Ni@BSW-1000-3%的比表面积为 362.747 m^2/g，是 Ni@BSW-1000-1%的 2 倍多（154.253 m^2/g），说明原位生长的 CNT 可有效调节夹层结构木材陶瓷的孔隙结构[39]。

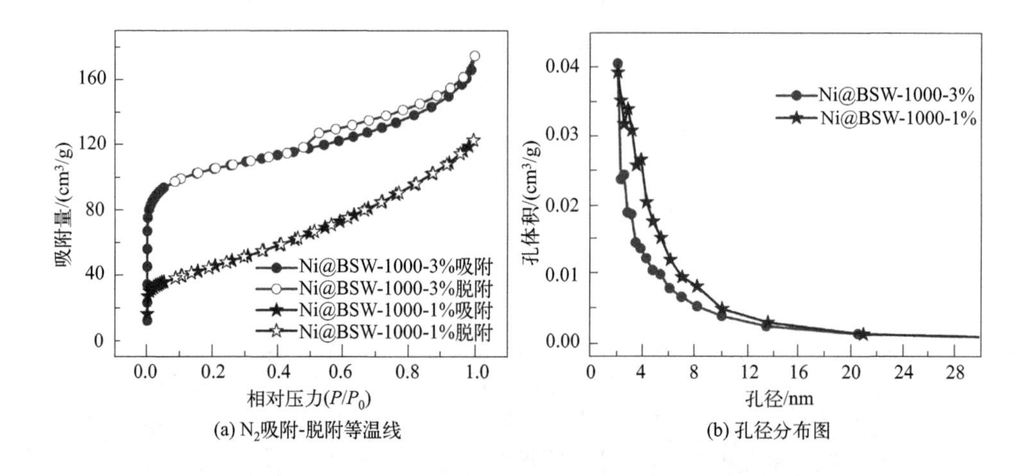

图 7-7 Ni@BSW-1000-1%和 Ni@BSW-1000-3%的 N_2 吸附-脱附等温线及孔径分布曲线

7.3.4 物相构成

拉曼光谱（RS）和 XRD 可以有效分析材料的物相构成。Ni@BSW-1000-3%的 RS 和 XRD 谱图如图 7-8 所示。

从图 7-8（a）中的 RS 谱图可见：在 1328 cm^{-1} 和 1592 cm^{-1} 附近出现了两个明显的特征峰，这是碳材料所特有的 D 峰和 G 峰[40]。根据 D 峰和 G 峰的相对强度（I_D/I_G）可以判断试件中 C 的无序程度和缺陷密集度，I_D/I_G 的比值越大，说明试件的无序程度和缺陷密集度越高[41]。在本实验条件下，Ni@BSW-1000-3%的 $I_D/I_G=1.35$，表明 Ni@BSW-1000-3%的石墨化结构并不完整，存在大量的结构缺陷。

从图 7-8（b）中的 XRD 谱图可以发现，在衍射角 2θ 约为 26°处出现一个强吸收峰，其对应 CNT 的（002）晶面[42]，说明有含氧石墨化微晶结构。同时，在 42.7°、53.8°附近也出现了较弱的衍射峰，分别与 C（100）、（004）晶面相关[43]。此外，2θ 为 44.5°、52°、76°附近出现的衍射峰分别对应于 Ni（111）、Ni（200）、Ni（220）的晶面（PDF＃70-1849），这说明 Ni@BSW-1000-3%中有单质金属 Ni 存在。这是因为在高温条件下，Ni^{2+} 被基体中的 C 还原成金属单质，而金属 Ni 正好可作为 CNT 生长的有效催化剂，因此促进了 CNT 的生长。

7.3.5 电化学储能

7.3.5.1 Ni 催化 CNT 对电化学性能的影响

使用电化学工作站在三电极体系中对不同 $Ni(NO_3)_2 \cdot 6H_2O$ 用量的 Ni@

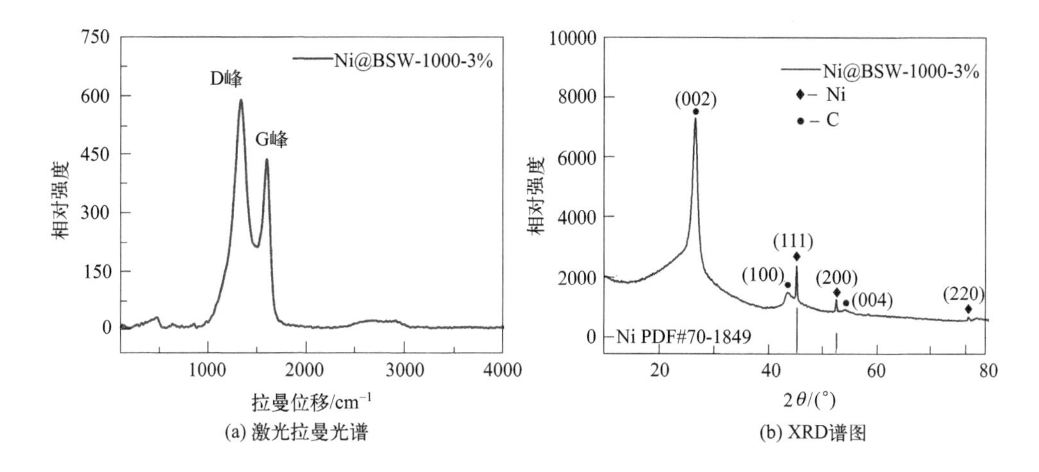

图 7-8　Ni@BSW-1000-3%的激光拉曼和 XRD 谱图

BSW-1000-*Y* 进行电化学性能测试，分析催化剂对电化学储能的影响。

一般情况下，CV 曲线所围成的面积越大，比电容越高[44]。图 7-9 为各试件的电化学性能。图 7-9（a）是不同试件在 10 mV/s 的扫描速率下的 CV 曲线，其中 Ni@BSW-1000-3%的 CV 曲线为类矩形状，且所围成的面积最大，表明其具有较高的比电容，这得益于 CNT 的良好生长。

图 7-9(b) 展示了复合试件在 0.1 A/g 电流密度下的 GCD 曲线：各试件的 GCD 曲线都呈类等腰三角形，并具有较好的对称性。Ni@BSW-1000-1%至 Ni@BSW-1000-6%的比电容分别为 84.3 F/g、136.13 F/g、152.5 F/g、129.2 F/g、122.3 F/g 和 117.1 F/g。相比之下，Ni@BSW-1000-3%的最高，与 CV 结果一致。这是因为：CNT 具有较高的比表面积以及规则的孔隙结构，可为电子、离子的吸附与脱附提供更多活性位点和存储空间。同时，其规整的孔隙结构有利于电子与离子的高速传输，进而可提高电极材料的电化学性能[45]。图 7-9(c) 呈现了各试件的 EIS 曲线，图中显示 Ni@BSW-1000-3%在高频区域与 Z'轴相交的转移电阻最小，且其在低频区直线斜率更大，表明具有良好的离子迁移效率[46]。

7.3.5.2　不同条件下的电化学性能分析

图 7-10 展示了 Ni@BSW-1000-3%的电化学性能。图 7-10(a) 是扫描速率分别为 5 mV/s、10 mV/s、20 mV/s、50 mV/s、100 mV/s、200 mV/s、400 mV/s 的 CV 曲线，从中可发现：即使是在 400 mV/s 的高扫描速率下曲线形状仍未发生较大变化，表明具有良好的稳定性。图 7-10（b）为不同电流密度下的 GCD 曲线：具有一定的对称性，且没有明显的电压降，内阻较小，具有良好的充放电可逆性[47-48]；随着电流密度的增大，比电容下降。这可以解释为：在较低的电流密度下，离子转移迁移速度较慢，可更充分地渗入电极材料的孔隙中；

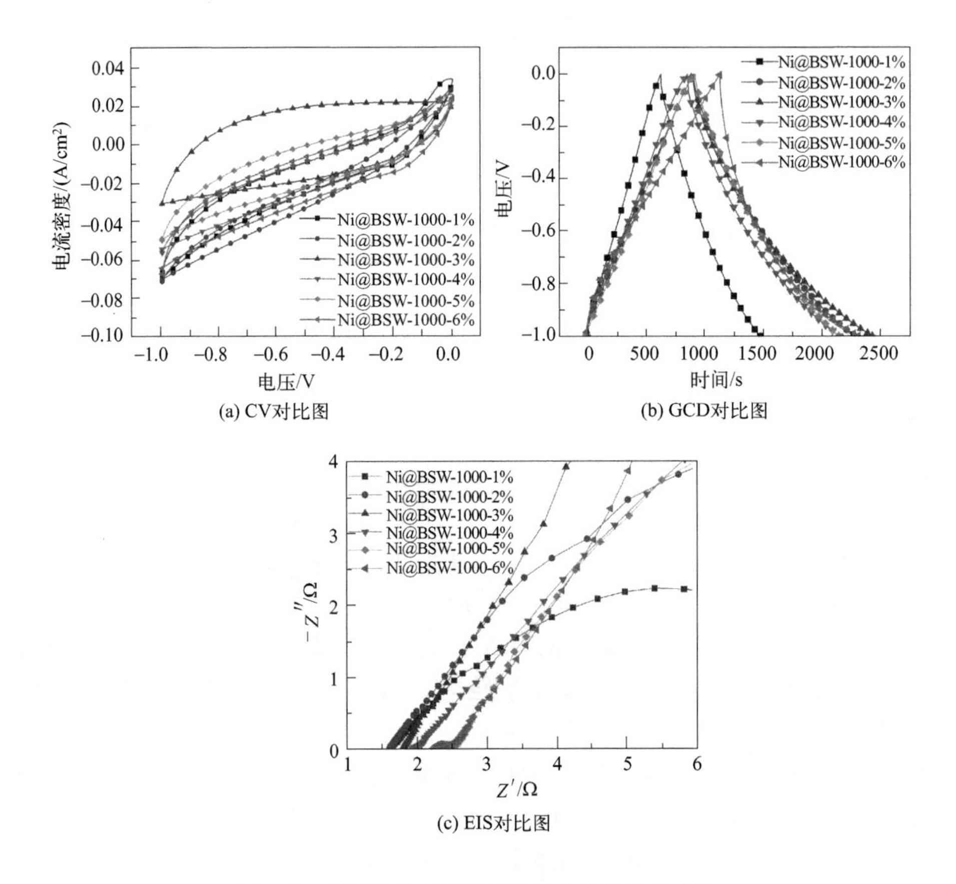

图 7-9 不同催化剂用量试件的电化学性能对比

但随着电流密度的持续增大，部分离子来不及进入电极材料内部而致使活性物质未能充分发挥作用，其比电容主要由电极材料的表层贡献[49]。

图 7-10(c) 是 Ni@BSW-1000-3%在 0.1 A/g 电流密度下的循环性能曲线：经过 5000 次循环充放电后，其比电容保持率为 97.9%，表现出优异的充放电循环稳定性。

实际上，电极材料的循环稳定性与其微观结构有着密切的关系，当微观结构有利于电解液对电极材料的浸润时，离子嵌入与脱出阻力较小、极化阻抗降低，可促使循环性能提升[50]。从 BET 分析数据来看，Ni@BSW-1000-3%以中孔为主，这有利于电解液对电极材料的浸润与扩散[51]，易形成良好的导电通路。同时，基体材料所构成的夹层结构性能稳定，不易脱落，这是性能稳定的前提与基础。表 7-1 列出了近年一些生物质电极循环性能的数据[52-56]，相比之下，Ni@BSW-1000-3%要优于大多数。

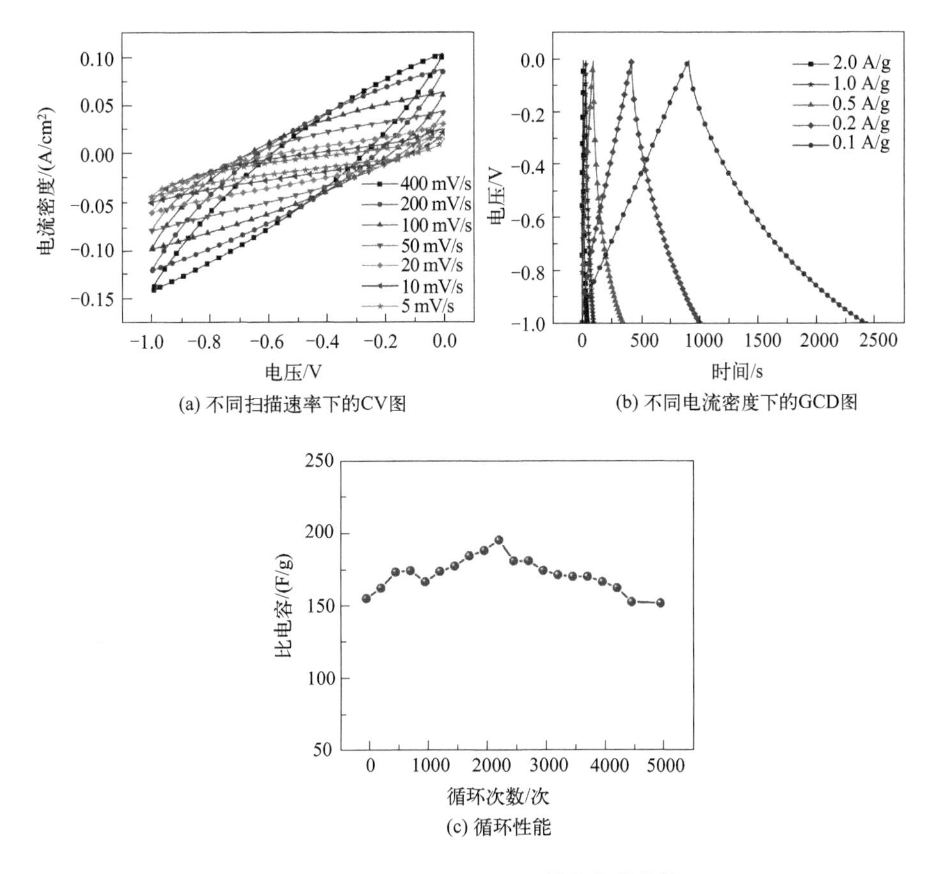

(a) 不同扫描速率下的CV图

(b) 不同电流密度下的GCD图

(c) 循环性能

图 7-10　Ni@BSW-1000-3%的电化学性能

表 7-1　Ni@BSW-1000-3%和相关电极循环性能的比较

电极	循环次数/次	比电容保持率/%	对比参考文献
块状木材陶瓷/纳米-MnO_2	5000	81.9	[52]
多孔生物质基夹层结构 Co_3O_4@CF@Co_3O_4 复合电极	6000	88	[53]
$Ni(OH)_2$ 纳米片夹层纳米杂化物	3000	90.16	[54]
生物质衍生蜂窝状多层级炭	10000	96	[55]
杂原子掺杂马铃薯皮多孔炭	10000	94.3%	[56]
Ni@BSW-1000-3%	5000	97.9%	本项工作

Ni@BSW-1000-3%具有相对较好的电化学性能，主要归因于以下两点：

① 适量的催化剂能够促进 CNT 的生长，且 CNT 具有调节孔隙结构的功能，可为电子与离子提供更多的扩散通道及运输路径，提高电子转移的效率；

② CNT 具有优异的导电性能，其与基体材料碳骨架的紧密结合可有效改善基体材料的电阻率。

7.4 Co^{2+}催化气相沉积CNT修饰夹层结构自支撑木材陶瓷电极

超级电容器以高功率密度、长循环寿命、宽工作温度范围等优势而成为研究热点。CNT作为低维纳米材料，具有质量轻，优异的力学性能、电学和化学性能，被视为新型储能材料的突破口。与此同时，夹层结构木材陶瓷作为一种以片层生物质材料为基本特征结构单元，浸渍热固性树脂胶合后烧结而得到的新型多孔炭基材料，在保存生物质基材多层级孔隙结构的同时，也具有导电性能好、质量轻、耐化学腐蚀等优势[57]，可作为电极材料及储能活性材料的载体。

许多学者在夹层结构、木材陶瓷和Co催化掺杂电极以及CNT原位生长等方面做了大量的工作。有研究表明夹层结构在电子传递和电极反应动力学方面独具优势[58]，将α-Fe_2O_3/MnO_2通过夹层结构电极设计用于制造高负载MXene电极，能量密度达到53.32 Wh/L（17.45 Wh/kg）[59]；以夹心状GO/SiO_2为模板，采用水热法制备具有夹心蜂窝结构的Co_2SiO_4/rGO（还原氧化石墨烯）/Co_2SiO_4电极，在0.5 A/g扫描速率下具有429 F/g的高比电容[60]；而采用一步水热法合成具有夹层结构的SnS_2/rGO/SnS_2复合材料，其中超薄SnS_2纳米片通过C—S键连接在rGO的两侧，具有快速传输动力学特征[61]；在夹层结构的木材陶瓷中进行Co^{2+}掺杂[57]，所得电极具有高比电容和高循环稳定性，在0.1 A/g电流密度下比电容可达319 F/g，循环15000次后比电容保持率在98%左右。在掺杂、催化与储能方面：将Zn和N掺杂到Co纳米颗粒负载的CNT中，在0.5 mol的H_2SO_4电解液中表现出超强的析氢反应活性以及持久的稳定性[62]；将N掺杂Co/Co_2P的CNT用于锂硫（Li—S）电池中，在0.1 C时可提供1405 mA·h/g的比容量[63]。同时，将石油沥青热解可获得CNT多孔炭[64]，用其制备的对称电容器在1 A/g的电流密度下具有385.7 F/g的优异比电容。此外，将第一性原理和分子动力学理论模型用于分析CNT的生长机制，发现CNT的生长与催化剂边缘的界面能和接触角有关。

以竹材为基材，结合夹层结构性能优异、木材陶瓷比强度高、耐酸碱性强的优势。以旋切竹薄木作为外覆层、竹粉和竹纤维作为芯层、PF树脂作为黏结剂制备竹基夹层结构木材陶瓷基体材料，再以煤沥青为碳源、$(CH_3COO)_2Co$为催化剂。利用煤沥青裂解出的CH_4、C_2H_2等烃类气体在Co^{2+}的催化作用下原位生长CNT，并对基体的孔隙结构进行调控，制备CNT修饰Co^{2+}掺杂的竹基夹层结构木材陶瓷储能电极材料[65]。

7.4.1 工艺过程

制备方法如下。

① 将竹粉、竹纤维和规格为 50 mm×50 mm×0.4 mm 的竹薄木在 Na_2CO_3 质量分数为 10%的水溶液中蒸煮 30 min，去除部分木质素。然后用去离子水清洗至中性，60 ℃烘干。

② 用固含量为 15%的 PF 树脂溶液浸渍上述竹材原料 30 min，沥干后在 60 ℃下干燥 2 h。以竹薄木为外覆层、竹粉和竹纤维（质量比为 1∶1）为芯层，压制成密度为 0.7 g/cm^3 的竹基夹层结构复合板。然后置于烧结炉中等静压 N_2 保护、800 ℃下保温烧结 60 min。随后冷却至室温，得到夹层结构木材陶瓷自支撑基体。

③ 将基体材料置于高压反应釜中，以 10%的 KOH 溶液为活化液，在 150 ℃下活化 4 h，用去离子水清洗至中性后 105 ℃干燥 2 h，得到夹层结构活化木材陶瓷自支撑基体。随后将其浸渍不同质量分数（1%、3%、5%、7%、9%）的 $(CH_3COO)_2Co$ 溶液 20 min，烘干后再用超声波辅助浸渍质量分数为 5%的煤沥青-二甲苯溶液 10 min。

④ 待二甲苯挥发后置于烧结炉中，用筛网架空，同时在试件下方放入适量的煤沥青（利用其裂解气体作为碳源），在 N_2 保护下以 5 ℃/min 的速度升至设定温度，并保温烧结一定时间，冷却后得到 Co^{2+} 催化原位生长 CNT 修饰的夹层结构木材陶瓷自支撑电极（Co^{2+}@SWE），标记为 Co^{2+}@SWE-x，x 表示 $(CH_3COO)_2Co$ 溶液的质量分数（x=1、3、5、7、9）。未浸渍 $(CH_3COO)_2Co$ 和煤沥青-二甲苯溶液的对比试件标记为 Co^{2+}@SWE-0。

⑤ 将上述电极组装成储能器件，其制备过程如图 7-11 所示。

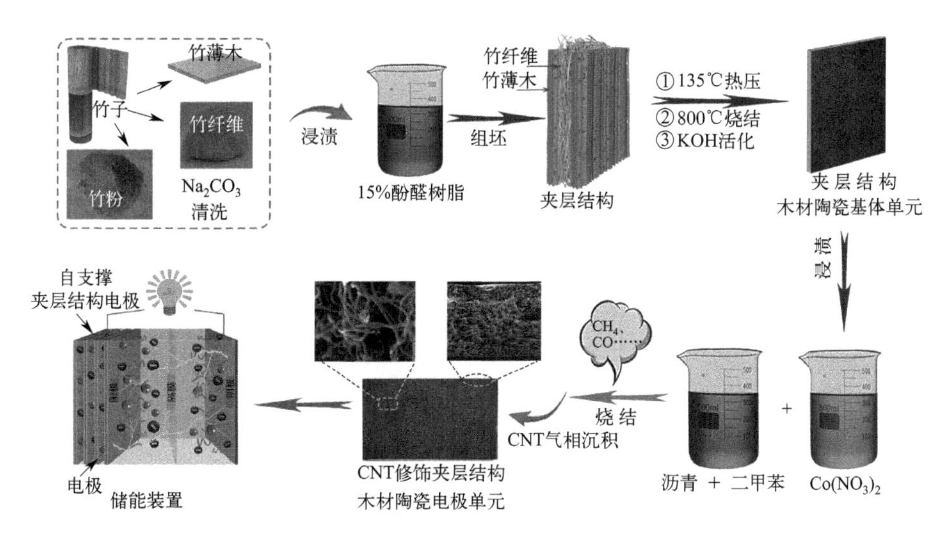

图 7-11　Co^{2+} 催化原位生长 CNT 修饰夹层木材陶瓷电极的制备过程

7.4.2 实验优化设计与表征

7.4.2.1 方案设计与优化

基于探索性实验，选取（$(CH_3COO)_2Co$）水溶液的质量分数分别为1%、3%、5%、7%、9%，原位生长温度分别为850 ℃、900 ℃、950 ℃、1000 ℃、1050 ℃，原位生长时间分别为1 h、1.5 h、2 h、2.5 h、3 h等3因素、5水平，以比表面积为考察指标，按照均匀试验$U_5(5^3)$试验方法设计实验，考察$(CH_3COO)_2Co$用量、烧结温度和保温烧结时间等对比表面积的影响。

7.4.2.2 性能表征

用SEM观测其微观形貌；采用吸附-脱附等温线和BET法通过比表面和孔隙度分析仪测定比表面积和孔径分布；采用XRD和RS分析试件的晶相构成；TEM分析用于观测微晶结构和元素分布状态；XPS用来分析元素价态。

在三电极体系中，夹层结构木材陶瓷作为工作电极，饱和甘汞电极作为参比电极，Pt片电极作为对电极，电解液为6 mol/L的KOH溶液。采用循环伏安法、恒电流充放电法、交流阻抗法等来测试样品的电化学性能，并计算比电容、能量密度与功率密度。

7.4.3 比表面积与孔结构

比表面积主要与基体材料的结构，Co催化所生成CNT的数量、分布等相关。根据均匀试验方案进行试验，结果如表7-2所示。显然Co^{2+}@SWE-7，即采用质量分数为7%的（$(CH_3COO)_2Co$）溶液、在950 ℃条件下原位生长1h所得到试件的比表面积最大。

表7-2 均匀试验方案及结果

样品	$(CH_3COO)_2Co$ 质量分数/%	气相沉积温度/℃	气相沉积时间/h	比表面积/(m^2/g)	备注
Co^{2+}@SWE-1	1	900	2.5	265.7	
Co^{2+}@SWE-3	3	1000	2.0	359.6	
Co^{2+}@SWE-5	5	850	1.5	119.6	
Co^{2+}@SWE-7	7	950	1.0	496.3	
Co^{2+}@SWE-9	9	1050	3.0	370.8	
Co^{2+}@SWE-0	0	950	1.0	287.3	对比试件

对表7-2中的数据比较分析，发现Co^{2+}@SWE-5的比表面积最低，只有119.6 m^2/g，还不到掺杂量最低Co^{2+}@SWE-1的1/2。同时，Co^{2+}@SWE-5的浸渍溶液中（$(CH_3COO)_2Co$）的质量分数高于Co^{2+}@SWE-1和Co^{2+}@SWE-3，但其气相沉积温度和保温沉积时间均低于Co^{2+}@SWE-1和Co^{2+}@

SWE-3，可见气相沉积工艺对比表面积有较大的影响。这可以推测为：当气相沉积温度较低时，催化剂的活性没有充分激发，故生成的 CNT 数量较少；且在较低的温度下，部分浸入基体孔隙中的沥青未充分热解，而且所形成的炭颗粒有可能将孔隙堵塞。

同时，从表 7-2 中发现：虽然 Co^{2+}@SWE-9 的浸渍溶液中 $(CH_3COO)_2Co$ 的质量分数最高、气相沉积温度最高、沉积时间最长，但比表面积却比 Co^{2+}@SWE-7 低。这可以解释为：虽然较多的催化剂有利于 CNT 的生长，但较高的气相沉积温度和较长的沉积时间容易形成烧失，这在损伤基体材料，将部分微孔和中孔融合的同时，也同样会对所生成的 CNT 造成损伤，甚至导致其气化。同时，当催化剂浓度较高时，在烧结过程中所生成的金属纳米颗粒也较多，这在增加电极材料质量的同时也会在一定程度上填充基体中的孔隙而使材料的比表面积降低。

由此可见，只有合适的催化剂用量、气相沉积温度和沉积时间才有利于 CNT 的生长，而且生长在孔隙中的 CNT 对孔结构有较好的改善作用，同样也会提高比表面积。

为了更进一步说明催化剂的用量、气相沉积温度和沉积时间对比表面积的影响，基于 Co^{2+}@SWE-7 的制备条件，将未浸渍催化剂的基体材料在 950 ℃下保温烧结 1.0 h，得到对比试件 Co^{2+}@SWE-0，其比表面积为 287.3 m^2/g，与 Co^{2+}@SWE-1（催化剂质量分数 1%）的相差不大，但比 Co^{2+}@SWE-7 的小很多。由此可见，在催化剂的作用下，所生成的 CNT 对基体的孔隙具有较好的调节作用。

图 7-12 为 Co^{2+}@SWE-0～Co^{2+}@SWE-9 的 N_2 吸附-脱附等温曲线与孔径分布状况图。从图 7-12(a) 中的 N_2 吸附-脱附等温曲线可知：相较于 Co^{2+}@SWE-0、Co^{2+}@SWE-3 和 Co^{2+}@SWE-9，Co^{2+}@SWE-7 表现出更高的吸附-脱附能力：在相对压力为 $P/P_0<0.1$ 处，氮气吸附容量急剧增加，并很快进入吸附平台，这显示有微孔存在。当相对压力升至中高压时 $[0.5<(P/P_0)<0.9]$ 出现了明显的回滞环，表明有大量的介孔存在。

CO^{2+}@SWE-1 虽然有较好的吸附-脱附特性，但相较于 Co^{2+}@SWE-7 和 Co^{2+}@SWE-9 的吸附-脱附量要小很多，因此其比表面积也相对小一些。同样地，从图 7-12(a) 中还可发现 Co^{2+}@SWE-5 的吸附-脱附量最小，这是由于气相沉积温度较低导致孔隙结构不发达。由此可见，沉积温度对电极材料的孔径结构有较大影响。

图 7-12(b) 为孔径分布图，其中 Co^{2+}@SWE-1 以孔径为 3.5 nm 的介孔为主；Co^{2+}@SWE-3 中有大量孔径为 1.2 nm 左右的微孔，同时还存在一些 3 nm

左右的介孔；Co^{2+}@SWE-5 则主要含有 4.2 nm 左右的介孔，且与其他试件相比数量最少。Co^{2+}@SWE-7 中微孔与介孔都有，且微孔以 1.7 nm 居多，介孔则以 3 nm 和 6 nm 的为主。Co^{2+}@SWE-9 则以介孔为主，孔径主要分布在 3.5～4.5 nm 以及 10 nm 附近。而对比试件 Co^{2+}@SWE-0 则主要由 5 nm 左右的介孔组成。

由于微孔对比表面积的贡献较大，因此 Co^{2+}@SWE-7 和 Co^{2+}@SWE-3 的比表面积大于 Co^{2+}@SWE-9 和 Co^{2+}@SWE-1，而 Co^{2+}@SWE-5 的最小。由于电化学性能与孔结构密切相关，而 Co^{2+}@SWE-5 的比表面积最小、孔隙不发达，故不做重点考察。

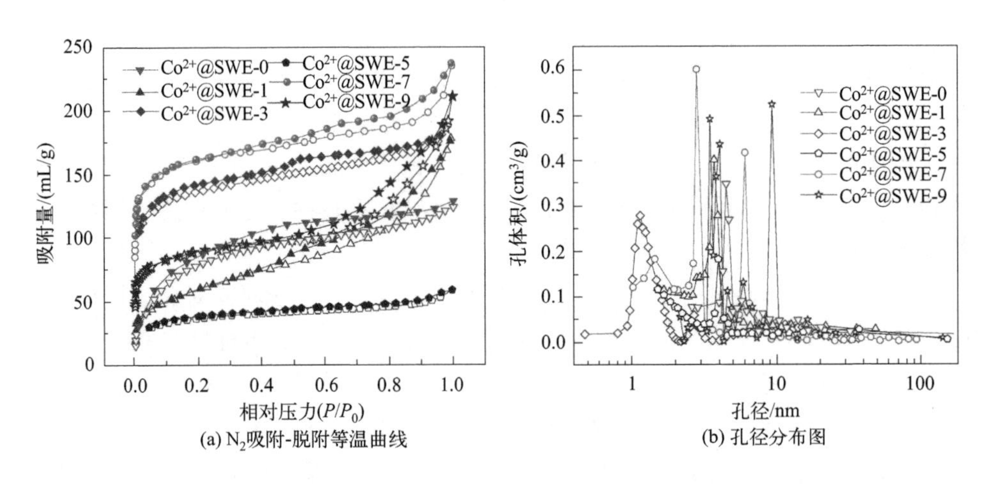

图 7-12　Co^{2+}@SWE-0～Co^{2+}@SWE-9 的 N_2 吸附-脱附等温曲线及孔径分布

7.4.4　微观形貌与物相构成

7.4.4.1　微观形貌

使用 SEM 对使用催化剂和未使用催化剂的试件进行观察，结构如图 7-13 所示。从未使用 Co^{2+} 试件的低倍 SEM 照片［图 7-13(a)］中可以发现：由 2 层竹薄木所形成的薄炭片与由 PF 树脂、竹纤维和竹粉所形成的芯层炭材料共同构成了明显的夹层结构；其高倍的 SEM 照片［图 7-13(b)、(c)］中显示：竹材的基本孔隙结构得以保存，且孔壁光滑，但没有类似 CNT 的填充物出现。图 7-13(d) 为 Co^{2+}@SWE-1（使用少量催化剂）的端面 SEM 照片，图 7-13(e)、(f) 为其局部放大图，图中显示：孔隙中有 CNT 出现，但数量较少。这表明：Co^{2+} 具有促进 CNT 生长的功能，且 CNT 的生长量可能与 Co^{2+} 的用量相关。

不同催化剂用量的 Co^{2+}@SWE-x 试件的 SEM 照片如图 7-14 所示。其中图 7-14(a) 中 Co^{2+}@SWE-3 的 CNT 呈 Y 形结构，但数量不多。与 Co^{2+}@

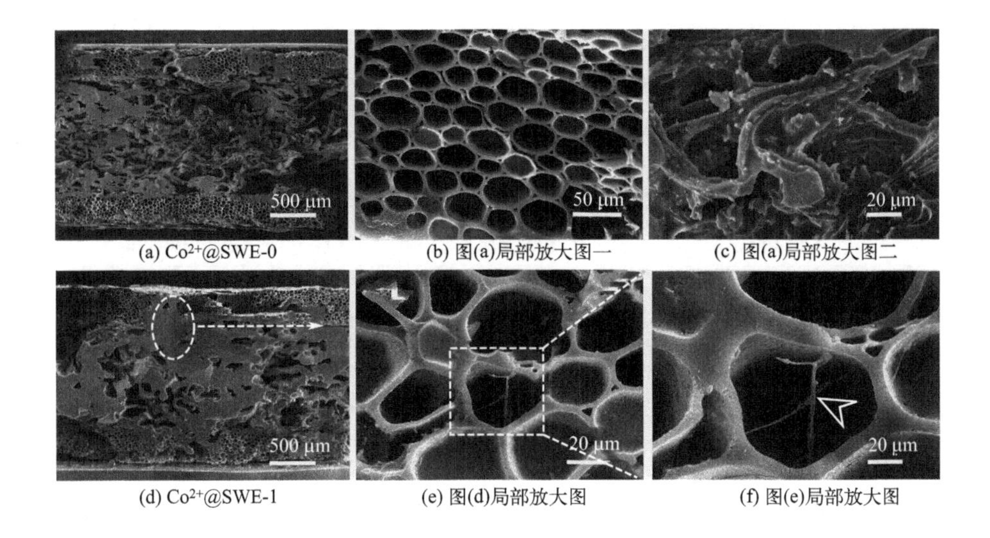

(a) Co^{2+}@SWE-0　(b) 图(a)局部放大图一　(c) 图(a)局部放大图二

(d) Co^{2+}@SWE-1　(e) 图(d)局部放大图　(f) 图(e)局部放大图

图 7-13　使用和未使用 Co^{2+} 试件的 SEM 图

SWE-1 相比两者差别不大，这可能是因为催化剂的添加量太少而未能发挥催化作用所致。Co^{2+}@SWE-7 和 Co^{2+}@SWE-9 的端面 SEM 照片及其放大图见图 7-14(d) 和图 7-14(g)。从图 7-14(d) 及其放大图 7-14(e) 和 (f) 中 Co^{2+}@SWE-7 的微观结构显示：大量茂密的、呈螺旋状的 CNT 相互缠绕，将试件的表面覆盖。图 7-14(g) 为 Co^{2+}@SWE-9 的低倍与高倍 SEM 图：试件的表面沉积了一层细小的颗粒（疑似为 Co 单质），直管形的 CNT 生长其中，但数量比 Co^{2+}@SWE-7 的少。

上述现象表明，随着催化剂溶液浓度的增加，CNT 的生长呈现出先增加后减少的趋势。这可以解释为：$(CH_3COO)_2Co$ 在加热过程中逐步会失去结晶水而变成 CoO，其中一部分 CoO 会与竹材热解后所形成的无定形炭和树脂热解后形成的玻璃炭反应生成 CoC，对基体起到强化作用；另一部分 CoO 会被炭与沥青裂解出来的 CO、H_2 还原成单质 Co，并起催化作用生成 CNT。

当 $(CH_3COO)_2Co$ 的加入量增大时，被还原成单质 Co 纳米颗粒的数量就越多，其催化活性位点也就更多[66]。与此同时，在高温下热分解反应所产生的 C_2H_2 等烃类气体可作为生长 CNT 的碳源，加之夹层结构基体内部有众多的孔隙结构，可容纳较多的含碳气体，且芯层中的竹纤维在预处理中留下了许多粗糙结构，这些均可为 CNT 的生长提供足够的空间。

在高温下，含碳气体流经催化剂 Co 表面时会被吸附并溶解，并逐渐达到过饱和状态，随着碳原子的持续融入，过饱和的碳原子在纳米金属 Co 粒子表面析出并进一步形成 CNT。同样的现象也会出现在基体材料孔隙的内壁。

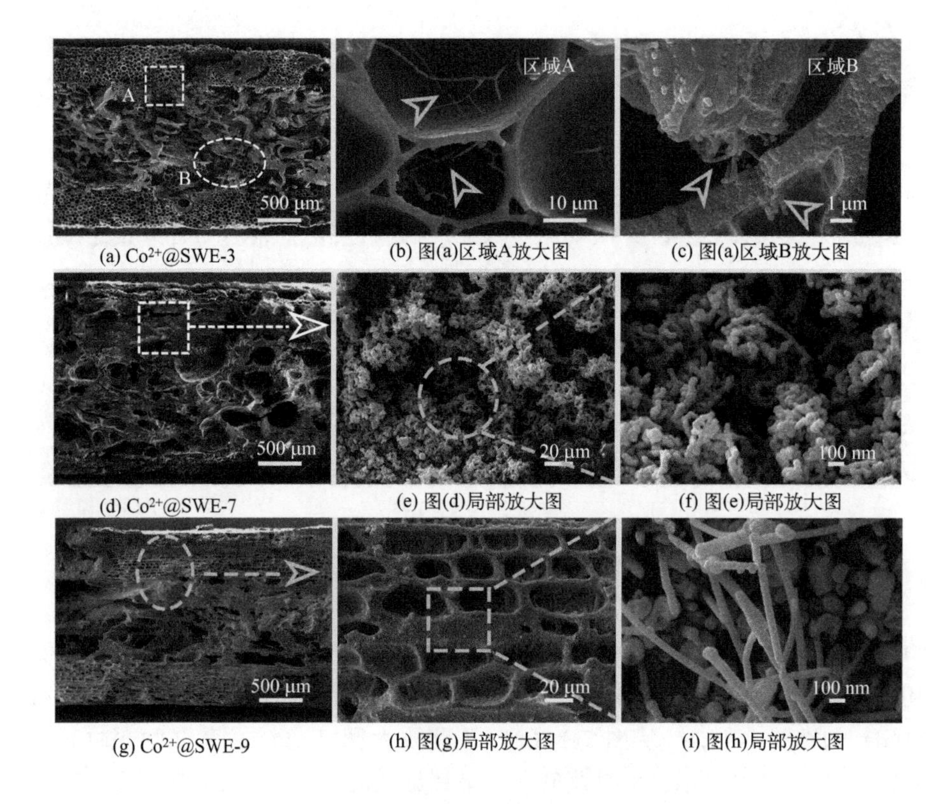

(a) Co^{2+}@SWE-3　(b) 图(a)区域A放大图　(c) 图(a)区域B放大图

(d) Co^{2+}@SWE-7　(e) 图(d)局部放大图　(f) 图(e)局部放大图

(g) Co^{2+}@SWE-9　(h) 图(g)局部放大图　(i) 图(h)局部放大图

图 7-14　不同 Co^{2+} 用量试件的 SEM 图

但随着 $(CH_3COO)_2Co$ 用量的继续增加，被还原出来的、分布密集的单质 Co 纳米颗粒在高温状态下会发生熔合形成较大的颗粒，这样会使得催化活性位点减少，进而影响催化效果[67] 而导致 CNT 数量的减少。其基本反应式见式(7-1)～式(7-4)。

$$(CH_3COO)_2Co \longrightarrow Co(CO_3)_2 \cdot 3H_2O \tag{7-1}$$

$$Co(CO_3)_2 \cdot 2H_2O \longrightarrow Co(CO_3)_2 \cdot Co(OH)_2 \cdot 2H_2O \longrightarrow CoO \tag{7-2}$$

$$CoO + CO \longrightarrow Co + CO_2 \tag{7-3}$$

$$CoO + H_2 \longrightarrow Co + H_2O \tag{7-4}$$

7.4.4.2　物相构成

图 7-15 为 Co^{2+}@SWE-1、Co^{2+}@SWE-3、Co^{2+}@SWE-7、Co^{2+}@SWE-9 和 Co^{2+}@SWE-0 的 XRD、RS 与 XPS 谱图。由图 7-15（a）中的 XRD 谱图可明显看出，在试件 Co^{2+}@SWE-1、Co^{2+}@SWE-3、Co^{2+}@SWE-7、Co^{2+}@SWE-9 的谱图中，2θ 约为 26°和 42.7°处分别出现了 2 个衍射峰，对应 C 材料的（002）和（100）晶面。同时，在 2θ 为 44.5°、52°、76°处的衍射峰，分别有对

应于 Co 的（111）、（200）和（220）的晶面衍射峰，表明试件中存在金属单质 Co，这印证了 Co^{2+} 被还原为单质 Co 的推断。但 Co^{2+}@SWE-1 的峰强度较弱，这与催化剂的用量有关。而在对比试件 Co^{2+}@SWE-0 的谱图中则只有鼓包峰，这表明木材陶瓷基体在 Co 元素掺杂后，在其催化石墨化的作用下，乱层的碳结构向着石墨化方向转化，但石墨化程度不高。在烧结过程中，沥青热解所生成的烷烃类和 Co 气体在 Co 的催化作用下可生成 CNT。因此，木材陶瓷基体通过掺杂后既可以改善石墨化程度，又可促进 CNT 生长。

图 7-15(b）为 Co^{2+}@SWE-1、Co^{2+}@SWE-3、Co^{2+}@SWE-7、Co^{2+}@SWE-9 和 Co^{2+}@SWE-0 的拉曼光谱，其可用于评估试件的石墨化程度。所有试件均具有两个较为明显的特征峰，即 G 峰和 D 峰，分别位于 1580 cm^{-1} 和 1341 cm^{-1} 的附近。从图 7-15(b）中还可见：Co^{2+}@SWE-7 和 Co^{2+}@SWE-9 中 D 峰的强度高于 G 峰，表明其石墨微晶结构的有序度并不十分完整。但谱图中有表征石墨微晶堆积的 G′峰（2683 cm^{-1} 附近）出现，虽然 G′峰比 G 峰低，但也表明此工艺条件有利于改善界面区多层微晶结构，进而导致石墨化程度提高，但没有形成很完整的石墨化结构，这与 XRD 的测试结果一致。而在 Co^{2+}@SWE-1、Co^{2+}@SWE-3 和 Co^{2+}@SWE-0 的谱图中则难以找到 G′峰。D 峰和 G 峰强度的比值 R（$R=I_D/I_G$）可以有效表征炭材料的石墨化程度，R 值较小时，其石墨化程度较好。表 7-3 中列出了不同试件的峰位、强度和 R 值，其中 Co^{2+}@SWE-9 的 R 值小于 Co^{2+}@SWE-7 的。这是因为 D 峰与 G 峰的强度比反映了 sp^2 团簇大小的变化，在较高的沉积温度下 Co^{2+} 的加入在一定程度上使其析出的微晶在结构上变得规整有序，故导致石墨化程度提高。

表 7-3　拉曼光谱的峰位置、强度和 *R* 值

序号	峰位置/cm^{-1}		峰强度（相对强度）		R 值
	D 峰	G 峰	D 峰	G 峰	
Co^{2+}@SWE-0	1356.14	1596.01	588590.32	25875.49	2.26
Co^{2+}@SWE-3	1355.74	1593.90	92435.74	42874.92	2.16
Co^{2+}@SWE-5	1354.85	1592.25	89515.01	43051.44	2.08
Co^{2+}@SWE-7	1346.61	1591.09	132160.17	72970.82	1.81
Co^{2+}@SWE-9	1348.57	1589.92	86065.05	53289.83	1.62

图 7-15(c）为 Co^{2+}@SWE-1、Co^{2+}@SWE-3、Co^{2+}@SWE-7、Co^{2+}@SWE-9 和 Co^{2+}@SWE-0 的 XPS 全谱图，图 7-15(e)～(f）为 Co^{2+}@SWE-7 的 Co、C、O 元素的分谱图。在图 7-15(c）中，Co^{2+}@SWE-3、Co^{2+}@SWE-7、Co^{2+}@SWE-9 的位于 283 eV、531 eV 和 780 eV 处的三个峰分别为 C 1s、O 1s 和 Co 2p 的典型特征峰，表明 Co^{2+}@SWE-3、Co^{2+}@SWE-7 和 Co^{2+}@SWE-9 中主要含有 C、O、Co 元素。

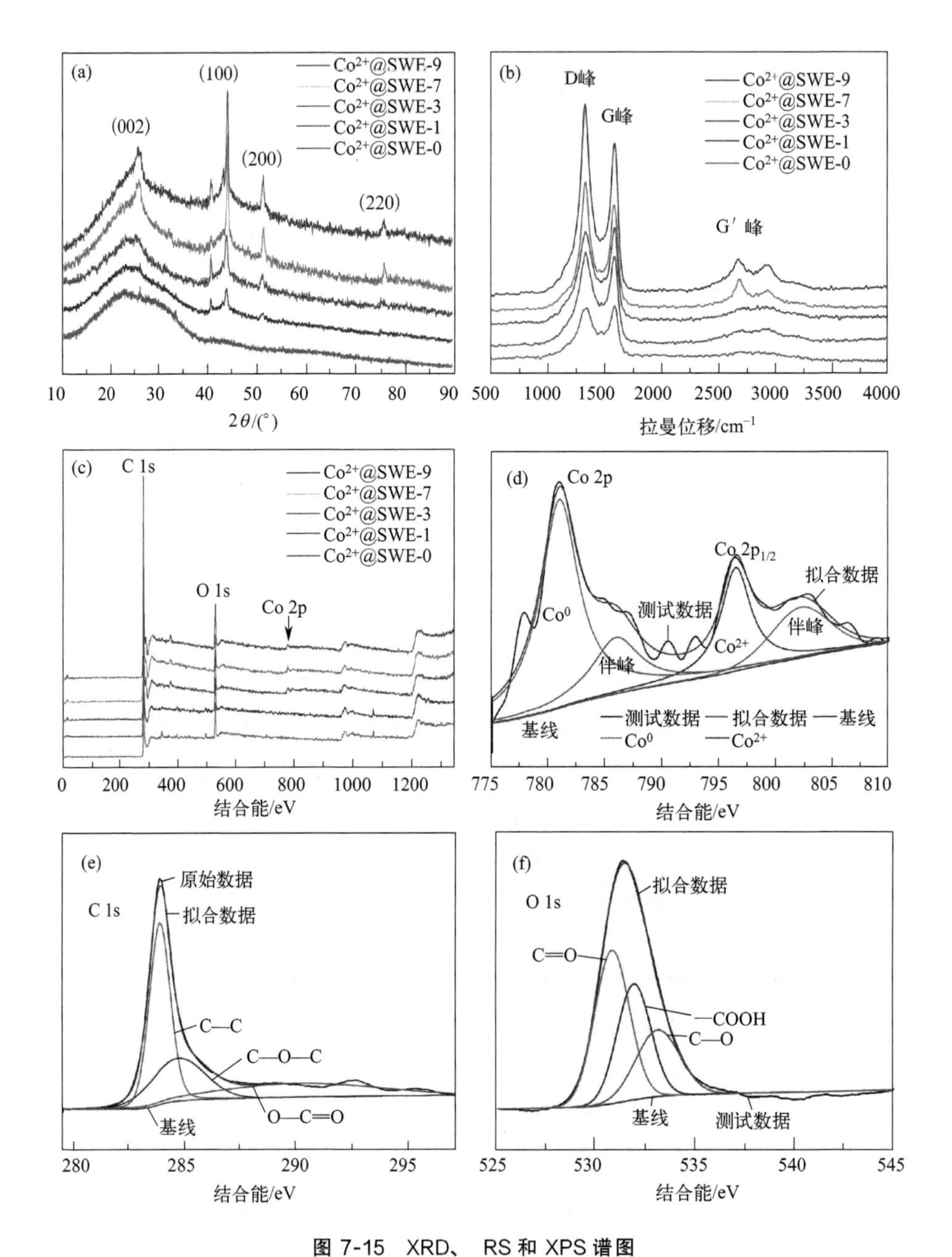

图 7-15 XRD、 RS 和 XPS 谱图

(a) XRD 谱图；(b) RS 谱图；(c) XPS 全谱图；(d)～(f) Co、C、O 元素的分谱图

其中，Co^{2+}@SWE-3 的 Co 的特征峰较弱，而 Co^{2+}@SWE-0、Co^{2+}@SWE-1 的谱线中则没有，这与 Co 的掺杂量有关。由于 Co^{2+}@SWE-7 的峰强度较高，加之其比表面积最大，因此在分谱图的分析中以 Co^{2+}@SWE-7 为例。从图 7-15(d) Co 2p 的分谱图中发现：Co 2p 轨道存在 $2p_{1/2}$ 和 $2p_{3/2}$ 分量，结合能

集中在 780.8 eV 和 796.7 eV。拟合后 $2p_{1/2}$ 和 $2p_{3/2}$ 峰可分成 4 个峰，其中在 780.8 eV 和 796.7 eV 处的峰归属于零价态单质 Co[68]，这主要是由 Co^{2+} 被无定形炭还原所致。这些更进一步验证了钴的成功掺杂[69]。

图 7-15(e) 中 C 1s 谱图可拟合为三个峰，主峰位于 284.8 eV 处，这是由 C—C 引起的，而 286.3 eV 和 287.9 eV 处的峰则是由 C—O—C 和 O—C═O 引起的，表明有大量含氧基团存在[70]。

图 7-15(f) 是 O 1s 的能级谱图，可分为 3 个峰，位于 531 eV、531.5 eV、532.5 eV，分别归属于 C═O、—COOH 和 C—O 键[71]。这些含氧基团可产生大量的活性位点，并增强电解液的极性和润湿性，进而可加速离子转移，最终贡献出可观的电容量[72]。

图 7-16 为 Co^{2+}@SWE-7 不同倍率的 TEM 和元素映射图。从图 7-16(a) 中可以看出管状的 CNT 穿插在纳米颗粒之间，其局部放大图［图 7-16(b)］显示：中空的 CNT 管内径为 5～11 nm，管壁厚约 9 nm。图 7-16(c)、(d)、(e) 所示的高分辨率元素映射图像显示：部分纳米颗粒呈现出核壳结构，即 Co 纳米颗粒被 C 层所包裹。同时，从纳米颗粒的局部放大图［图 7-16(f) 和 (g)］中可以看出：壳层的晶格条纹较为规整，其晶格间距约为 0.35 nm，与石墨化炭吻合；内核的晶格间距约为 0.205 nm，与 Co 的一致。由此可推断 Co 纳米颗粒被石墨化炭所包裹。这种核壳结构一方面可以增加导电性，另一方面由于炭的耐酸碱性较强，对单质 Co 具有较好的保护作用，因此有利于提升电极的循环使用寿命。

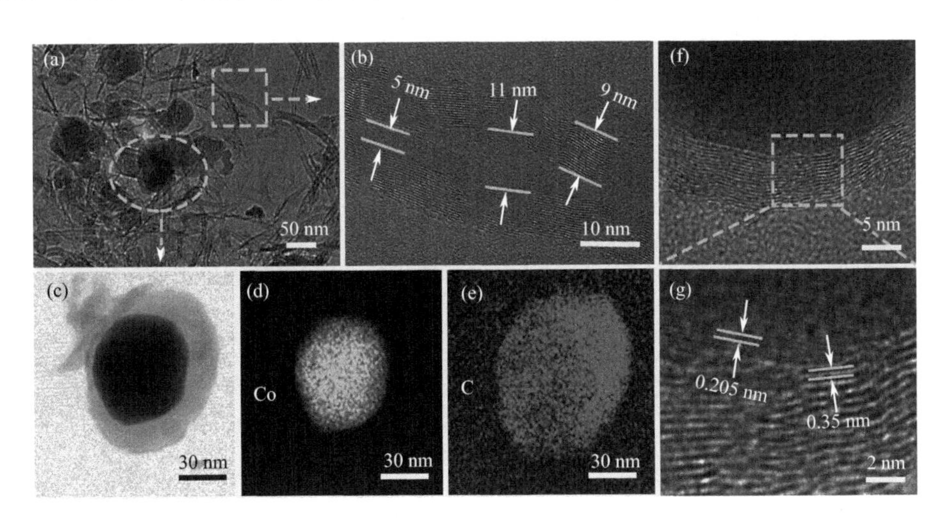

图 7-16　Co^{2+} @SWE-7 不同倍率的 TEM 和元素映射图

［(a)、(b) 不同倍率的 TEM 照片；(c) 元素映射测试区域；(d)、(e) 纳米颗粒的元素映射图；(f)、(g) 晶格照片］

7.4.5 电化学性能

7.4.5.1 线性循环伏安

循环伏安（CV）曲线可以直观反映出在充放电过程中电极表面的电化学行为。图 7-17(a)～(e)为 Co^{2+}@SWE-1、Co^{2+}@SWE-3、Co^{2+}@SWE-7、Co^{2+}@SWE-9 和对比试件 Co^{2+}@SWE-0 在不同扫描速率下的 CV 曲线。由图 7-17(a) 可知：在测试电压−1.0～0 V、扫描速率 10～400 mV/s 范围内，Co^{2+}@SWE-0 的 CV 曲线呈现梭形，虽然具有双电层电容的特征[73]，但曲线所围成的面积偏窄，表明比电容偏小。由图 7-17(b)～(e)可见：随着 $(CH_3COO)_2Co$ 添加量的增加和气相沉积温度的改变，其 CV 曲线的形状改变不大，但出现了微弱的氧化还原峰（如图中箭头所指）。这说明含 Co 纳米颗粒和 Co^{2+} 的木材陶瓷电极在充放电时，电解质中的 OH^- 能够在材料表面吸附/解吸及在基体中嵌入/脱出。这种快速进行的法拉第反应能够形成赝电容[74-75]，有利于改善其电化学性能。

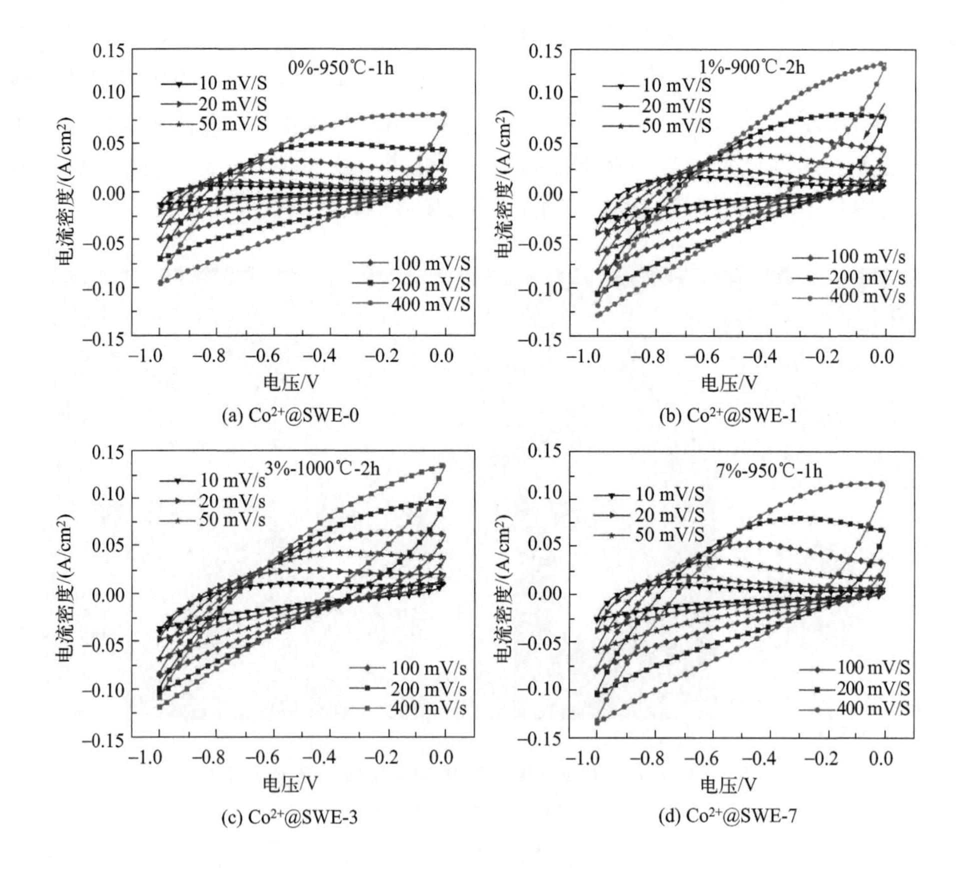

(a) Co^{2+}@SWE-0

(b) Co^{2+}@SWE-1

(c) Co^{2+}@SWE-3

(d) Co^{2+}@SWE-7

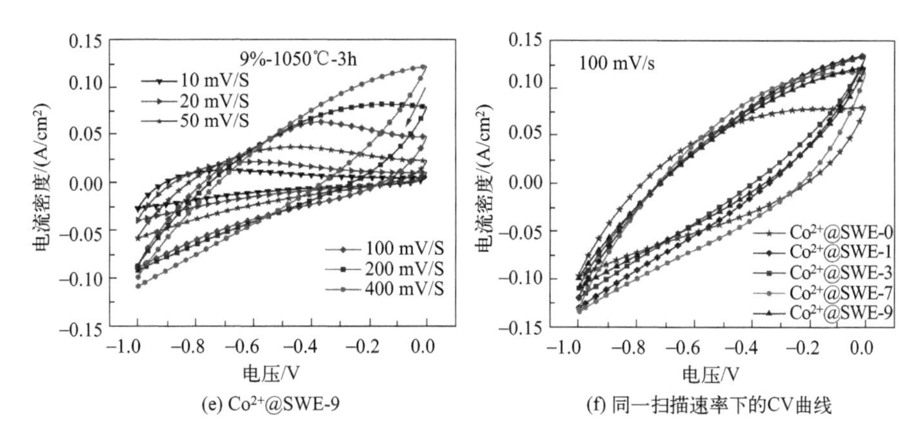

图 7-17 Co^{2+}@SWE-0 和 Co^{2+}@SWE-*x* 在不同扫描速率下的 CV 曲线和同一扫描速率下的 CV 曲线

循环伏安曲线围成积分面积的大小可以间接体现材料比电容的大小。图 7-17(f) 为在 100 mV/s 扫描速率下各试件的 CV 曲线，从图中可以看出，Co^{2+}@SWE-7 所围成的面积最大，表明其具有较好的比电容。

7.4.5.2 恒电流充放电

图 7-18 是 Co^{2+}@SWE-0、Co^{2+}@SWE-1、Co^{2+}@SWE-3、Co^{2+}@SWE-7 和 Co^{2+}@SWE-9 的 GCD 曲线及比电容。从图 7-18(a)～(e) 中可见，GCD 曲线呈类等腰三角形，具有良好的对称性，表明其充放电性能较稳定。由图 7-18(f) 可见木材陶瓷基体掺杂 Co 后可以拥有更高的比电容，其中 Co^{2+}@SWE-7 的比电容最大。对数据进行比较发现，Co^{2+}@SWE-9 的比电容低于 Co^{2+}@SWE-7 的，表明并不是 $(CH_3COO)_2Co$ 用量越大和气相沉积温度越高比电容就越大。这可以解释为：当 $(CH_3COO)_2Co$ 用量较大和温度较高时，被还原出来的大量金属 Co 单质和生成的 CNT 容易形成堆积而将微孔与介孔堵塞；与此同时，在高温作用下部分金属 Co 纳米颗粒甚至会熔合在一起而使催化作用减弱。

当 $(CH_3COO)_2Co$ 用量较小和沉积温度较低时：一方面 Co^{2+} 的来源较少，难以生成大量的单质 Co 纳米颗粒；另一方面，较低的温度也不足以将 Co^{2+} 还原成金属 Co 单质。因此，这些均会影响 CNT 的生长。

由此可见，当 $(CH_3COO)_2Co$ 用量和气相沉积温度合适时，所生成的 Co 纳米颗粒可呈均匀分布状态附着在木材陶瓷基体的表面和孔隙中，当遇到烷烃类气体时便能生成大量的 CNT，进而有利于提升比电容。

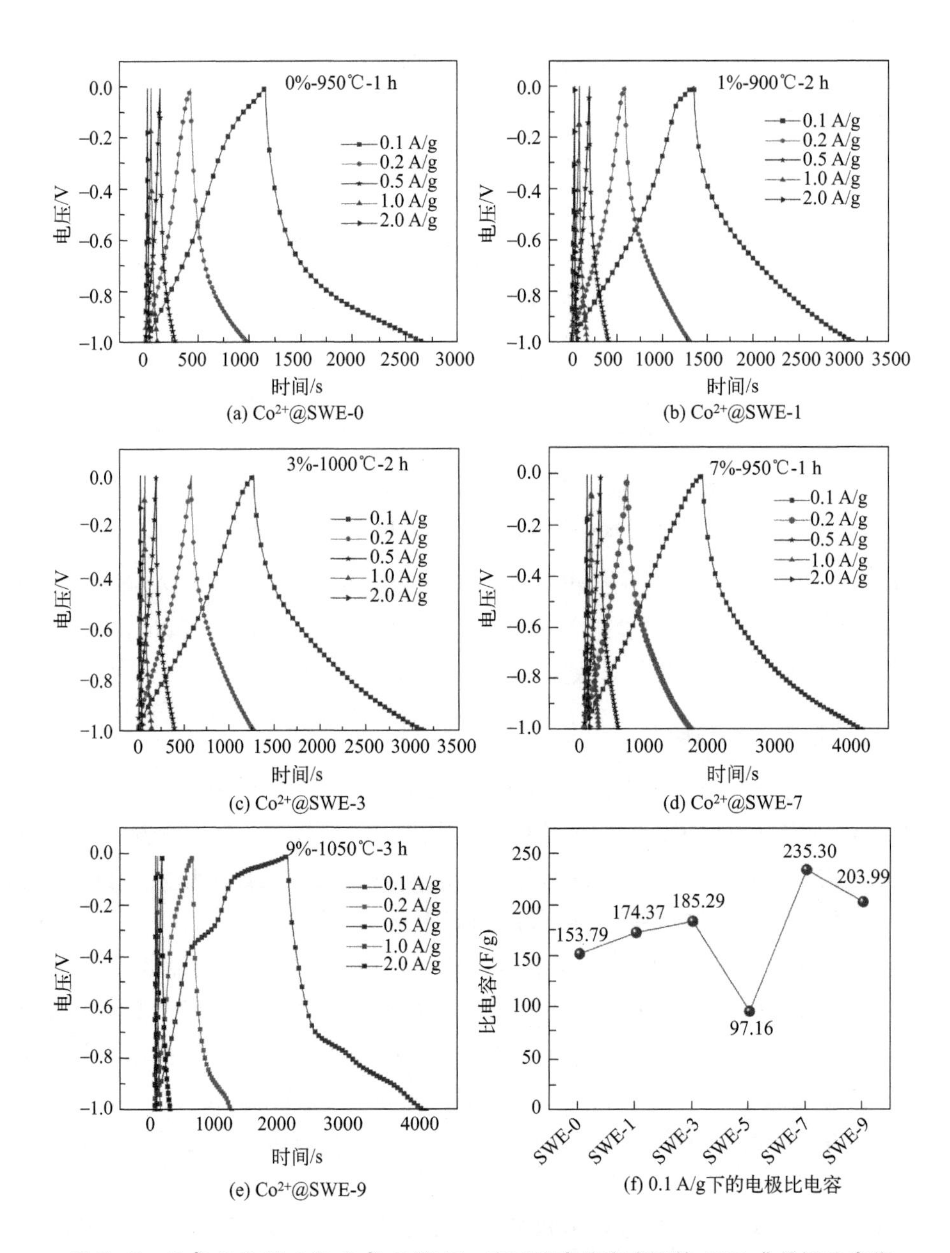

图 7-18 Co^{2+}@SWE-0 和 Co^{2+}@SWE-*x* 在不同电流密度下的 GCD 曲线及比电容

7.4.5.3 电化学阻抗

EIS 曲线可用于评价电极材料的电容特性[76-77]。图 7-19 为试件 Co^{2+}@SWE-0、Co^{2+}@SWE-3、Co^{2+}@SWE-5、Co^{2+}@SWE-7 和 Co^{2+}@SWE-9 的交流阻抗（EIS）曲线及其局部放大图。从图 7-19(a) 中可见：虽然 Co^{2+}@SWE-

7 的 EIS 曲线斜率最小、Co^{2+}@SWE-5 的最大，但总体上基本相近。从局部放大图［图 7-19(b)］中可知，上述试件的交流阻抗值分别为 2.39 Ω、2.06 Ω、2.62 Ω、1.98 Ω 和 2.01 Ω。且除 Co^{2+}@SWE-5 之外，其余试件在高频区均有与电子扩散迁移相关的半圆。其中，Co^{2+}@SWE-5（烧结温度 850 ℃）的阻抗值比未掺杂 Co 的 Co^{2+}@SWE-0（950 ℃）还要大；Co^{2+}@SWE-7（950 ℃）的最小，且 Co^{2+}@SWE-9（1050 ℃）与 Co^{2+}@SWE-7 接近。这表明掺杂 Co 可在一定程度上改善电极材料的交流阻抗值，但气相沉积温度对交联阻抗的影响甚至大于 Co 掺杂。这可以解释为：在较高的烧结温度和 Co 催化石墨化的协同作用下，基体材料中的石墨微晶会发生重排，这将降低基体材料的电阻率，改善与电解质接触界面的性能，有利于稳定电化学性能。

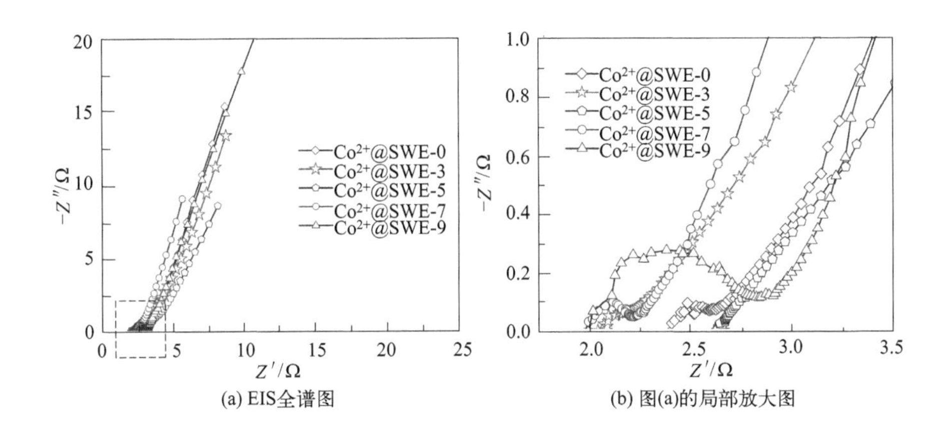

图 7-19　Co^{2+}@SWE-0 和 Co^{2+}@SWE-x 的 EIS 图和局部放大图

7.4.5.4　循环稳定性及能量与功率密度

图 7-20 展示了 Co^{2+}@SWE-7 的能量和功率密度、循环性能、不同结构电极比电容。由式(2-5) 和式(2-6) 计算得到能量与功率密度：在 0.5 A/g 的电流密度下，能量密度为 18.64 Wh/kg 时功率密度高达 249.99 W/kg，显示出较高的功率密度，与其他相关研究相比，具有一定的优势［见图 7-20(a)］[78-86]。循环性能是超级电容器电极的一个重要指标，在 2 A/g 电流密度下对 Co^{2+}@SWE-7 电极进行充放电测试，经过 5000 次循环后，其仍有 99.76％的比电容保持率［如图 7-20(b) 所示］。图 7-20(c) 是 Co^{2+}@SWE-7 和其粉末组装电极在电流密度为 0.5 A/g 条件下 GCD 曲线的对比图，从图中可见，虽然是同一种材料，但夹层结构自支撑电极 Co^{2+}@SWE-7 的比电容显然要比粉末组装电极大很多，这表明夹层结构具有更大的优势。

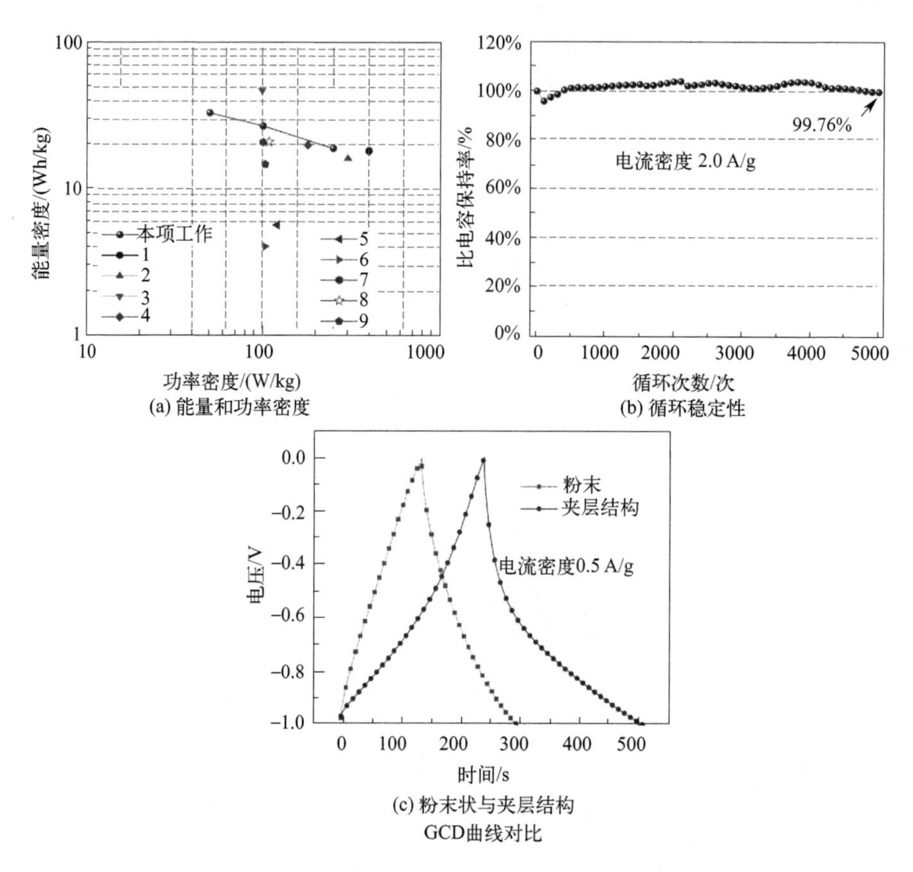

图 7-20 Co^{2+} @SWE-7 的能量和功率密度、循环性能、不同结构电极比电容

（1～9 为其他电极测量值）

7.5 本章小结

以竹薄木为外覆层、竹纤维和竹粉为芯层、PF 树脂为胶黏剂制备竹基夹层结构木材陶瓷自支撑基体，在 $(CH_3COO)_2Co$ 的催化作用下原位生长的 CNT 对结构进行修饰进而构建自支撑电极。同时，以 $(CH_3COO)_2Co$ 为催化剂与掺杂剂，制备 Co^{2+} 催化气相沉积 CNT 修饰夹层结构自支撑木材陶瓷电极。采用现代检测与分析手段对其进行表征和电化学性能测试与分析，得到以下结论：

① 以竹薄木与竹纤维制备的基体材料具有明显的夹层结构，并保留了竹材的天然孔隙特征。CNT 的修饰有助于改善自支撑电极的孔结构与表面性能，对提高有效比表面积具有积极作用。但仅采用高温烧结所生成的 CNT 数量有限。

② 采用 Co^{2+} 催化和气相沉积相结合原位生长 CNT，无论是数量还是质量均比单独采用高温烧结具有优势。通过均匀实验法得到了 CNT 原位生长的最佳工艺，在沉积温度为 950 ℃、时间为 1 h、催化剂用量为 7%时，生长在夹层结构自支撑电极表面的 CNT 呈螺旋状。与未进行原位生长的试件相比，电化学性能得到明显改善，比电容提高了 53%。

③ 夹层结构和 CNT 修饰的协同作用，使得自支撑电极具有良好的循环稳定性以及能量与功率密度，应用前景广阔。

参考文献

[1] Jella G，Panda D K，Sapkota N，et al. ACS Appl Mater Interfaces，2023，15：30039.

[2] Pandit N，Singh P，Prasad S，et al. Chem Phys Lett，2023，827：140695.

[3] Wang B Q，Gong S H，Wang X C. J Colloid Interface Sci，2023，645：154.

[4] Li Z Z，Luan Y，Hu J B，et al. Construction Building Mater，2022，331：127320.

[5] 费本华，刘嵘，刘贤淼，等．林业工程学报，2019，4：13-18.

[6] Yang X，Liu X G，Cao M，et al. J Porous Mater，2019，26：1851-1860.

[7] Luo Z Y，Wang X，Lei W X，et al. J Mater Sci Technol，2020，55：159.

[8] 孙德林，计晓琴，王张恒，等．林业工程学报，2020，5：1.

[9] Yu X C，Sun D L，Sun D B，et al. Wood Sci Technol，2012，46：23.

[10] 李淑君．东北林业大学，2001，4.

[11] Wu W T，Cai C L，Li Y Y，et al. RSC Adv，2016，6：103042.

[12] Pan J M，Cheng X N，Yan X H，et al. J Eur Ceram Soc，2013，33：575.

[13] 王于刚，史铁钧，李忠，等．应用化学，2010，27：418.

[14] Shibata K，Okabe T，Saito K，et al. J Porous Mater，1997，4：269.

[15] Riko O，Toshihiro O，Yuko N，et al. Energy Fuel，2005，19：1729.

[16] Byeon H S，Kim J M，Hwang K K，et al. J Korean Wood Sci Technol，2010，38：178.

[17] Ozao R，Nishimoto Y，Pan W P，et al. Thermochim Acta，2006，440：75.

[18] Yormann G E，Rúgolo Z E，Apóstolo N M. Flora，2020，263：151523.

[19] 韩尊强，邢健雄，余晓娟，等．林产化学与工业，2020，40：8-17.

[20] 张东升，邓丛静，王志勇，等．林产工业，2010，37：57-61.

[21] Luo Z，Wang X，Le W，et al. J Mater Sci Technol，2020，55：159.

[22] Zhang X，Hu J B，Chen X Y，et al. J Porous Mater，2019，26：1821.

[23] Wang C，Zhang S H，Zhang L，et al. J Power Sources，2019，443：227183.

[24] Tian S，Guan D C，Lu J，et al. J Power Sources，2020，488：227572.

[25] 杨静云，杨闯，李大纲．林业工程学报，2016，1：73.

[26] 孙立，阮曦金，张岁鹏，等．功能材料，2017，48：5017.

[27] Ban F Y，Jayabal S，Lim H N，et al. Ceram Int，Part A，2017，43：20.

[28] Lu X J，Dou H，Gao B，et al. Electrochim Acta 2011，56：5115.

[29] Wang G M，Yue H L，Jin R C，et al. J Electroanal Chem，2020，858：113794.

[30] Mapleback B J, Simons T J, Shekibi Y, et al. Electrochim Acta, 2020, 331: 135233.
[31] 王健，胡稳茂，王庚超．功能高分子学报，2019，32（2）：184-191.
[32] Jiang J H, Gao Q M, Xia K S, et al. Microporous Mesoporous Mater, 2008, 118: 28.
[33] Park J H, Park S J. Carbon, 2020, 158: 364.
[34] Li Z H, Li L Q, Zhu H P, et al. Mater Lett, 2016, 172: 179.
[35] Kim J I, Rhee K Y, Park S J. J Colloid Interface Sci, 2012, 377: 307.
[36] 曹元甲，张智文，王震，等．材料科学与工艺，2021，29：23.
[37] 郭冠伦，余洋洋，刘锐，等．塑料工业，2021，49：10.
[38] Jiang L, Li L, Luo S, et al. Nanoscale, 2020, 12: 14651.
[39] Wu C, Zhang S, Wu W, et al. Carbon, 2019, 150: 311.
[40] Wang J, Shen B, Lan M, et al. Catal Today, 2020, 351: 50.
[41] Sivakumar A, Dai L, Dhas S S J, et al. Diamond Related Mater, 2023, 137: 110139.
[42] Huang A, Chen J, Zhou W, et al. J Electroanal Chem, 2020, 873: 1572.
[43] 王军凯，邓先功，张海军，等．机械工程材料，2016，40：30.
[44] Kim J H, Kim Y J, Kang S C, et al. Minerals, 2023, 13: 802.
[45] Wu C, Zhang S, Wu W, et al. Carbon, 2019, 150: 311.
[46] Yang H, Mong A L, Kim D. J Membrane Sci, 2022, 15: 120349.
[47] 于跃，崔健，韩燕．天津师范大学学报（自然科学版），2021，41：8.
[48] Li Z, Ren J, Yang C, et al. J Alloy Compd, 2012, 889: 161661.
[49] Li J, Xiao R, Li M, et al. Fuel Tech, 2019, 192: 239.
[50] Dong C, Kobayashi H, Honma I. Mate Today Energy, 2022, 30: 101143.
[51] Huang J. Electrochim Acta, 2018, 281, 170.
[52] Zhang C, Yu X, Chen H, et al. J Alloy Compd, 2021, 864: 158685.
[53] Shi Z, Xing L, Liu Y, et al. Carbon, 2018, 129: 819.
[54] Zheng L, Guan L, Song J, et al. Appl Surface Sci, 2019, 480: 727.
[55] Cao M, Wang Q, Cheng W. Carbon, 2021, 179: 68.
[56] Khalafallah D, Quan X, Ouyang C, et al. Renewable Eng, 2021, 170: 60.
[57] Li L, Yu X, Sun D, et al. J Alloy Compd, 2021, 888: 161482.
[58] Gao H L, Wang Z Y, Cui C, et al. Adv Mater, 2021, 2102724: 1.
[59] Li C, Wang S, Cui Y, et al. J Colloid Interface Sci, 2022, 620: 35.
[60] Dong X, Yu Y, Jing X, et al. J Power Sources, 2021, 492: 229643.
[61] Jiang Y, Song D, Wu J, et al. ACS Nano, 2019, 13: 9100.
[62] Cao Q, Cheng Z, Dai J, et al. Small, 2022, 18: 22d04827.
[63] Wang X, Liu H, Wang Q, et al. Appl Surface Sci, 2022, 595: 153488.
[64] Song X, Jiang R, Zhang L. Appl Surface Sci, 2022, 583: 152549.
[65] Yu X, Jiang X, Zeng R, et al. J Alloys Compounds, 2023, 968, 171918.
[66] Chernyak S A, Selyaev G E, Suslova E V, et al. Kinet Catal, 2016, 57: 640.
[67] Lv J, Ma X, Bai S, et al. Int J Hydrogen Energy, 2011, 36: 8365.
[68] Liu G, Wang B, Xu L, et al. Chinese J Catal, 2018, 39: 790.
[69] Shen Y, Zhang K, Yang F, et al. Sci China Mater, 2020, 63: 1205.
[70] Mondal A A, Kretschmer K, Zhao Y, et al. Chem, 2017, 23: 3683.

[71] Li Y, Wang G, Wei T, et al. Nano Energy, 2016, 19: 165.
[72] Ma Y, Yin J, Liang H, et al. J Cleaner Prod, 2021, 279: 123786.
[73] Rupesh M T, Kumar S, Shukla A. J Power Sources, 2020, 465: 228242.
[74] Kumar A, Kumar A, Kumar A. Solid State Sci, 2020, 105: 106252.
[75] Wang K, Lv B, Wang Z, et al. Dalton Trans, 2020, 49: 411.
[76] Wang K, Li Q, Ren Z, et al. Small, 2020, 16: 1.
[77] Lin J, Liang H, Jia H, et al. Inorg Chem Frontiers, 2017, 4: 1575.
[78] Li Y, Wang G, Wei T, et al. Nano Ener, 2016, 19: 165.
[79] Suppes M G, Cameron C G, Freund M S J. Electrochem Soc, 2010, 157A: 1030.
[80] Khoh W H, Hong J D. Colloids Surf A: PhysiCochem Eng Aspects, 2014, 456: 26.
[81] He Y, Chen W, Li X, et al. ACS nano, 2013, 7: 174.
[82] Ning H, Zhao Q S, Zhang H R, et al. Sci China Chem, 2018, 48: 329.
[83] Zhang C, Peng Z, Chen Y, et al. Electrochim Acta, 2020, 347: 136246.
[84] Kumar V, Panda H S. Nanotech, 2020, 31: 1-31.
[85] Kasturi P R, Ramasamy H, Meyrick D, et al. J Colloid Interface Sci, 2019, 554: 142.
[86] Li P, Xie H, Liu Y, et al. Electrochim Acta 2020, 353: 136514.

CHAPTER 8

第8章

生物质炭基自支撑电极的催化、活化及储能机制探析

以生物质为基材的炭基自支撑电极，通过结构设计、催化石墨化、掺杂、活化等方式处理后，其电化学性能可得到有效改善。但生物质材料本身存在各向异性，加上物种之间的差异，虽然可通过结构设计进行调整，但所得到的自支撑电极结构的差异依然明显存在。而且，作为催化剂的过渡金属元素有多种，加上活化方式也不尽相同，故容易导致电极性能的变异性增加。与此同时，炭基体与CNT、Gr等本身均具有储能功能，但当其组装在一起，掺杂金属离子和杂元素时的协同作用并不明晰，这制约了其最大发挥储能效率的优势。因此，研究催化石墨化机制、活化方式，探索离子传输的距离与速率、电荷储存密度与孔隙结构、比表面积和含氧官能团等之间的关系，对揭示炭基木材陶瓷自支撑电极材料的储能机制具有重要意义。

这种储能机制具有两大特点。一是普适性，即无论基体材料与制备工艺如何变化，都能采用同一个基本原理和方法进行调整和控制，因而可以彻底摆脱寻找变换函数的困扰，便于预测和分析各种类型基材和工艺所制备木材陶瓷的基本特性。二是控制过程实现容易：对于不同性能要求的产品，只需按照由演化控制技术所设定的技术路线就能达到预期的效果，能极大地简化工艺流程、实现高效制备的目标。而明晰过渡金属元素催化石墨化机制、造孔与活化机制、电化学储能机理等将为生物质基木材陶瓷自支撑电极的制备与应用奠定坚实的基础。

8.1 过渡金属元素催化

在生物质炭基自支撑电极制备过程中，过渡金属元素一直以来都扮演着重要的角色。通常情况下可以起到催化石墨化、掺杂、促进CNT和Gr等低维炭材

料生长的作用。

8.1.1 CNT 催化生长机制

CNT 是由 sp^2 杂化的 C—C 键组成的，在力学、电学、热学、声学、光学等多方面具有优异的性能。在 CNT 的生长过程中，金属纳米颗粒起着重要的催化作用。一般来说，对于金属纳米颗粒催化生长 CNT，成核是第一个关键步骤。其可分为三个阶段，即碳原子溶解阶段、碳原子高度过饱和阶段、碳原子沉淀和 CNT 形成阶段[1-3]。

CNT 的生长方式主要有顶端生长（tip-growth）模式和底端生长（base-growth）模式。其中，顶端生长是指 CNT 生长过程中，其催化剂纳米颗粒一直保持在碳纳米管的顶端，在气流的引导下带动新生成的碳纳米管不断向前生长。由于反应气流和基体之间存在一定的温度差，因此会在垂直于基体方向产生一个热浮力，使得部分 CNT 带催化颗粒一端离开基体表面漂浮在反应气流中，在气流的带动下不断向前生长，生长机理如图 8-1 所示。底端生长模式是在碳纳米管的生长过程中，催化剂颗粒在基体上保持不动，新生成的碳纳米管在整个碳纳米管的底端。

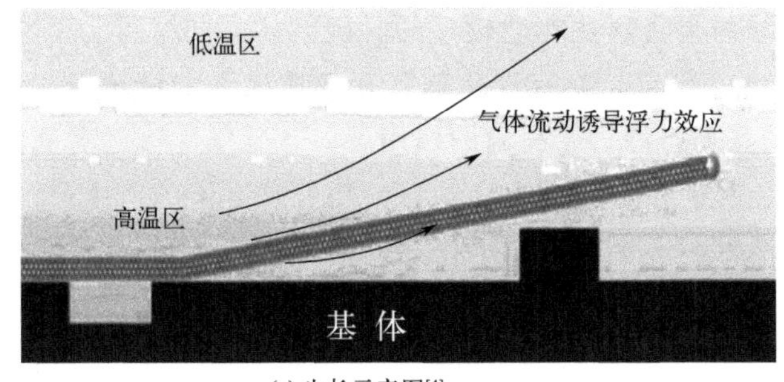

(a) 生长示意图[4]

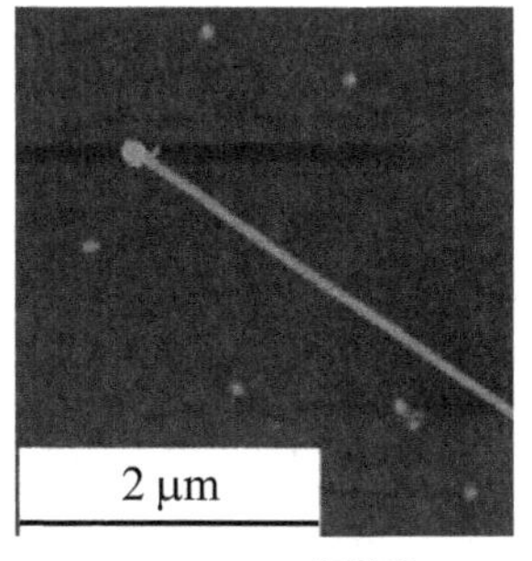

(b) AFM照片[5]

图 8-1 CNT 顶端生长机理

有研究显示[6]：使用钨基双金属合金纳米晶体作为手性特异性半导体单壁碳纳米管（SWCNT）生长的有效催化剂，单手性（12，6）SWCNT 的丰度达到 492%。这是一种基于过渡金属 W-Co 合金纳米颗粒的催化生长：钨基合金纳米颗粒具有极高的熔点，在生长过程中能够形成直径稳定且分布较窄的金属团簇。由于碳原子的不断补充，其在金属团簇表面有序堆积，并在热浮力的作用下不断生长而形成 CNT 结构，这符合底端生长模式的特征，生长机理如图 8-2 所示。

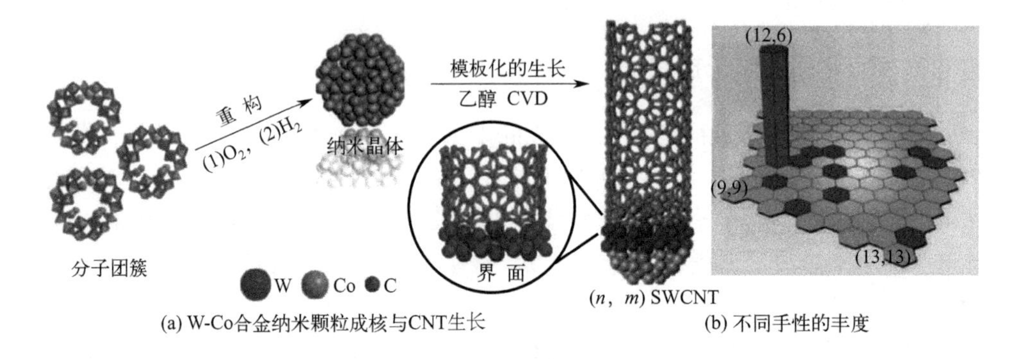

(a) W-Co合金纳米颗粒成核与CNT生长　(b) 不同手性的丰度

图 8-2　CNT 底端生长机理[4,6]

木材陶瓷在烧结过程中有机物的裂解会产生大量的 CO、H_2 等还原性气体，在有催化剂参与的情况下，生物质热解形成的无定形炭、热固性树脂所形成的玻璃炭会与部分催化剂［如 $Ni(NO_3)_2 \cdot 6H_2O$，$CoCl_2 \cdot 6H_2O$ 等］发生反应，过渡金属离子被还原成金属单质纳米颗粒，这些金属纳米颗粒则成为 CNT 生长反应过程中的催化剂。与此同时，生物质基材与热固性树脂裂解时还会产生烃类气体（C_2H_x），这些含碳气体便是 CNT 生长的碳源。木材陶瓷基体继承了生物质基材的遗态结构，层级孔隙结构丰富，在容纳较多的含碳气体的同时可为 CNT 的生长提供足够的空间[7]。由此可见，在有催化剂存在的情况下木材陶瓷的制备过程中具备了 CNT 生长的基本条件，在高温的作用下，含碳气体流经金属纳米颗粒表面时会吸附并溶解，并逐渐达到过饱和状态，随着碳原子的持续融入，过饱和状态的碳原子在金属纳米粒子表面析出并形成 CNT[8]。

图 8-3 为以 $Ni(NO_3)_2 \cdot 6H_2O$ 为催化剂制备 CNT@木材陶瓷电极时 CNT 生长的 SEM 照片。由于密闭在烧结炉中的烃类气体的流动性有限，故更多符合

(a) 底端生长　(b) 顶端生长　(c) 催化剂颗粒聚集

图 8-3　不同催化条件下 CNT 在木材陶瓷基体中的生长方式

CNT 底端模式的生长条件，生成顶端无金属纳米颗粒的 CNT，如图 8-3(a) 所示。与此同时，部分流动的含碳气体可促进顶端生长模式的进行，如图 8-3(b) 所示。值得注意的是，要尽量阻止小的催化剂颗粒聚集成为大的颗粒，尤其是顶端生长模式。图 8-3(c) 显示了 Ni 纳米颗粒聚集的情况：以枝状出现，仅有少量的 CNT 分布其间。这可通过设定合适的烧结与沉积温度来加以调控，建议烧结温度要低于催化剂金属单质的熔点，这样可减少金属单质的熔化与团聚。

8.1.2 催化石墨化与结构演变机制

8.1.2.1 催化石墨化

一般情况下，生物质材料燃烧后所得到的炭为无定形炭，若要达到石墨化的效果，需要更高的温度，甚至要达到 2200 ℃。在有催化剂的情况下，石墨化温度有所降低。

在木材陶瓷自支撑电极的石墨化过程中，添加含有 Fe、Co、Ni 等过渡金属元素的金属盐作为催化剂，可实现木质素等生物质材料在较低温度（低于 1200 ℃）下向有序的石墨化炭转化，并将金属离子掺杂到无定形炭中构成木材陶瓷基体。如以柠檬酸铁($FeC_6H_5O_7$)为催化剂时，木质素在高温条件下会形成无定形炭，并将 $FeC_6H_5O_7$ 还原成单质 Fe；Fe 在高温下性质活泼，又易与碳反应生成中间产物碳化铁（Fe_3C）。随着烧结温度升高，Fe-C 化合物的平衡会被打破，Fe_3C 进而发生分解反应[(Fe_3C ══ 3Fe+C(石墨)]，生成石墨或者易石墨化炭，其中的易石墨化炭会进一步转化为石墨与类石墨结构，而无定形炭则继续与单质 Fe 反应，重复上述过程，最终得到石墨化程度较高的木材陶瓷材料。在此过程中，碳元素最终以石墨形态和铁素体（Fe_3C）形态存在，这说明 Fe 对无定形炭具有催化作用，而且遵循碳化物转化机理[9-10]。

一般认为，无定形炭催化石墨化主要是金属单质与无定形炭之间发生反应，随即分解与析出石墨化炭，这是一个既有物理变化又有化学变化的复杂过程，并非独立的化学反应，表现有 2 种形式：一种为溶解性析出，即无定形炭与液相的金属单质形成金属-碳复合颗粒，然后碳以石墨晶体形态析出；另一种为反应性分解，即无定形炭与金属单质反应生成金属碳化物，在高温的作用下，再分解为金属单质与石墨化炭。分解后的单质再次与未转化的无定形炭反应生成碳化物，多次循环后无定形炭逐渐转化成结构较完整的石墨化炭。

Ni 属于ⅧB 族元素，其 d 壳层分别有 6～8 个电子，电子能级不会因接受碳的电子而改变，因此能溶解无定形炭，形成固溶体系，故易发生溶解再析出的催化石墨化反应。实际上，上述 2 种反应均需要金属单质。在反应过程中，无定形炭起到还原剂的作用——将催化剂[$NiCl_2 \cdot 6H_2O$、$Ni(NO_3)_2 \cdot 6H_2O$、

$C_{12}H_{10}Ni_3O_{14}$……]中的 Ni^{2+} 还原，为反应提供单质 Ni 源。但无论是哪种情况，随着反应的进行，催化和炭化反应同时发生，在单质 Ni 颗粒表面生成一定量的碳镍合金包覆结构，再与其他碳颗粒形成过饱和溶液，无定形炭不断溶解在这种过饱和的石墨共晶溶液中，使石墨晶体不断地从液相中结晶析出[11]。与此同时，部分碳镍合金转化成稳定的 Ni_3C，构成木材陶瓷基体。而生物质材料在热解过程中所形成的 H_2O、CH_4、CO_2、CO 等小分子逸出，加之材料本身的收缩等因素，故所生成的木材陶瓷自支撑基体具有较发达的孔隙结构和较好的强度。上述催化石墨化原理可由图 8-4 描述[12]。

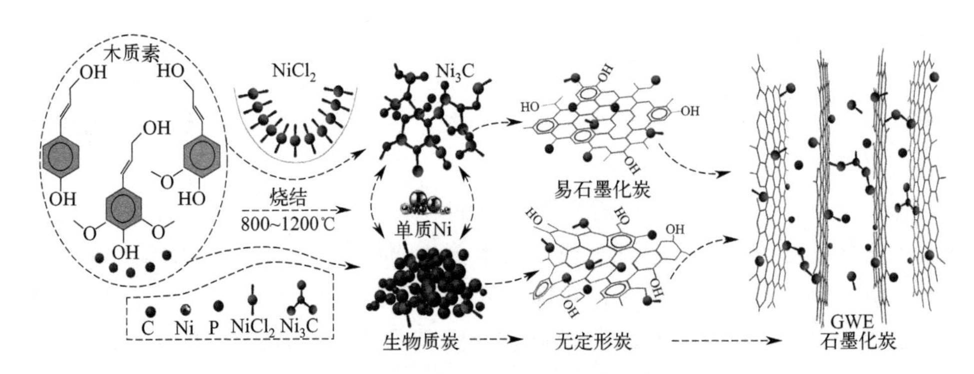

图 8-4 木材陶瓷的 Ni^{2+} 掺杂与催化石墨化机理

8.1.2.2 结构演变

高温条件下，含有催化剂的木材陶瓷自支撑基体的微晶结构将发生重排，演变过程如图 8-5 所示：在 400～700℃，木材的残余炭进入芳构化阶段，即由每个

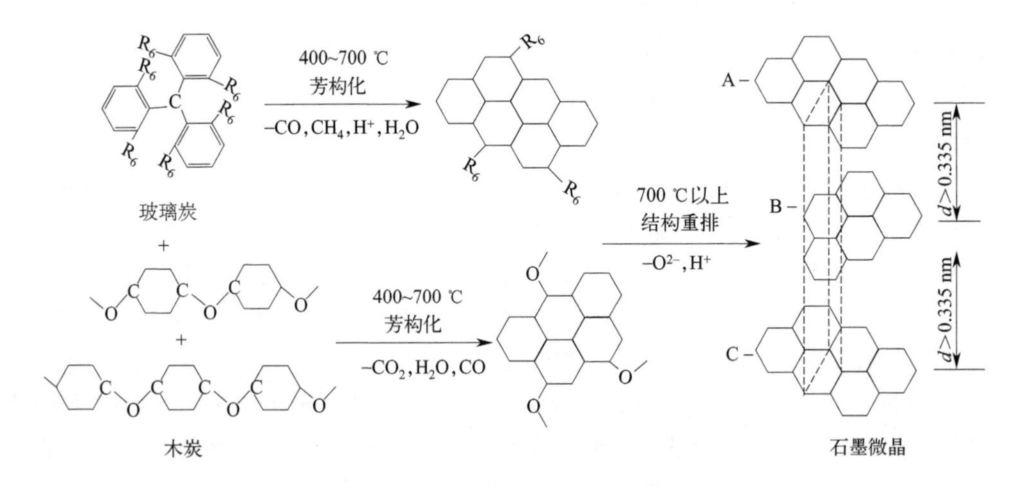

图 8-5 高温条件下木材陶瓷基体微晶结构变化过程

吡喃环经消除反应所得到的炭残余物及其他炭化中间产物进行缩合，单元晶胞重排并形成片层结构。同时，热固性树脂所形成的乙醚二苯基吡喃型结构也会发生脱氢反应。当炭化温度超过700℃后，O和H等元素被逐步脱除，形成环状碳骨架结构[13-14]。在催化剂的作用下，向片层的石墨微晶结构转变。

8.2 木材陶瓷自支撑基体造孔与活化机制

木材陶瓷基体的活化可以从原材料开始，使用酸碱对生物质基材进行预处理可达到活化的效果。同时，在基体的烧结过程中能够实现同步活化。同样地，在烧结后也能进行活化。由此可见，为了造孔和调控，可采用多种方式。在实际应用中，可以是一种方法，也可以是几种方法相结合。

8.2.1 酸碱预处理造孔与活化

8.2.1.1 酸预处理

生物质材料主要由纤维素、半纤维素和木质素组成，使用酸碱可以溶解或部分溶解，因此可在生物质基体中形成更多的孔隙。烧结后这些孔隙依然存在，故可达到造孔与活化的目的。用0.3%～1.2%的 H_2SO_4 在110～220 ℃温度下将木材处理一段时间，半纤维素被水解成单糖，且溶出率高。同时，纤维素残渣形成多孔或溶胀型结构，但稀酸脱木质素的效果不佳。

(1) H_3PO_4 活化与热解

以 H_3PO_4 为例，其在活化过程中起着脱水和酸催化的双重作用[15]。有学者[16]对磷酸浸渍木材（WP）制备活性炭的动力学进行了研究：木材原料大约在230 ℃基本完成干燥，在300 ℃左右 H_3PO_4 开始进行分解，在400 ℃时WP分解基本完成。WP热解后变成焦炭和挥发性气体，其一系列化学反应可用式(8-1)～式(8-6)来表征，具体如下：

$$\text{木材}+H_3PO_4 \longrightarrow WP+H_2O \tag{8-1}$$

$$H_2O(\text{液态}) \longrightarrow H_2O(\text{气态}) \tag{8-2}$$

$$H_3PO_4 \longrightarrow 1/2(P_2O_5+3H_2O) \tag{8-3}$$

$$P_2O_5(\text{液态}) \longrightarrow P_2O_5(\text{气态}) \tag{8-4}$$

$$WP \longrightarrow \alpha\ \text{焦炭}+(1-\alpha)\text{挥发物} \tag{8-5}$$

$$\text{焦炭} \longrightarrow \text{挥发性气体} \tag{8-6}$$

式中，α 为转化率。在前期活化处理中，可调控 H_3PO_4 的浓度、处理时间和温度来构筑孔隙结构。

（2）H_3PO_4 活化与芳构化机制

在 H_3PO_4 对木材活化的过程中，其活化与芳构化机制主要体现在以下几个方面。

① 润胀作用　在低于 200 ℃的温度下，H_3PO_4 的电离作用能使纤维素发生润胀。随着温度升高，高浓度的 H_3PO_4 可与糖类分子发生交联反应。同时伴随着水解和氧化反应，使木材逐渐解聚。这是因为 H_3PO_4 拥有 3 个羟基，可与高聚糖及其降解产物中的羟基缩合形成磷酸酯键，基本原理可用图 8-6 来描述[17]。

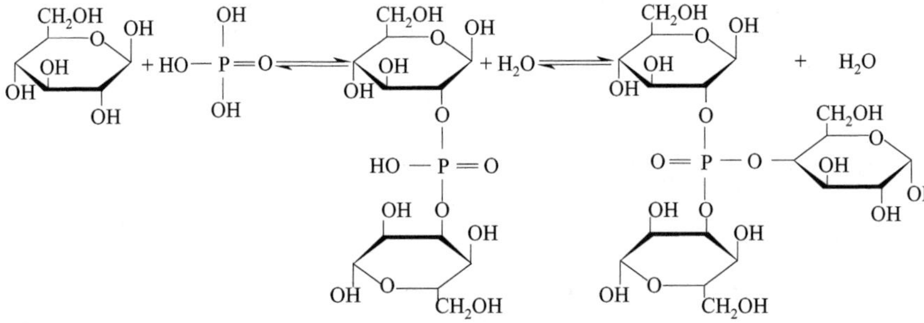

图 8-6　H_3PO_4 与糖类分子的交联反应

对纤维素的润胀度主要取决于 H_3PO_4 溶液的浓度、温度和时间，并随着浓度、温度的增加和时间延长，润胀度增加，直至溶解。

② 改变炭化反应过程　采用 H_3PO_4 活化后的木材，炭化时的物理与化学变化与未处理木材有所不同。由于 H_3PO_4 的脱水对有机物的羟基具有消除作用，炭化过程中的 H 和 O 以 H_2O 分子的形式脱除，而不是按通常的热反应形成诸如酸、醚、酚类等含碳有机挥发物，这样可提高炭得率，减少焦油产生。

③ 加速活化进程　由于木材的多孔性和 H_3PO_4 对纤维素的润胀作用，其可渗透到木材内部，这样在炭化过程中受热更加均匀而不会发生局部过热。同时，相比 H_3PO_4 的热导率，常用的烟道气、空气或水蒸气作为载热体的热导率要低很多。因此，一般磷酸活化法的活化时间为 0.5～4 h 左右。

④ 氧化与芳构化　H_3PO_4 的强氧化性可侵蚀炭基体，对已形成的炭进一步氧化、造孔。紫外吸收光谱分析显示，H_3PO_4 浸渍后木材的抽提物主要由葡萄糖、戊醛糖、糖醛酸和糠醛等一些分子量约为 160～240 的物质组成，这些物质可在 150 ℃以上被炭化成炭。由此可见，H_3PO_4 溶液可将木材水解并降解为低分子量的中间产物，这些中间产物通过催化脱水而缩合成缩醛，在高温下可进一步芳构化形成凝缩类炭，并可在适当温度下进一步形成类石墨的乱层微晶结构。

由此可见，H_3PO_4 催化生物质纤维原料热解芳构化反应是由于磷酸催化脱水所引起的，其基本原理如图 8-7 所示[18]。

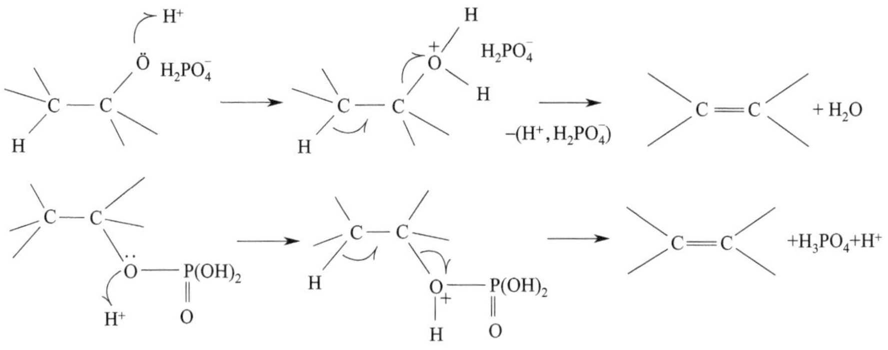

图 8-7 H_3PO_4 催化有机分子脱水反应

图 8-8 为 H_3PO_4 预处理前后杨木及其木材陶瓷自支撑基体的 SEM 照片，从图 8-8(a) 中可见，未经 H_3PO_4 预处理的杨木导管壁上的纹孔膜大部分是封闭的，而处理之后则被打通而形成穿孔［图 8-8(b)］。图 8-8(c) 为处理杨木的局部放大图，箭头所指为 H_3PO_4 预处理后留下的微裂纹，这样便在木材基体中形成了更多的孔隙。图 8-8(d) 为 H_3PO_3 预处理杨木基木材陶瓷自支撑基体的 SEM 照片，部分孔隙被热固性树脂所形成的玻璃炭填充，但同时也形成了更多的微孔。

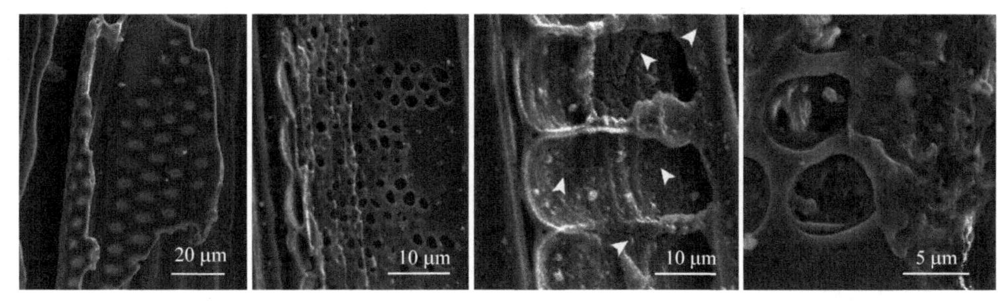

(a) 杨木素材　(b) H_3PO_4处理后留下的孔隙　(c) H_3PO_3处理后留下的裂纹　(d) H_3PO_3处理后杨木基木材陶瓷自支撑基体的孔隙结构

图 8-8 H_3PO_4 预处理前后杨木及其木材陶瓷自支撑基体的 SEM 照片

8.2.1.2 碱预处理

在碱预处理过程中，常用的碱主要有氨水、$Ca(OH)_2$、NaOH、KOH 和碱性 H_2O_2 等，其基本原理是木质素可以溶解于碱性溶液中，同时 OH^- 能够削弱纤维素和半纤维素之间的氢键及木聚糖半纤维素和其他组分内部分子之间酯键的皂化作用。随着木质素的溶出，酯键减少、纤维素的结晶度降低、生物质材料的孔隙率增加。

氨水与木质素的反应之一是木质素中的C—O—C键以及木质素-碳水化合物复合物（LCC）中的醚和酯键的裂解。有研究表明[19]，采用15%氨水循环浸泡玉米秸秆，近红外光谱分析测定发现可以高效去除70%～85%的木质素，溶解40%～60%的半纤维素，而纤维素组分保留完整。经过氨水循环处理后，微原纤维从最初的连接结构中分离出来，充分暴露，从而增加了外表面积和孔隙率。手工触摸，发现处理后的试样比未处理的柔软很多。SEM分析显示，玉米秸秆经氨水处理后纤维素暴露、孔隙增加，如图8-9所示。

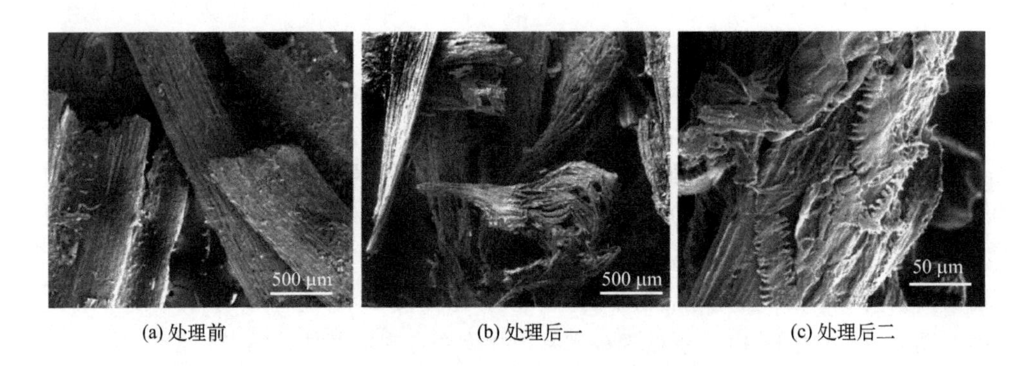

(a) 处理前　(b) 处理后一　(c) 处理后二

图 8-9　15%氨水处理前后玉米秸秆的SEM照片[19]

实际上，在木材陶瓷基体的制备过程中，不需要将木质素全部脱除，可根据需要部分溶出木质素即可形成较多的孔隙结构。同时，升高处理碱液的温度也可以加快木质素的溶出。

8.2.2　碱烧结活化

木材陶瓷属于炭基材料，常见的KOH、NaOH、Na_2CO_3等强碱与弱碱均可以作为活化剂[20-21]，可在不同的温度条件下对木材陶瓷基体刻蚀而形成孔隙，其活化机制主要表现为以下几种。

8.2.2.1　KOH活化

KOH的烧结活化可分为3个阶段：

① 低温阶段，即温度为400～600 ℃，KOH可与木材陶瓷基体上的C发生氧化-还原反应生成K_2CO_3、K_2O和H_2，其中的K_2O会对木材陶瓷基体刻蚀而形成微孔。

② 中温阶段，随着活化温度的升高，反应加剧，当温度在700 ℃左右，低

温阶段所生成的 K_2CO_3 将分解产生 K_2O 和 CO_2。与此同时，残留的 KOH 则与 CO_2 反应生成 H_2O，而水蒸气协同 CO_2 进一步对木材陶瓷进行物理活化。

③ 高温阶段，当活化温度达到 800 ℃左右，K_2CO_3 被还原成单质态的 K 并汽化成蒸气，而 K 蒸气具有极高的活性，会扩散到炭层中并在石墨微晶与片层间渗透，使其发生扭曲变形，进而促进炭层膨胀、剥离形成新的孔结构，故在此过程中能形成多层级的孔隙结构。

上述过程循环进行，最终在木材陶瓷基体中形成大量的介孔、微孔与超微孔[22-23]，达到活化的目的，其反应式如式(8-7)～式(8-11) 所示：

$$4KOH(s)+C(s) \longrightarrow K_2O(s)+K_2CO_3(s)+2H_2(g) \tag{8-7}$$

$$K_2CO_3(s) \longrightarrow K_2O(s)+CO_2(g) \tag{8-8}$$

$$2KOH(s)+CO_2(s) \longrightarrow K_2CO_3(s)+H_2O(g) \tag{8-9}$$

$$K_2O(s)+CO_2(g) \longrightarrow K_2CO_3(s) \tag{8-10}$$

$$2K_2CO_3(s)+C(s) \longrightarrow 4K(g)+3CO_2(g) \tag{8-11}$$

8.2.2.2 Na_2CO_3 活化

Na_2CO_3 在木材陶瓷基体烧结活化中扮演着双重角色：既作为模板又可作为活化剂。当烧结温度低于 850 ℃时，Na_2CO_3 作为硬模板，基体中的孔隙大小几乎和 Na_2CO_3 的大小一样。当温度高于 850 ℃时，Na_2CO_3 分解为 Na_2O 和 CO_2，并与有机物热解所产生的水蒸气发生协同作用，Na_2O 刻蚀炭并形成微孔，部分 Na_2O 被还原成 Na 蒸气。同时，Na 蒸气具有很高的活性，可以扩散到炭层，并渗透到石墨晶体和片层之间。这种扩散将炭层膨胀、剥离形成新的气孔。因此可在基体中形成大量的中孔、微孔和纳米孔[24]，其反应式见式(8-12)～式(8-15)：

$$Na_2CO_3(s)+2C(s) \longrightarrow 2Na(s)+3CO(g) \tag{8-12}$$

$$Na_2CO_3(s) \longrightarrow Na_2O(g)+CO_2(g) \tag{8-13}$$

$$CO_2(g)+C(s) \longrightarrow 2CO(g) \tag{8-14}$$

$$Na_2O(g)+C(s) \longrightarrow 2Na(g)+CO(g) \tag{8-15}$$

8.2.3 水热活化

8.2.3.1 高温水蒸气活化

利用高温水蒸气对炭基体进行活化，该反应是吸热反应，需要在 800 ℃以上才能进行。当水蒸气与高温炭基体接触之后随即分解释放出氢气。同时，吸附的氧以 CO 和 CO_2 的形式从炭表面脱离。活化反应方程式见式(8-16)和式(8-17)：

$$C+H_2O \longrightarrow H_2+CO \quad -129.77kJ \tag{8-16}$$

$$C+2H_2O \longrightarrow 2H_2+CO_2 \tag{8-17}$$

一般认为在这个过程中 H_2 会有一定的妨碍作用，但 CO 不影响反应进行，这可能是因为生成的 H_2 被炭吸附，堵塞了其中的活性位点。同时，生成的 CO 与炭表面上的 O 发生反应变成 CO_2，见式(8-18)。此外吸附在炭表面上的水蒸气可按式(8-19) 进一步发生反应：

$$CO+O \longrightarrow CO_2 \tag{8-18}$$

$$CO+H_2O \longrightarrow CO_2+H_2 \tag{8-19}$$

活化的速度取决于气体扩散和化学反应中最慢的那个速度。其中一氧化碳与水蒸气的反应速率 r 如式(8-20) 表示：

$$r=\frac{k_1 p_{H_2O}}{1+k_2 p_{H_2}+k_3 p_{H_2}} \tag{8-20}$$

式中，p 为气体分压（大气压）；k 是由实验得到的常数。目前已知炭基材料中所含的金属元素对该反应有较为明显的催化作用，使得反应速率明显加快。

现有研究表明，活化温度在 900 ℃以上时，水蒸气在炭基体中扩散速率的影响开始变得显著，不均匀的扩散速率使得活化反应在基体中的均匀性受到影响。但在一定范围内，当活化温度较低时有利于水蒸气在孔隙中的充分扩散，这样对整个基体的活化相对是均匀的。

8.2.3.2 高压水热活化

高压水蒸气活化一般在水热反应釜中进行，这是在一定温度、压力条件下采用水溶液作为反应体系，利用高温高压的水溶液和蒸汽对炭基体进行刻蚀。在用水蒸气对炭化的中间产物进行活化时，首先是碳微晶结构以外的无定形炭与活化气体反应并以气体形式脱离，使微晶表面逐渐暴露，然后才是微晶发生活化反应，但活化反应的速率在与碳网平面平行的方向大于垂直碳网平面的方向。有观点认为，在碳微晶边角和有缺陷位置上的碳原子的化学性质更为活泼，往往更易于被活化，这些碳原子即构成所谓的“活性位点”。这些“活性位点”与活化剂反应后部分以 CO 和 CO_2 等形式逸出，使新的不饱和碳原子又暴露出来继续参与反应，因此微晶外表面碳元素的脱离与微晶的不均匀气化反应共同形成了新的孔隙结构。

在此过程中，部分孔隙被扩大，同时相邻微孔之间的孔壁被高压蒸汽破坏使得微孔合并而形成中大孔。随着活化时间的延长而进入造孔阶段，尽管会有新的微孔不断产生，但扩孔效应影响更大，因此中大孔数目越来越多而导致比表面积及微孔体积仍会逐渐减小。从这种活化方式来看，孔隙结构的变化主要是物理效应所引起的，与气化损失率关联性不大，因此质量损失也会相对较小。

此外，在使用水热活化时，可以适量加入酸，这样可以去除自支撑电极炭基体中的碱金属离子、重金属离子和其他有机物质，起到净化的作用。同时，酸的处理还会增加炭基体表面的酸性羟基和中性氢基，从而改善自支撑电极基体的可湿性和表面性能。

8.3 电化学储能机制探析

无论是利用生物质材料粉末制备成的三维网络结构自支撑基体、实木制成的遗态基体，还是以片状材料构建的叠层结构自支撑基体，均在一定程度上保存了生物质材料多层级孔隙结构，其本身就具有电化学储能的功能。通过后期对自支撑基体的活化、掺杂、负载等的调控与功能化，可进一步提升其电化学性能。借助电化学与储能的基本原理、基于木材陶瓷基体材料所保持的生物质天然孔隙的结构特点、厘清不同结构的储能机制，对深入开展生物质材料自支撑电极的研究具有重要意义。

8.3.1 基于实木遗态结构的电化学储能

8.3.1.1 储能机理分析

实木基材烧结后能够完整地保留其原有的天然孔隙（遗态）结构特征。以杨木实木基木材为基材，浸渍碱性木质素溶液和含 Ni 离子的催化剂，在催化剂的作用下，木质素烧结后会在孔内壁形成大量的多层石墨烯和碳纳米片，加之杨木导管壁上存在大量的筛孔，这些筛孔可作为横向通道将平行的导管连接而成为三维网络结构。因此，所制备的木材陶瓷自支撑电极基体中存在大量纵横交错的孔隙，拥有巨大的比表面积，这些孔隙便成了电子与离子的聚集场所。与此同时，电极中的含氧基团对电子和离子具有一定的吸附作用，可增加存储效率。在充放电过程中，两个电极之间会产生电场，而电子与离子在电场的作用下通过筛孔和部分微孔在宏孔之间实现传递与聚集。由于电性相反电荷之间的相互吸引，电解液中带电离子扩散穿过隔膜进入带相反电荷的电极孔中。因此，电极表面形成了一个带电的双电层，进而实现化学储能的目标。加之沉积在导管内壁的石墨烯与碳纳米片所产生的间隙能为电子与离子的移动提供更多的通道，故具有较好的储能效果。

同时，在自支撑基体中主要由导管所形成的宏孔直径较大，且相互平行，这种特殊结构均能够增加电解质在反应位点的可达性，电子与离子可快速聚集在孔隙的内表面，促进整个充电和储存过程的高效渗透，进而实现提高能量密度的目标。

8.3.1.2 模型构建

杨木基材中存在大量的导管（烧结后部分形成木材陶瓷电极的大孔），根据自支撑木材陶瓷电极的制备方法并结合当前的研究成果，可将实木基木材陶瓷自支撑基体视为由多个圆管构成，以此为背景构建结构单元与等效电路模型，如图8-10所示。以其中的一个导管（简化为圆管）为单元，当电解质浸入孔隙之后，导管便成为了电子与离子传输的通道，其简化的结构单元如图8-10(a)所示，根据相关研究成果，其储能等效电路模型可简化为如图8-10(b)所示[25]。

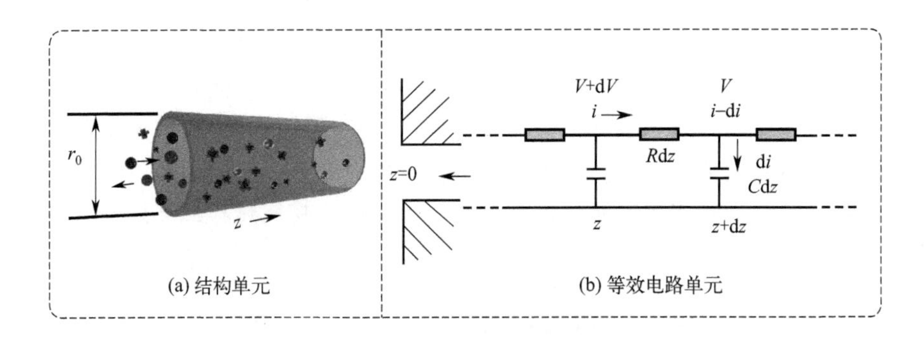

图 8-10　基体材料结构单元与等效电路单位

假设圆管长度为 z、内径为 r_0，dz 是圆孔等效电路的一部分，设电解质的电阻为 R，且电解质浸入后所形成双电层电容 C 沿孔长度方向均匀分布，充放电过程中的电压与电流分别为 V 和 i。故可以将理想的孔等效表示为均匀的传输线，加之高温烧结后木材陶瓷自支撑骨架的电阻非常小（假设电极本身的电阻忽略不计），则沿孔方向及充电时间 t 条件下的函数 V 和 i 满足以下模型［式(8-21)和式(8-22)］，即：

$$\frac{\partial^2 i}{\partial z^2}-RC\frac{\partial i}{\partial t}=0 \tag{8-21}$$

$$\frac{\partial^2 V}{\partial z^2}-RC\frac{\partial V}{\partial t}=0 \tag{8-22}$$

在直流情况下，$i(z, 0)=i(\infty, t)=0$；$i(0, t)=E\sin\omega t$

利用拉普拉斯变换求解得到在恒电势（E）条件下孔中任意位置 z 和时间 t 对电流 i 的方程［式(8-23)和式(8-24)］：

$$i(z,t)=\frac{1}{R}\frac{\partial V}{\partial z}=E\sqrt{\frac{C}{R\pi t}}\exp(-\tau/t) \tag{8-23}$$

对于单孔孔端的电流 $i(0, t)$ 为：

$$i(0,t)=E\sqrt{\frac{C}{R\pi t}} \tag{8-24}$$

在本实验条件下，理想电极的孔为纵向平行排列，即视为并联，故得到包含 n 个纵向平行孔电极的理想电流方程：

$$\sum i(z,t)=nE\sqrt{\frac{C}{R\pi t}}\exp(-\tau/t) \tag{8-25}$$

当 $z=0$ 时，即得到电极表面电流方程：

$$\sum i(0,t)=nE\sqrt{\frac{C}{R\pi t}} \tag{8-26}$$

从式(8-26) 中可知，在本实验条件下，电极的性能与其纵向平行排列孔的数量呈线性关系。

将具有上述结构单元的电极材料组装成超级电容器，其结构模型如图 8-11 所示[26]：超级电容器由 2 片实木基木材陶瓷负载活性物质组装而成，自支撑基体材料中存在许多由平行孔隙所组成的结构单元，这些结构单元不仅可以增加电解液在反应位点的可达性，促进整个充电和存储过程的有效渗透，而且这些结构单元相互平行而形成并联结构，因此可以大幅度增加能量密度，进而提升超级电容器的性能。

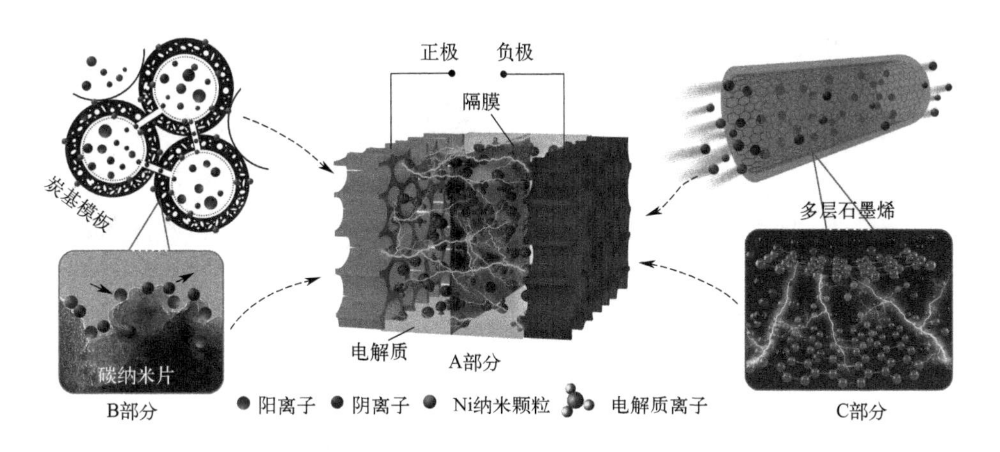

图 8-11　双电层电容器结构模型及电子贮存与传输

8.3.2　基于夹层结构的电化学储能

8.3.2.1　夹层结构

以竹材的旋切薄木为外覆层、松针为芯层组装成夹层结构基材，同时以 Co^{2+} 作为催化剂，高温烧结后得到夹层结构木材陶瓷自支撑电极。由于外覆层竹薄木烧结后保留了天然的平行孔道，同时孔道壁上存在一定数量的筛孔，可成为电解质平行流动的通道。在 Co^{2+} 的催化作用下，夹层结构木材陶瓷被部分石墨化，这可使得电子传导率得到进一步提高。同时，芯层中的松针不仅有着与碳纳米管类似的纵向结构，还拥有更多的横向穿孔。这可供更多粒子穿梭，也可提供更多的活性位点。

由此可见，以松针为芯层、薄木为外覆层的薄木/松针夹层结构自支撑木材陶瓷电极可视为拥有众多活性位点的三维网络体系，其结构模型及储能机理如图 8-12 所示[27]。图 8-12 中 A 部分为用夹层结构木材陶瓷自支撑电极所组装的简易对称双电层电容器模型图：在充放电过程中，两个夹层结构木材陶瓷电极之间会产生电场，在电场的作用下，离子可在各级孔隙结构之间进行传递与聚集。图 8-12 中 B 部分为夹层结构的局部放大图：芯层中松针的中空结构为电解质提供了传输通道和活性位点，热固性树脂形成的碳纳米片也可收集并存储离子，多个结构相互协同，进而实现提高电化学性能的目标。由于电荷间的异性相吸原则，电极表面会形成带电的双电层，进而形成大能量的聚集与释放，最终实现高效储能。

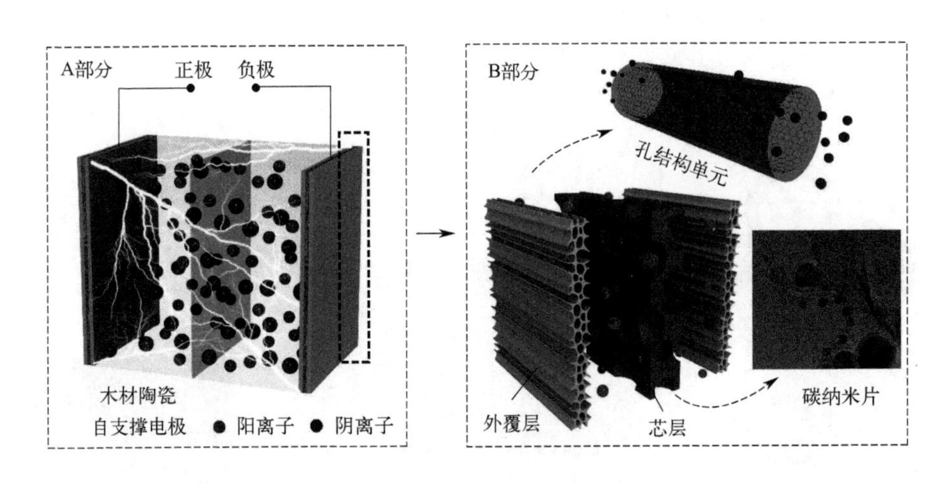

图 8-12 竹基夹层结构自支撑电极组装超级电容器简易结构模型

8.3.2.2 夹层结构储能原理

图 8-13 描述了 Co 掺杂 CNT 修饰竹基夹层结构木材陶瓷自支撑电极的储能原理。竹纤维在前期 Na_2CO_3 处理时表面会留下一些粗糙结构，由于 Co 纳米颗粒的催化作用，在改善石墨化程度的同时还会生长出 CNT，这不仅能够提高基体的导电性，更重要的是可增加更多的活性位点［图 8-13(a)］，为电子与离子提供存储与传输的场所。

同时，由竹薄木与竹纤维等所构成的夹层结构可视为一个充放电结构单元［图 8-13(b)］。在电场的作用下，电性相反的电荷相互吸引并在夹层结构中形成带电的双电层，加之芯层多层级孔隙结构非常发达且相互贯通，使得电子与离子可在孔隙之间高速传递、聚集与释放。因此，CNT 和夹层结构的协同作用可有效实现电荷的物理吸附、离子高度可逆的化学吸附/脱附、氧化还原反应以获取高能量密度。

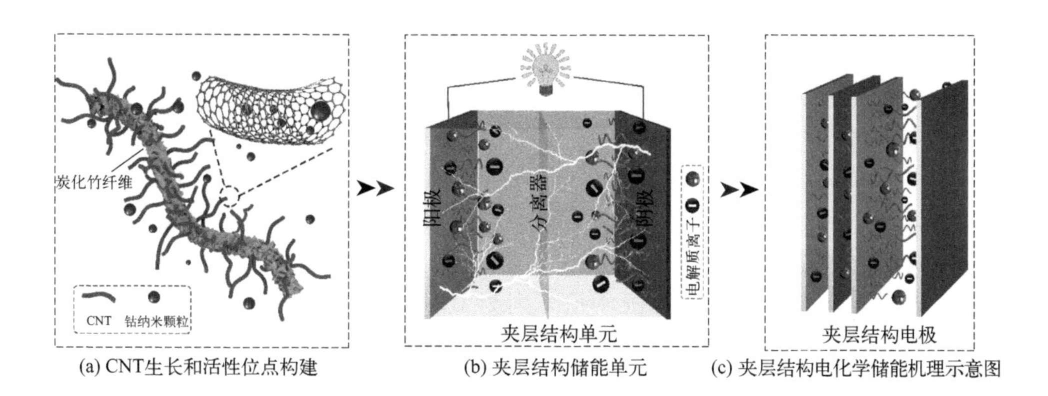

(a) CNT生长和活性位点构建 (b) 夹层结构储能单元 (c) 夹层结构电化学储能机理示意图

图 8-13 电化学储能机理示意图

电荷的总存储量包括电解质离子插入过程中的法拉第贡献、电极表面电荷转移过程中的赝电容以及双电层的非法拉第贡献[28]。

根据 Bard 和 John[28-29] 的研究，其传输电流（i）遵循式(8-27)：

$$i=av^b \tag{8-27}$$

式中，v 为扫描速率；a 和 b 为可调参数，b 通过 $\lg(v)-\lg(i)$图的斜率来确定，可设置 2 个边界条件——0.5 和 1.0。

当 $b_1=0.5$ 时，表示纯扩散控制行为，电流 i 满足式(8-28)[30-31]：

$$i_1=nFAC^*D^{1/2}v^{1/2}(\alpha nF/RT)^{1/2}\pi^{1/2}f(bt) \tag{8-28}$$

当 $b_2=1.0$ 时，电流 i 满足式(8-29)：

$$i_2=vC_dA \tag{8-29}$$

式中 n——参与氧化还原反应的电子数；
F——法拉第常数；
A——电极材料的表面积；
C^*——电极材料表面的电解质浓度；
D——电化学扩散系数；
α——转移系数；
R——气体摩尔常数；
$f(bt)$——完全不可逆系统的归一化电流。

当多个夹层结构单元叠加时，在自支撑电极内部可实现等效串联［图 8-13(c)］，总电流 I 满足式(8-30)：

$$I=n\times\eta\times i_{(1,2)} \tag{8-30}$$

式中 n——夹层结构单元数量；

η —效率系数；

$i_{(1,2)}$ ——边界条件 b_1 和 b_2 的传输电流。

由于片状的外覆层结构将芯层包覆，这在缩减储能器件体积的同时可在快速充放电循环中防止芯层材料脱落，进而达到延长使用寿命的目的。由此可见，由竹薄木与竹纤维所组成的夹层结构具有实现高效储能的潜力。

从扩散的角度来说，结构单元中的外覆层与芯层材料不同，在孔隙结构上存在差异，形成了类似于非对称型电容器，这样导致了在充放电过程中电解质的扩散速度不同而形成浓度差。

设结构单元外覆层和芯层的体积分别为 V_1 和 V_2，层间的平均距离为 $\mathrm{d}x$，通过外覆层 V_1 的扩散电解质粒子浓度为 c，则通过芯层 V_2 的扩散粒子浓度 c'可以用式(8-31) 表示：

$$c'=c+\frac{\mathrm{d}c}{\mathrm{d}x}\mathrm{d}x \tag{8-31}$$

根据菲克第一定律，单位时间流过外覆层 V_1 和流出芯层 V_2 的扩散流量可分别用式(8-32) 和式(8-33) 描述：

$$J_1=-D\frac{\mathrm{d}c}{\mathrm{d}x} \tag{8-32}$$

$$J_2=-D\frac{\mathrm{d}c}{\mathrm{d}x}\left(c+\frac{\mathrm{d}c}{\mathrm{d}x}\mathrm{d}x\right) \tag{8-33}$$

式中 J_1——流过 V_1 的扩散流量；

J_2——流过 V_2 的扩散流量；

D——扩散系数。

由于外覆层和芯层的结构不同，导致扩散流量也不相同，扩散流量之差就是单位时间内在相距 $\mathrm{d}x$ 的外覆层 V_1 和芯层 V_2 之间所积累的扩散电解质粒子的物质的量（M_c），于是得到式(8-34)：

$$M_c=J_1-J_2=D\frac{\mathrm{d}^2c}{\mathrm{d}x^2}\mathrm{d}x \tag{8-34}$$

设单个粒子所带电荷为 q，则结构单元中的电位差 E 可由式(8-35) 表示：

$$E=q\times M_c=q\times D\frac{\mathrm{d}^2c}{\mathrm{d}x^2}\mathrm{d}x \tag{8-35}$$

由于有电位差的存在，便可实现电化学能的存储。从式(8-35) 中可见，电位差与电解质所带电荷和扩散系数相关。因此，可通过调节电解质的浓度、调控单元基体材料（外覆层和芯层）的孔隙结构等来改善夹层结构木材陶瓷的电化学性能。

8.4 本章小结

电极的催化、活化与储能机理涉及的范围较广。本章在前期研究的基础上，以炭基木材陶瓷为对象，对不同催化方式、活化机制、不同结构木材陶瓷自支撑电极的电化学储能机制进行分析，旨在能对炭基木材陶瓷的制备与广泛应用提供一定的支撑。主要结论有：

① CNT 原位生长方面，在烧结过程中，作为基体材料的有机物会裂解产生 CO、H_2 等还原性气体以及可作为 CNT 生长碳源的烃类气体（C_2H_x）。当还原性气体与烃类气体流经催化剂表面时会吸附与溶解，并逐渐达到过饱和状态。随着烃类气体的持续融入，过饱和状态的碳原子会在催化剂表面析出并形成 CNT。

② 生物质炭催化石墨化方面，使用含有 Fe、Co、Ni 等过渡金属元素的金属盐作为催化剂，在较高温度（900～1200 ℃）条件下，生物质炭会将过渡金属盐还原成单质，并进一步与炭反应生成过渡金属碳化物而对基体起到增强作用。随着烧结时间的延长，过渡金属碳化物继而发生分解反应析出石墨或者易石墨化炭，从而实现生物质炭的低温石墨化。

③ 炭质基体的活化与造孔方面，酸碱预处理和高温水热活化均可以在炭质基体上生成新的孔隙结构。使用酸碱预处理时，酸和碱均可降解生物质基材，破坏原有结构，这样可在基体材料中留下新的孔隙与裂纹。而炭质基体在高温高压水蒸气的作用下会对基体进行刻蚀，形成新的孔隙与活性位点。

④ 电化学储能方面，由于芯层材料中的生物质炭基体中的含氧基团可作为活性位点，其对电子和离子具有一定的吸附作用。在复合的夹层结构中，电性相反的电荷相互吸引并在夹层结构中形成带电的双电层，加之芯层诸多层级孔隙的配合，使得电子与离子可在孔隙之间高速传递、聚集与释放。因此，可协同实现高能量与功率密度。

参考文献

[1] Ding F，Kim B，Rosen A. J Phys Chem B，2004，108：17369.

[2] Shibuta Y，Maruyama S. Chem Phys Lett，2003，382：38.

[3] Raty J Y，Gygi F，Galli G. Phys Rev Lett，2005，95：096103.

[4] Huang S M，Woodson M，Smalley R. Nano Lett，2004，4：1025.

[5] Zhang R，Zhang Y，We F. Chem Soc Rev，2017，46：3661.

[6] Yang F，Wang X. Nature，2014，510：522.

[7] Ōya A，Mochizuki M，Ōtani S，et al. Carbon，1979，17（1）：71.

[8] Chen C，Jiang J C，Sun K，et al. Chem Ind Forest Prod，2017，37（4）：30.

[9] Cao H，Li K，Zhang H. Minerals，2023，13：749.

[10] Ma X，Yuan C，Liu X. Mater，2013，7：75.

[11] Chen C，Jiang J C，Sun K，et al. Chem Ind For Prod，2017，37：30.

[12] Sun D，Yu X，Ji X，et al. J Alloys Comp，2019，805：327.

[13] Zhou D F，Xie H M，Zhao Y L，et al. J Funct Mater，2005，36：83.

[14] Sun D L, Hao X F, Chen X Y, et al. Wood Fiber Sci, 2015, 47: 171.

[15] 胡淑宜，黄碧中，林启模．林产化学与工业，1998，18：53.

[16] Nakagawa Y, Molina-Sabio M, Rodríguez-Reinoso F. Microporous Mesoporous Mater, 2007, 103 (1/3): 29.

[17] 左宋林．林产化学与工业. 2017，37：1.

[18] Benaddi H, Legras D, Rouzaud J N, et al. Carbon, 1998, 36: 306.

[19] Kim T H, Kim J S, Sunwoo C, et al. Bioresource Tech 2003, 90: 39.

[20] Li D, Zhou J, Wang Y, et al. Fuel, 2019, 238: 232.

[21] Ponomarev N P, Kallioinen M. Nanotechnol, 2021, 32: 085605.

[22] Zheng L, Wang H, Wang X, et al. J Wood Chem Tech, 2023, 43: 78.

[23] 郭子民，刘杰，张向蒙，等．化学推进剂与高分子材料，2017，152：65.

[24] Ye J L, Zhu Y W. J Electrochem 2017, 23: 548.

[25] Yu X, Sun D, Ji X, et al. J Mater Sci, 2020, 55: 7760.

[26] Yu X, Sun D, Ji X, et al. J Mater Sci, 2020, 55: 7760.

[27] Li L, Yu X, Sun D, et al. J Alloys Comp, 2021, 888, 161482.

[28] Liu X, Peng H, Huang J, et al. Energy Storage Sci Tech, 2013, 5: 433.

[29] Wang J, Polleux J, Lim J, et al. J Phys Chem C, 2007, 111 (40): 14925.

[30] Bard A J, Faulkner L R. Electrochem Method: Fundamentals Appl. John Wiley & Sons, New York: 1980.

[31] Yu X, Jiang X, Zeng R, et al. J Alloys Compd, 2023, 968: 171918.

致谢

本书是在国家自然科学基金面上项目——竹基叠层结构木陶瓷多维孔隙的碳纳米管协同构筑与高密度储能机制（项目批准号：32071851）的资助下完成的，在此深表谢意。同时，本书还得到了湖南省自然科学基金面上项目——低维材料修饰三明治结构竹基木陶瓷导电网络调控机制与增效储能机理（项目批准号：2023JJ30998）的资助，在此一并表示深深的谢意。

本书中引用了大量的文献资料，在此对所有文献的作者与机构表示谢意。

感谢中南林业科技大学、国防科技大学、中南大学、华南理工大学、北京林业大学和中国林科院等单位和有关学者在构思、实验、检测以及资料共享等多方面给予的帮助与支持。同时，感谢项目组成员和研究生的支持与辛勤付出。